高等职业教育新形态精品教材

新编高职体育与健康

主　编　孙国富　迟永辉

副主编　冯　琪　左伟峰　王丽萍

北京理工大学出版社
BEIJING INSTITUTE OF TECHNOLOGY PRESS

内容提要

本书紧密结合现代体育教育的发展趋势进行编写，力求内容新颖、丰富、实用。全书共分为十个项目，涵盖了体育基础理论、基本技术、民族传统体育等多个方面，主要包括高职院校体育与健康、科学锻炼身体、田径运动、三大球类运动、三小球类运动、游泳运动、形体运动、武术运动、跆拳道运动、户外与休闲运动等内容。

本书可作为高等职业院校各专业的体育教材，也可为大学生科学健身提供指导。

图书在版编目（CIP）数据

新编高职体育与健康 / 孙国富，迟永辉主编.
北京：北京理工大学出版社，2024.8.
ISBN 978-7-5763-4047-1

Ⅰ. G807.4；G717.9

中国国家版本馆CIP数据核字第2024A4N252号

责任编辑：武君丽　　　　　文案编辑：武君丽
责任校对：周瑞红　　　　　责任印制：王美丽

出版发行 / 北京理工大学出版社有限责任公司
社　　址 / 北京市丰台区四合庄路6号
邮　　编 / 100070
电　　话 / （010）68914026（教材售后服务热线）
　　　　　　（010）68944437（课件资源服务热线）
网　　址 / http://www.bitpress.com.cn

版 印 次 / 2024年8月第1版第1次印刷
印　　刷 / 河北鑫彩博图印刷有限公司
开　　本 / 787 mm × 1092 mm　1/16
印　　张 / 17
字　　数 / 361千字
定　　价 / 48.00元

图书出现印装质量问题，请拨打售后服务热线，负责调换

FOREWORD 前言

　　"体育"二字，从字面上看，是对身体的锻炼与教育，但时至今日，其内涵已远远超越了单纯的身体训练范畴。在个体层面，体育是一种精神的磨砺，一种信念的坚守，它赋予人们坚韧不拔的意志，激发无限潜能；在社会层面，体育则是一种文化的传承，一种经济的驱动力，它不仅是国家软实力的展现，更是民族精神的象征。体育运动，这一领域充满了多样性与复杂性，它不仅是身体机能的挑战与展现，更是心灵与意志的磨砺。

　　大学生作为社会发展的重要力量与未来传承者，其全面发展对于社会和谐与进步具有不可估量的价值，是引领未来社会风向标的关键力量。随着教育改革的不断深化，对于大学生综合素质的全面发展日益受到广泛关注，其中，大学体育与健康课程作为培养学生全面发展、实现素质教育的重要途径，其地位日益凸显。本课程旨在通过系统的体育教学与健康教育，使学生掌握基本的体育技能与知识，培养良好的体育锻炼习惯和健康的生活方式，增强身体素质，提高心理素质，促进身心和谐发展，为终身学习、生活和工作奠定坚实基础。其中身体素质作为学习和掌握各类运动技术动作的根本基石，其优劣不仅直接关系到技术动作的完成质量，还深刻影响着学生对运动项目的兴趣与自信心。

　　本书编写过程中，紧密围绕教学实际，注重理论与实践的结合，通过图文并茂的形式，使抽象的理论知识变得生动具体，便于学生理解和掌握。同时，本书致力于内容的创新与丰富，力求以通俗易懂的语言和简明易学的结构，为广大学生呈现一本既具深度又具广度的体育教材。

　　本书不仅深入剖析了体质健康测试与评价的基本知识，还积极引导学生通过体育活动改善心理状态，克服心理障碍，让他们在运动中感受快乐，体验成功，从而更加热爱体育，热爱生活。全书把培养终身体育意识、提高体育素质和运动技能、增强身体健康作为出发点和落脚点，以加强高校体育课程的建设，提高体育教育教学质量为目的，使大学生学习和掌握体育与健康的科学知识，培养对体育活动的兴趣和爱好，学会锻炼身体的科学方法，增强体质，促进大学生身心健康，提高体育运动水平，使其成为德、智、体、美、劳全面发展的高素质人才。

　　本书全面阐述了体育运动与健康的基本理论知识，并对一些基本的体育技能作了详尽的描述，使学生在了解基本理论的基础上，能科学地进行体育锻炼，提高自己的运动能力。本书由长春健康职业学院孙国富、吉林建筑科技学院迟永辉担任主编，由长春健康职业学院冯琪、左伟峰、王丽萍担任副主编，具体编写分工如下：项目一、项目二、项目八由孙国富编写，项目四、项目六由迟永辉编写，项目三、项目十由冯琪编写，项目五由左伟峰编写，项目七、项目九由王丽萍编写。

　　本书在编写过程中参阅了大量文献，在此向原作者致以衷心的感谢！

　　由于编写时间仓促，编者的经验和水平有限，书中难免存在不妥和疏漏之处，恳请广大读者批评指正。

编　者

CONTENTS 目录

项目一
高职院校体育与健康

📑 学习目标

知识目标:

了解体育的概念、分类、功能和作用,健康的定义,影响健康的因素,体育运动对人的健康等各方面的影响和作用;熟悉高职院校体育的地位、功能、任务;掌握体质的概念和基本要素,以及高职院校学生体质健康评价方法。

能力目标:

能认识到体育和个人成长与健康的关系,积极参加体育锻炼,达到测评标准。

素质目标:

培养学生德智体美劳全面发展的综合素质,促进体育文化的传承和发展。

任务一　体育与健康的关系

一、体育

(一)体育的概念

体育是人类社会发展中,根据生产和生活的需要,遵循人体身心的发展规律,以身体练习为基本手段,为了增强体质,提高运动技术水平,进行思想品德教育,丰富社会文化生活而进行的一种有目的、有意识、有组织的社会活动,是伴随人类社会的进步而逐步建立和发展起来的一个专门的科学领域。

（二）体育的分类

体育运动是一个多层次、多类型的系统结构，纵向上可分为基本技术、专项技术、应用技术和工程技术四个层次，每个层次在横向上可分为若干类型。基本技术层次分为各种身体练习；专项技术层次分为田径、体操、足球等各运动项目；应用技术层次分为体育教学、体育锻炼、运动训练、运动竞赛四种活动形式；工程技术层次分为社会体育、学校体育、竞技体育三个组成部分，见表1-1。

表1-1　社会体育、学校体育、竞技体育的主要区别

项目	主要目的	主要形式和方法
社会体育	增强体质、休闲娱乐	玩和锻炼
学校体育	增强体质，为掌握技能、技术而进行教育	体育教学和体育锻炼
竞技体育	创造优异的运动成绩	运动训练和运动竞赛

（三）体育的功能和作用

"体育是社会发展与人类文明进步的一个标志，体育事业发展水平是一个国家综合国力和社会文明程度的重要体现。在现代化建设的进程中，体育伴随着经济、社会的发展而发展。"体育在人类社会中连绵不断地发展，得到了不同国家和民族的人们的喜爱及广泛的认同，而且发展活力越来越强，影响和作用越来越大。这充分说明体育对人类社会有着重要的功能和作用，而且"经济越发展，社会越进步，人们强身健体的意识就越强烈，体育的地位就越重要，作用也就越显著"。为了深入地分析与认识体育对人和人类社会的功能和作用，可以把体育的功能和作用分为体育的独特功能和作用、体育的派生功能和作用两大类。

1. 体育的独特功能和作用

体育的独特功能和作用是指体育所独有的本质功能和基本作用，是区别于其他社会现象和事物对人及人类社会所产生的功能、作用的根本点，并且具有其他事物不可替代的独特的基本特征。体育的独特功能和作用主要表现在以下几个方面。

（1）增强体质，促进人自由、全面地发展。这是体育的本质功能，也是体育能在人类社会中持续不断地存在和长盛不衰的根本原因。通过体育手段来达到增强人的体质的目的，促进人自由、全面地发展。这正是体育的独特之处，也是体育区别于其他社会活动和事物对人及社会作用的本质所在，并且具有不可替代的基本特征。人的身体素质是思想道德素质和科学文化素质的物质基础，也是一个国家和民族强盛的基础。毛泽东在《体育之

研究》一文中指出："体育一道，配德育与智育，而德智皆寄于体。无体是无德智也。"还指出："体者，载知识之车而寓道德之舍也。"体育最基本的作用和本质功能恰恰作用于一个人、一个民族的身体素质，对人民的健康和身体素质提高及民族的强盛具有独特作用。通过体育达到增强体质、强国强民的目的，已经成为人类社会的一种普遍做法。这也是当今世界各国普遍重视体育运动的根本原因。

（2）培养人们勇敢顽强、克服困难、超越自我的意志品质。人们在进行体育运动时，特别是在运动训练过程中，要克服许多由体育运动产生的特有的身体困难，体验到很多在正常条件下不可能获得的身体感受。这也是人们在从事其他活动的过程中很难体会到的身体感受。它对一个人的内在意志品质具有特殊的培养和陶冶作用。强筋骨、强意志、调情感是体育的特殊功效，可以起到"文明其精神，野蛮其体魄"的作用。体育的这些功能对青少年意志品质的培养具有重要作用。

（3）培养人们竞争、团结、协作的社会意识。体育有利于人的"社会化"。竞赛是体育运动的一个最显著的特征，体育竞赛能有效地培养人们的竞争意识和团结协作精神。如果没有强烈的取胜欲望和良好的团结协作精神，在体育竞赛中就不可能取得胜利。人类现实社会是一个充满着激烈竞争的场所，需要团结和协作精神。在体育竞赛过程中，特别是在集体项目的竞赛过程中，要想取得胜利，既要有力争胜利的顽强竞争意识，又要懂得与同伴和队友团结协作，这样才可能达到目的。体育竞争犹如一种社会竞争的模拟，而体育的这种"模拟社会"的功能，正是它所独有的。

（4）丰富个人和社会的文化生活，提高人们的生活质量。人们通过参加和欣赏体育运动，不仅能增强体质，还能愉悦身心，丰富文化生活。世界上还没有其他任何一种活动能像体育竞赛一样有规律地举行，特别是以奥运会为最高层次的国际体育竞赛已经成为现代社会中人们关注和欣赏的热点。各种不同形式和类型的体育竞赛，以独有的形式和方式为人类社会生产出丰富多彩的文化精神食粮，提高人类的生存和生活质量。群众体育的趣味性和娱乐性给人们带来了特殊的享受，它改变和改善着当今人们的生存及生活方式。

（5）为人类社会提供公平、公开、公正的价值体系和价值标准。公平是人类社会所共同追求的一种理想社会状态。"阳光下的公平竞争"正是现代人类社会所追求的价值体系和价值标准的道德核心。竞赛是体育的一个最鲜明的特点，通过竞赛，优胜劣汰，决出名次，可以激发荣誉感，鼓舞上进心，这是其他任何形式的社会活动和手段所不能代替的。在一定意义上说，没有竞赛，就没有体育运动。体育竞赛就是在公平的规则下，在公开的场合中，最大限度地发挥个人和集体的体力和智力，使优胜者可以得到奖励和人们的尊重。体育运动向人们和社会所展示的以公平、公开、公正为核心的价值体系和价值标准得到了不同国家和民族的普遍尊重和推崇。

2. 体育的派生功能和作用

体育对人和社会的派生功能和作用与体育的独特功能和作用不同，主要区别在于这些

功能和作用不是体育所独有的，在其他社会现象和活动中也能产生类似的功能和作用。

（1）体育的交流功能和作用。体育运动能增强人与人之间的交流和交往，是促进人们的友谊和增强团结的重要手段。通过体育活动，能够扩大人们的情感交流，增加人与人之间的相互了解，改善人际关系，共同创造和谐文明的社会环境。国际间的体育交往，还能促进国家与国家之间及不同民族之间的相互了解和相互信任，有利于人类社会的和平与发展。

（2）体育的经济功能和作用。体育作为一种社会活动，总是在一定的物质消费的基础上进行的，因此，与体育活动相关的服装、器材、装备和体育场地设施等就会随之而产生，体育服务等社会行业就必然会出现。特别是在现代社会，体育中的很多内容已经发展为人类社会的第三产业，在社会经济生活中发挥着越来越大的作用。许多国家的政府还出台了体育产业发展纲要等政府文件，这些都充分说明了体育的经济功能和作用。

（3）体育的教育功能和作用。体育是学校教育的一个重要组成部分，是教育的一个重要手段和方面。体育在培养人们健康合理的生活方式、集体主义精神、爱国主义精神、刻苦耐劳精神、顽强拼搏精神等方面有着重要作用。

（4）体育的娱乐功能和作用。体育运动能得到广大社会成员的喜爱，一个重要原因是体育与文化、艺术等活动一样具有较强的娱乐功能。人们在体育运动的过程中能体验到乐趣和快感，因而它也成为人们娱乐的一种形式。

此外，体育还具有政治功能、对外交往功能、科学研究功能等多种派生功能。体育的派生功能和体育的独特功能一样，在人类发展和社会进步的过程中起着重要的作用，同时也促进了体育运动本身在人类社会中的不断发展。体育的功能和作用随着社会发展和体育本身的发展也会不断地变化、发展。正确认识和深入研究体育的功能和作用，有助于了解体育在人类社会中的作用和充分发挥体育的不同功能，使体育更好地为人类社会的进步和发展服务。

二、健康

健康是人类生存发展的要素。以往，人们普遍认为"健康就是没有病的，有病就不是健康的"。随着科学的发展和时代的变迁，现代健康观告诉我们，健康已不再仅仅是指四肢健全、无疾病或虚弱，除身体健康外，还需要精神上有一个良好的状态。人的精神状态、心理状态和行为对自己、他人和社会都有影响。更深层次的健康观还应包括人的心理、行为的正常和社会道德规范，以及环境因素的完美。

（一）健康的定义

现代健康的含义是多元的、广泛的，包括生理、心理和社会适应性三个方面，其中社会适应性归根结底取决于生理和心理的素质状况。心理健康是身体健康的精神支柱，身体健康又是心理健康的物质基础。良好的情绪状态可以使生理功能处于最佳状态，反之则会降低或破坏某种功能而引发疾病。身体状况的改变可能带来相应的心理问题，生理上的缺陷、疾病，特别是痼疾，往往会使人产生烦恼、焦躁、忧虑、抑郁等不良情绪，导致各种不正常的心理状态。作为身心统一体的人，身体和心理是紧密依存的两个方面。

世界卫生组织关于健康的定义："健康乃是一种在身体上、精神上的完满状态，以及良好的适应力，而不仅仅是没有疾病和衰弱的状态。"其实这就是人们所指的身心健康。也就是说，一个人在躯体健康、心理健康、社会适应良好和道德健康四方面都健全，才是完全健康的人。对这几个方面的健康可做如下解释。

（1）躯体健康：一般指人体的生理健康。

（2）心理健康：有三个方面的标志。第一，人格的完整；第二，在所处的环境中，有充分的安全感，保持适度的焦虑；第三，对未来有明确的目标，能切合实际地、不断地进取，有理想和事业的追求。

（3）社会适应良好：指个体的社会行为，能适应复杂的环境变化，能保持正常的人际关系，能受到别人的欢迎。

（4）道德健康：不以损害他人利益来满足自己的需要，有辨别真伪、善恶、美丑的是非观念，能按社会行为规范的准则约束、支配自己的行为，能为人民的幸福做贡献。

（二）影响健康的因素

1. 生物学因素

生物学因素是指遗传和心理。遗传是不可改变的因素，但心理因素可以改变，保持一种积极的心理状态是保持和增进健康的必要条件。

2. 环境因素

环境因素包括自然环境因素与社会环境因素，所有人类健康问题都与环境有关。污染、人口和贫困，是当今世界面临的严重威胁人类健康的三大社会问题。良好的社会环境是人民健康的根本保证。

3. 卫生服务因素

卫生服务的范围、内容与质量直接关系到人的生、老、病、死及由此产生的一系列健康问题。

4. 行为与生活方式因素

行为与生活方式因素包括危害健康的行为与不良生活方式。生活方式是在一定环境条件下所形成的生活意识和生活行为习惯的统称。不良生活方式和有害健康的行为已成为当今危害人们健康、导致疾病及死亡的主要原因。

◀)) **延伸阅读**

健康的标准

世界卫生组织提出的10条健康标准如下。

（1）精力充沛，能从容地应付日常生活和工作的压力而不感到过分紧张。

（2）处事乐观，态度积极，乐于承担责任，事无巨细都不挑剔。

（3）善于休息，睡眠良好。

（4）应变能力强，能适应环境的各种变化。

（5）能够抵抗一般性感冒和传染病。

（6）体重得当，身材匀称，站立时头、肩、臂位置协调。

（7）眼睛明亮，反应敏捷，眼睑不发炎。

（8）牙齿清洁，无空洞，无痛感；齿根颜色正常，不出血。

（9）头发有光泽，无头屑。

（10）肌肉、皮肤富有弹性，走路轻松有力。

三、体育运动对人的健康各方面的影响和作用

（1）体育运动可以促进生长发育、增进健康。体育运动能提高人体的吸氧能力，从而促进人体新陈代谢和排毒过程；体育运动可促进全身血液循环，使肌肉得到充分的营养；体育运动能提高肌肉的代谢能力，使肌纤维变粗、发达、结实、匀称而有力。

（2）体育运动可促使大脑清醒，提高学习效率。体育运动能增大脑的供血，改善大脑血糖和氧的供应，促进脑细胞的新陈代谢，提高大脑皮质的活动能力；提高神经活动的兴奋性、灵敏性和反应性，提高对某些植物神经和脏器活动的自控能力。

（3）体育运动可以促进个性培养，陶冶情操。体育运动可以帮助学生克服种种生理和心理上的障碍，培养其勇敢、果断、吃苦耐劳等优良品质。体育运动可调节人的一些不健康的情绪和心理，如消沉、沮丧、紧张等。体育竞赛运动，特别是一些团体运动，它要求具有团结协作、诚实、守纪、力争上游、胜不骄、败不馁的优良品质和作风。

（4）体育运动能提高机体免疫功能，以及机体抵御疾病的能力。体育运动能促进胃肠蠕动、消化液分泌，有助于机体的消化吸收，可预防和治疗习惯性便秘、消化不良等疾病。

任务二　高职院校体育教育

一、高职院校体育的地位和功能

学校体育是国民体育的基础，学校体育既是学校教育的重要内容，也是学校教育的重要手段。在高职院校教育中，德育是方向，智育是主体，体育是其他教育因素的基础。开展高职院校体育可丰富学生课余文化生活、建设校园精神文明。

（一）身体教育功能

体育可以全面锻炼学生的身体，促进身体形态结构生理机能和心理发展，提高身体素质和人体基本活动能力，以及对自然环境的适应能力；使学生掌握体育的基本知识、技术和技能，学会科学锻炼身体的方法，养成经常锻炼身体的习惯，提高自我锻炼的能力，终身受益。

（二）德育教育功能

学校体育是培养集体主义精神和团结协作精神等优良品德的教育过程。例如：在竞技体育活动中，对方犯规时，是毫不计较，还是"以牙还牙"；因集体配合不够默契而出现失误，最终比赛失利时，是相互鼓励，还是相互抱怨；比赛胜利时，是骄横自大，还是认真总结经验，戒骄戒躁；等等。

（三）爱国主义教育功能

在体育教学中，通过让学生欣赏大型体育运动比赛，观看我国运动员为国拼搏、为国争光，以及在赛场上升国旗、奏国歌的动人场面；讲述优秀运动员刻苦训练、顽强拼搏的感人事迹……能够激发他们的爱国热情，增强其民族自尊心和自豪感，对学生是良好的爱国主义教育。

（四）心理品质教育功能

体育运动使人进入一种超凡脱俗的境界，陶冶人的情操，培养人的勇敢、果断、坚毅、自信心、自制力、进取心和坚韧不拔的意志品质。紧张而激烈的竞赛既是对人的心理品质的严峻考验，又是锻炼和培养良好心理素质的时机。

（五）智能教育功能

体育是促进智力发展的积极因素和手段，通过体育教学和身体锻炼，学生可以学习和掌握一定的体育知识、技术和技能，并使思维力、记忆力、观察力、想象力、创造力等各种能力得到发展。因此，作为教育组成部分的体育运动，在传授知识、培养技能和技巧、增强体质的过程中，还包含着培养、开发和提高智能的教育因素。

二、高职院校体育的任务

党的二十大报告中关于体育的完整表述为："广泛开展全民健身活动，加强青少年体育工作，促进群众体育和竞技体育全面发展，加快建设体育强国。"

高职院校体育教育的任务是：全面锻炼学生身体，使之增强体质，增进健康，提高抵抗疾病与适应环境变化的能力；学习和掌握体育"三基"，激发学生参加体育锻炼的兴趣，养成自觉锻炼身体的习惯，提高体育文化素质，为终身体育奠定基础；通过体育对高职学生进行思想品德教育，培养良好的思想品质和道德风尚；发展高职学生的体育才能，提高运动技术水平，促进体育的进一步普及。

知识拓展：体育教育
与职业素质培养

高职院校学校体育应该使当代高职学生真正享受参与体育运动的乐趣，带动更多人为建设体育强国而奋斗。

任务三　高职院校体质与健康测定标准

一、体质的概念和基本要素

体质即人体的素质。它是在先天遗传和后天获得的基础上，表现出来的人体形态结构、生理机能和心理因素综合的、相对稳定的特征。

体质是人的生命活动、劳动（工作）能力、运动能力的物质基础。构成体质的基本要素见表 1-2。

表 1-2　体质的基本要素

身体形态结构状况			生理机能			身体素质运动能力		心理发育发展水平		适应能力		
体形	身体姿势	生长发育	脉搏	血压	肺活量	身体素质	运动能力	本体感知能力	对外界刺激的适应能力	对外界环境的适应力、应激力	对疾病的抵抗力、免疫力	

◄))延伸阅读

理想体质的主要标志

（1）身体健康，主要脏器无疾病。

（2）身体发育良好，体格健壮，体形匀称，体姿正确。

（3）心血管、呼吸与运动系统具备良好的功能。

（4）有较强的运动与劳动等身体活动能力。

（5）心理发育健全，情绪乐观，意志坚强，有较强的抗干扰、抗不良刺激的能力。

（6）对自然和社会环境有较强的适应能力。

二、高职院校学生体质健康评价

高职院校学生体质健康评价是高职院校体育工作的重要环节，也是整个学校教育评价体系的重要组成部分。建立全面、科学的学生体质健康评价体系，可以使学生及时了解自己的体质健康状况，调整学习和锻炼的目标。同时，其是做好体育宣传和教育的过程，也是一次自身健康意识提高的过程。

（一）《国家学生体质健康标准》说明

（1）《国家学生体质健康标准》（以下简称《标准》）是国家学校教育工作的基础性指导文件和教育质量基本标准，是评价学生综合素质、评估学校工作和衡量各地教育发展的重要依据。该《标准》在学校具体实施，适用于全日制普通小学、初中、普通高中、中等职业学校、普通高等学校的学生。

（2）《标准》从身体形态、身体机能和身体素质等方面综合评定学生的体质健康水平，是促进学生体质健康发展、激励学生积极进行身体锻炼的教育手段，是国家发展核心素养体系和学业质量标准的重要组成部分，是学生体质健康的个体评价标准。

（3）高职院校测试指标中，身体形态类中的身高、体重，生理机能类中的肺活量，以及身体素质类中的50米跑、坐位体前屈为各年级学生的共性指标，均为必测指标。

（4）《标准》的学年总分由标准分与附加分之和构成，满分为120分。标准分由各单项指标得分与权重乘积之和组成，满分为100分。附加分根据实测成绩确定，即对成绩超过100分的加分指标进行加分，满分为20分；高职院校的加分指标为男生引体向上和1 000米跑，女生1分钟仰卧起坐和800米跑，各指标加分幅度均为10分。

（5）根据学生学年总分评定等级：90.0分及以上为优秀，80.0～89.9分为良好，60.0～79.9分为及格，59.9分及以下为不及格。

（6）依据学校规定，每个学生每学年评定一次，记入《〈国家学生体质健康标准〉登记卡》。学生按当年的总分评定等级，凡及格及以上的将获得相应学分，高职三年体质健康测试学分分别为一年级0.4学分、二年级0.3学分、三年级0.3学分。

（7）学生测试成绩评定达到良好及以上者，方可参加评优与评奖；成绩达到优秀者，方可获得体育奖学分。测试成绩评定不及格者，在本学年度准予补测一次，补测仍不及格者，则学年成绩评定为不及格。高职院校学生毕业时，《标准》测试的成绩达不到50分者按结业或肄业处理。

（8）学生因病或残疾可向学校提交暂缓或免予执行《标准》的申请，经医疗单位证明，体育教学部门核准，可暂缓或免予执行《标准》，并填写《免予执行〈国家学生体质健康标准〉申请表》，存入学生档案。确实丧失运动能力、被免予执行《标准》的残疾学生，仍可参加评优与评奖，毕业时《标准》成绩需注明免测。

（二）高职学生体质健康评价指标与权重

1. 体质健康的评价指标与权重

《标准》中对高职学生体质健康的评价指标与权重见表1-3。

表1-3　高职学生体质健康标准评价指标与权重　　　　　　　　　　　　　　%

单项指标	权重
体重指数（BMI）	15
肺活量	15
50米跑	20
坐位体前屈	10
立定跳远	10
引体向上（男）/1分钟仰卧起坐（女）	10
1 000米跑（男）/800米跑（女）	20

注：体重指数（BMI）=体重（千克）/[身高（米）]²

2. 单项指标评分表

高职男生和女生体重指数（BMI）评分见表1-4、肺活量评分见表1-5、坐位体前屈评分见表1-6、立定跳远评分见表1-7、50米跑评分见表1-8、高职男生引体向上和高职女生仰卧起坐评分见表1-9、高职男生1 000米跑和高职女生800米跑评分见表1-10。

表1-4　高职学生体重指数（BMI）单项评分表　　　　　　　　　　　　kg/m²

等级	单项得分	男生	女生
正常	100	17.9～23.9	17.2～23.9
低体重	80	≤17.8	≤17.1
超重		24.0～27.9	24.0～27.9

续表

等级	单项得分	男生	女生
肥胖	60	≥ 28.0	≥ 28.0

表 1–5　高职学生肺活量单项评分表　　　　　mL

等级	单项得分	男生		女生	
		大一、大二	大三	大一、大二	大三
优秀	100	5 040	5 140	3 400	3 450
	95	4 920	5 020	3 350	3 400
	90	4 800	4 900	3 300	3 350
良好	85	4 550	4 650	3 150	3 200
	80	4 300	4 400	3 000	3 050
及格	78	4 180	4 280	2 900	2 950
	76	4 060	4 160	2 800	2 850
	74	3 940	4 040	2 700	2 750
	72	3 820	3 920	2 600	2 650
	70	3 700	3 800	2 500	2 550
	68	3 580	3 680	2 400	2 450
	66	3 460	3 560	2 300	2 350
	64	3 340	3 440	2 200	2 250
	62	3 220	3 320	2 100	2 150
	60	3 100	3 200	2 000	2 050
不及格	50	2 940	3 030	1 960	2 010
	40	2 780	2 860	1 920	1 970
	30	2 620	2 690	1 880	1 930
	20	2 460	2 520	1 840	1 890
	10	2 300	2 350	1 800	1 850

表1-6 高职学生坐位体前屈单项评分表　　　　　　　　　　cm

等级	单项得分	男生		女生	
		大一、大二	大三	大一、大二	大三
优秀	100	24.9	25.1	25.8	26.3
	95	23.1	23.3	24.0	24.4
	90	21.3	21.5	22.2	22.4
良好	85	19.5	19.9	20.6	21.0
	80	17.7	18.2	19.0	19.5
及格	78	16.3	16.8	17.7	18.2
	76	14.9	15.4	16.4	16.9
	74	13.5	14.0	15.1	15.6
	72	12.1	12.6	13.8	14.3
	70	10.7	11.2	12.5	13.0
	68	9.3	9.8	11.2	11.7
	66	7.9	8.4	9.9	10.4
	64	6.5	7.0	8.6	9.1
	62	5.1	5.6	7.3	7.8
	60	3.7	4.2	6.0	6.5
不及格	50	2.7	3.2	5.2	5.7
	40	1.7	2.2	4.4	4.9
	30	0.7	1.2	3.6	4.1
	20	−0.3	0.2	2.8	3.3
	10	−1.3	−0.8	2.0	2.5

表1-7 高职学生立定跳远单项评分表　　　　　　　　　　cm

等级	单项得分	男生		女生	
		大一、大二	大三	大一、大二	大三
优秀	100	273	275	207	208
	95	268	270	201	202
	90	263	265	195	196

续表

等级	单项得分	男生		女生	
		大一、大二	大三	大一、大二	大三
良好	85	256	258	188	189
	80	248	250	181	182
及格	78	244	246	178	179
	76	240	242	175	176
	74	236	238	172	173
	72	232	234	169	170
	70	228	230	166	167
	68	224	226	163	164
	66	220	222	160	161
	64	216	218	157	158
	62	212	214	154	155
	60	208	210	151	152
不及格	50	203	205	146	147
	40	198	200	141	142
	30	193	195	136	137
	20	188	190	131	132
	10	183	185	126	127

表 1-8　高职学生 50 米跑单项评分表　　　　　　　s

等级	单项得分	男生		女生	
		大一、大二	大三	大一、大二	大三
优秀	100	6.7	6.6	7.5	7.4
	95	6.8	6.7	7.6	7.5
	90	6.9	6.8	7.7	7.6
良好	85	7.0	6.9	8.0	7.9
	80	7.1	7.0	8.3	8.2

续表

等级	单项得分	男生		女生	
		大一、大二	大三	大一、大二	大三
及格	78	7.3	7.2	8.5	8.4
	76	7.5	7.4	8.7	8.6
	74	7.7	7.6	8.9	8.8
	72	7.9	7.8	9.1	9.0
	70	8.1	8.0	9.3	9.2
	68	8.3	8.2	9.5	9.4
	66	8.5	8.4	9.7	9.6
	64	8.7	8.6	9.9	9.8
	62	8.9	8.8	10.1	10.0
	60	9.1	9.0	10.3	10.2
不及格	50	9.3	9.2	10.5	10.4
	40	9.5	9.4	10.7	10.6
	30	9.7	9.6	10.9	10.8
	20	9.9	9.8	11.1	11.0
	10	10.1	10.0	11.3	11.2

表1-9　高职男生引体向上和高职女生仰卧起坐评分表　　　　　　次

等级	单项得分	男生1分钟引体向上		女生1分钟仰卧起坐	
		大一、大二	大三	大一、大二	大三
优秀	100	19	20	56	57
	95	18	19	54	55
	90	17	18	52	53
良好	85	16	17	49	50
	80	15	16	46	47
及格	78			44	45
	76	14	15	42	43

等级	单项得分	男生1分钟引体向上		女生1分钟仰卧起坐	
		大一、大二	大三	大一、大二	大三
及格	74			40	41
	72	13	14	38	39
	70			36	37
	68	12	13	34	35
	66			32	33
	64	11	12	30	31
	62			28	29
	60	10	11	26	27
不及格	50	9	10	24	25
	40	8	9	22	23
	30	7	8	20	21
	20	6	7	18	19
	10	5	6	16	17

表1-10 高职男生1000米跑和高职女生800米跑评分表

等级	单项得分	男生1000米跑/(分·秒)		女生800米跑/(分·秒)	
		大一、大二	大三	大一、大二	大三
优秀	100	3′17″	3′15″	3′18″	3′16″
	95	3′22″	3′20″	3′24″	3′22″
	90	3′27″	3′25″	3′30″	3′28″
良好	85	3′34″	3′32″	3′37″	3′35″
	80	3′42″	3′40″	3′44″	3′42″
及格	78	3′47″	3′45″	3′49″	3′47″
	76	3′52″	3′50″	3′54″	3′52″
	74	3′57″	3′55″	3′59″	3′57″
	72	4′02″	4′00″	4′04″	4′02″

续表

等级	单项得分	男生 1 000 米跑 /（分·秒）		女生 800 米跑 /（分·秒）	
		大一、大二	大三	大一、大二	大三
及格	70	4′07″	4′05″	4′09″	4′07″
	68	4′12″	4′10″	4′14″	4′12″
	66	4′17″	4′15″	4′19″	4′17″
	64	4′22″	4′20″	4′24″	4′22″
	62	4′27″	4′25″	4′29″	4′27″
	60	4′32″	4′30″	4′34″	4′32″
不及格	50	4′52″	4′50″	4′44″	4′42″
	40	5′12″	5′10″	4′54″	4′52″
	30	5′32″	5′30″	5′04″	5′02″
	20	5′52″	5′50″	5′14″	5′12″
	10	6′12″	6′10″	5′24″	5′22″

3. 加分指标评分表

高职学生加分指标评分见表 1-11。

表 1-11　高职学生加分指标评分表

加分	男生 1 分钟引体向上 /次		女生 1 分钟仰卧起坐 /次		男生 1 000 米跑 /（分·秒）		女生 800 米跑 /（分·秒）	
	大一、大二	大三	大一、大二	大三	大一、大二	大三	大一、大二	大三
10	10	10	13	13	−35″	−35″	−50″	−50″
9	9	9	12	12	−32″	−32″	−45″	−45″
8	8	8	11	11	−29″	−29″	−40″	−40″
7	7	7	10	10	−26″	−26″	−35″	−35″
6	6	6	9	9	−23″	−23″	−30″	−30″
5	5	5	8	8	−20″	−20″	−25″	−25″
4	4	4	7	7	−16″	−16″	−20″	−20″
3	3	3	6	6	−12″	−12″	−15″	−15″

续表

加分	男生 1 分钟引体向上/次		女生 1 分钟仰卧起坐/次		男生 1 000 米跑/（分·秒）		女生 800 米跑/（分·秒）	
	大一、大二	大三	大一、大二	大三	大一、大二	大三	大一、大二	大三
2	2	2	4	4	−8″	−8″	−10″	−10″
1	1	1	2	2	−4″	−4″	−5″	−5″

知识拓展：高职学生《国家学生体质健康标准》测试方法

思考与练习

一、填空题

1. 体育运动是一个多层次、多类型的系统结构，纵向上可分为 _____、_____、_____ 和 _____ 四个层次。

2. 一个人在 _____、_____、_____ 和 _____ 四方面都健全，才是完全健康的人。

3. 影响健康的因素包括 _____、_____、_____、_____。

4. 在高职院校教育中，德育是 _____，智育是 _____，体育是其他教育因素的 _____。

5. 体质是在先天遗传和后天获得的基础上，表现出来的 _____、_____ 和 _____ 综合的、相对稳定的特征。

6. 高职学生体质健康标准评价指标的权重：体重指数（BMI）为 _____、肺活量为 _____、50 米跑为 _____、坐位体前屈为 _____、立定跳远为 _____、1 分钟引体向上（男）/1 分钟仰卧起坐（女）为 _____、1 000 米跑（男）/800 米跑（女）为 _____。

二、简答题

1. 体育的独特功能和作用主要表现在哪几个方面？

2. 体育运动对人的健康等各方面的影响和作用有哪些？

3. 高职院校体育的任务是什么？

项目二
科学锻炼身体

任务一　运动中的能量代谢与营养膳食

一、运动时能量的来源

人体运动时，需要有能量供应，人体活动的直接能量来源于三磷酸腺苷（ATP）的分解，而最终的能量来源于糖、脂肪和蛋白质的氧化分解。

（一）糖

糖是人体内最主要的能源物质，主要以血糖和肝糖原的形式存在，机体 60% 的热能都是由糖来提供的。短时间、高强度运动时，机体所需能量的绝大部分是由糖氧化供给的；长时间、低强度运动时，能量是由糖逐渐变成脂肪供给的。糖还有调节脂肪代谢和节约蛋白质供能的作用。脂肪在体内的完全氧化，必须有糖的参与才能完成。而在糖代谢受阻的情况下，脂肪大量分解以保证供能，会引起脂肪分解的中间产物（酮体）的大量堆积，严重时将导致中毒。所以，糖代谢正常时，可减少脂肪的分解供能；糖供应充足时，可减少蛋白质的分解供能。

（二）脂肪

脂肪是含能量最多的物质。人体内脂肪储量很大，脂肪最主要的功能就是氧化供能，也是长时间肌肉运动的主要能源。脂肪所提供的不饱和脂肪酸是细胞膜、酶、线粒体及脂蛋白的重要组成成分。另外，它还有促进脂溶性维生素吸收和利用的作用。脂肪是脂溶性维生素 A、D、E、K 及胡萝卜素的溶剂。缺少食物脂肪的摄入会降低体内脂溶性维生素的含量，有可能导致此类维生素缺乏症。分布于皮下组织和内脏周围的脂肪具有热垫和保护垫的作用，既能防止散热，又能缓冲机械撞击，防止内脏和肌肉损伤。

（三）蛋白质

蛋白质是生命的基础，是修补、建造和再生组织的主要材料。一切酶都是由蛋白质组成的。肌肉收缩、神经系统的兴奋传递等都与蛋白质有关。蛋白质参与各种生理和机能的调节，分解时产生能量，是体内能量的来源之一。

二、人体运动时的三大供能系统

（一）磷酸原系统（ATP-CP 系统）

磷酸原系统是由 ATP 和磷酸肌酸（CP）组成的供能系统。ATP 在肌肉内的储量很少，若以最大功率输出仅能维持 2 秒左右。肌肉中 CP 储量为 ATP 的 3～5 倍。CP 能以 ATP 分解的速度最直接地使之再合成。剧烈运动时，肌肉内的 CP 含量迅速减少，而 ATP 含量变化不大。ATP-CP 系统供能总量少，持续时间短，功率输出快，不需要氧，不产生乳酸等物质。磷酸原系统是一切高功率输出运动项目的供能基础。数秒内要发挥最大能量输出的运动项目只能依靠 ATP-CP 系统。

（二）乳酸能系统

乳酸能系统是指糖原或葡萄糖在细胞质内无氧分解生成乳酸的过程中，再合成 ATP 的能量系统。因为该系统产生乳酸，并扩散进入血液，所以血乳酸水平是衡量乳酸能系统供能能力的最常见指标。乳酸是一种强酸，如果在体内积聚过多，超过了机体缓冲及耐受能力，会破坏机体内环境酸碱度的稳定，也会限制糖的无氧酵解，直接影响 ATP 的再合成，导致机体疲劳。乳酸能系统供能的意义在于保证磷酸原系统最大供能后仍能维持数十秒快速供能，以满足机体的需要。乳酸能系统是 1 分钟以内要求高功率输出运动的供能基础。

（三）有氧氧化系统

有氧氧化系统是指糖、脂肪和蛋白质在细胞内彻底氧化成水和二氧化碳的过程中，再合成 ATP 的能量系统。该系统是通过逐步氧化、逐步放能再合成 ATP 的。其特点是 ATP 生成总量很大，但速率很慢，需要氧的参与，不产生乳酸类的副产品。有氧氧化系统是进行长时间耐力活动的物质基础。

三、运动时对糖和水的补充

（一）糖的补充

运动时能量消耗较多，运动前应以糖类食品作为膳食的主要成分。运动前 1.5 ～ 2 小时服糖的效果良好。因为这种服糖方式，在运动开始前已完成肝糖原合成过程，在运动开始后，肝糖原进入血糖供给需要，保持较高的血糖水平。在长时间的运动中饮用低糖度的饮料对运动有利。

（二）水的补充

水主要储存在肌肉、皮肤、肝脏、脾脏等组织器官中。人在运动时会大量排汗，水就从这些组织器官中进入血液，保持水的平衡。但必须注意，运动员不能由于有渴的感觉而暴饮，这样会对心脏造成有害影响。在人体进行运动时，水的补充量要大于平常的饮用量，并且还要在补充水中加入适量的盐和无机盐等，以维持体内的多种平衡，保持人体正常的生理机能。

四、营养膳食

（一）营养的含义

生命的存在、机体的生长发育、各种生命活动及体育活动的进行，都依赖于体内的物质代谢过程，机体必须不断地从外界摄取新的构成细胞的物质、能源和其他活性物质，这些主要从食物中摄取。这一获得与利用食物的过程，称为营养。营养是保证机体生命存在和延续的重要条件。

（二）合理膳食

1. 保持三大营养成分供热的最佳比例

每日饮食中三大营养成分所提供热量最佳比例为：50% 的热量应来自糖，20% 的热量应来自蛋白质，30% 的热量应来自脂肪。这条原则简称为 50 ：20 ：30 最佳热量来源比例原则。

2. 合理安排一日三餐

一日三餐的食物分配应与学习、运动和休息相适应，高蛋白质食物应在学习、运动和工作前摄取，不应在睡眠前摄取，这是因为蛋白质消化比较慢，会影响睡眠。

（1）早餐。早餐的热能摄入占全天的25%～30%，蛋白质、脂肪食物应多摄入一些，以便满足上午学习、工作的需要。有些同学早餐分配偏低，仅占全日总热能的10%～15%，甚至不吃早餐，这与上午学习、工作的热能消耗是很不适应的，既影响健康，又影响学习效果。

（2）午餐。午餐的热能摄入占全天的40%，糖、蛋白质和脂肪的供给均应增加，因为既补偿饭前的热能消耗，又储备饭后学习、运动和工作的需要，所以在全天各餐中应占热能最多。

（3）晚餐。晚餐的热能摄入应占全天的30%～35%，多摄入含糖多的食物为宜。所以晚餐可多吃些谷类、蔬菜和易消化的食物，富有蛋白质、脂肪和较难消化的食物应少吃。一些学生晚餐后，仍有晚自习，用脑时间较长，所以晚餐不可减量。

3. 食物要力求多样化

因为任何一种食物都不能包含机体所需要的全部营养物质，所以为了保证营养充足、均衡，进食食物要力求多样化，绝不能偏食。

4. 节食减肥不可压缩维生素的摄入

为减肥而进行节食，不要压缩含有丰富维生素的食物摄入，如水果和蔬菜。为了促进沉积脂肪燃烧和防止肌肉总量减少，同时还要参加运动锻炼。

5. 大运动量时的饮食

参加耐力性运动的人，当运动量较大时，可适当补充一些碳水化合物食品。进行一般的健身运动时，则只需多加一杯低糖饮料即可。

◀))**延伸阅读**

科学补充营养使运动更健康

科学运动是健康生活的有力保障。不过，要想生活健康，吃得科学、营养也是不可忽视的一个方面，正确的营养补充对于运动同样重要。陕西省体育科学研究所（简称陕西体科所）回答了一系列关于运动营养的问题。

问题一：为了配合运动燃脂，是不是应该少吃主食？

陕西体科所：我们日常工作、生活需要的能量，其实源自蛋白质、脂类、碳水化合物三种营养素在体内氧化代谢的过程。碳水化合物不仅是机体主要的能量来源，更是运动时的重要供能物质。当人体内碳水化合物充足时，它会进一步合成运动所需的糖原，储存在肌肉和肝脏中。如果对富含碳水化合物的食物摄入过少，会影响、限制

耐力运动能力。因此，要想实现与运动相匹配的合理营养，重点在于富含碳水类食物的适宜种类的选择和摄入量的控制。

机体的能量消耗主要包括维持基础代谢、从事体力活动（包括体育锻炼）及食物热效应三个方面。能量摄入不足，会引起饥饿感，导致体力和工作效率下降；能量摄入过多，则容易引发肥胖及相关慢性疾病。建议"运动达人"每天的碳水类食物应占能量供给的50%～65%。如果为了减重而运动，建议在控制总能量摄入的同时，少吃短期快速升高血糖水平的单纯能量糖类（如白砂糖、红糖、冰糖、果葡糖浆、蜂蜜等），多选择血糖生成指数低的复合碳水食物（如粗粮、薯类等），并配合均衡饮食。

问题二：想多长些肌肉，是不是要更多摄入蛋白质？

陕西体科所：长肌肉的前提是一定强度的抗阻力锻炼，配合均衡饮食。多种因素共同作用，才能刺激肌肉增长。如果每天躺在床上不动，摄入再多蛋白质也没用，反而会使脂肪堆积起来。

如果普通人的运动量增加了，要不要补充蛋白质呢？这主要取决于运动强度，以及机体合成代谢的能力。摄入的蛋白质并不能无限制地用于肌肉合成，即便在较高强度的专业运动训练条件下，推荐的蛋白质摄入量也不宜超过普通人日常饮食的两倍。另外，需要注意的一点是，过量摄入蛋白质可能会加重肾脏的代谢负担。当日常饮食无法满足需求时（如对多种蛋白食物过敏等），再考虑使用蛋白补充剂，且使用时需详细咨询专业营养师。普通运动锻炼的营养摄入只需在日常饮食的基础上，增加少量蛋白质即可。如运动后加一杯低脂牛奶。

问题三：有什么好的膳食计划，能让运动锻炼更轻松？

陕西体科所：如果在运动锻炼时经常觉得吃力，那么可以检查一下是否运动强度过大，同时也记得检查下自己的饮食模式：是否做到了定时进餐？是否在空腹状态下运动？饮食计划中是否包含了充足的富含碳水类食物？我国居民膳食指南建议，每日合理的饮食搭配都应包含主食类、蔬菜/菌藻/水果、禽畜肉/水产、奶蛋豆制品、适宜油脂，并保证足够的饮水量。

运动时的饮食建议每餐有荤、有素、有主食，每天有奶、蛋、豆制品，水果、饮水应充分；每周吃少量坚果，三餐规律。在进行强度较大的运动前1小时左右，可以进行一次总能量为200～300千卡、富含复合碳水类食物的加餐，并补充水分，以保证运动中的能量供给。要注意在当日正餐中减去这部分能量，以控制总能量的摄入。

任务二 体育锻炼安排

一、体育锻炼的基本原则

体育锻炼是为达到一定目的而进行的身体活动，要求参加者必须遵循人体发展的规律，以达到理想的锻炼效果。体育锻炼原则是人们参加体育锻炼时所必须遵守的准则。它包括目的性原则、自觉性原则、全面性原则、循序渐进性原则和经常性原则。

（一）目的性原则

目的性原则是指体育锻炼者有目的、有计划地进行体育锻炼。参加者正确确定体育锻炼的目的：一是可以对体育运动的形式、内容、方法的选择和运动负荷的安排起指导作用；二是可以充分调动人们参加体育锻炼的积极性。因此，参加者首先要明确体育锻炼的目的是强身的需要、保健的需要、娱乐的需要还是健美的需要。根据自身不同的需要确定其锻炼的内容、方法等。

（二）自觉性原则

自觉性原则是指体育锻炼者明确锻炼目的，充分认识锻炼价值，自觉、主动地进行体育锻炼。参加者只有明确了体育锻炼的目的，主观上充分认识到体育锻炼的价值和意义，才能形成体育锻炼的强烈欲望，才能自觉主动地、全身心地投入体育锻炼中，取得良好的锻炼效果。

（三）全面性原则

全面性原则是指体育锻炼应该全面发展身体的各个部位和各个器官的机能，提高身体素质，从而全面且和谐地发展。

人体是一个有机、统一的整体，人体各部位、各器官系统的机能都是互相联系和互相影响的，人体在体育活动中所表现出来的力量、速度、耐力、柔韧和灵敏等素质是通过肌肉活动表现出来的，同时也反映着神经系统和运动器官的协调、运动器官和内脏器官的配合协调。因此，体育锻炼者必须采用多种运动形式、内容、方法和手段，并且要全面、科学、合理地搭配锻炼的内容，内外结合，既要考虑身体形态的发展，又要考虑体内组织器官和系统的反应，同时要注意心理素质的培养，以达到全面锻炼身体的目的。

（四）循序渐进性原则

循序渐进性原则是指进行体育锻炼时必须根据身体素质发展的规律和超量恢复原理，结合个人实际情况，科学安排锻炼内容、方法、项目及运动负荷，在人体不断适应的同时，使肌体功能不断得到改善和提高。在进行体育锻炼的过程中，运动负荷的大小直接影响人体机能的变化，负荷是否适宜，对锻炼效果起很大的作用。运动负荷的大小因人、因时而异。因此，进行体育锻炼时应循序渐进，随时调整运动负荷，逐步提高锻炼水平。

（五）经常性原则

经常性原则是指体育锻炼必须经常性进行，使之成为日常生活中的重要内容。体育锻炼对机体给予刺激，每次刺激都能产生一定的作用痕迹，连续不断的刺激作用则产生痕迹的积累。这种积累使机体结构和机能产生新的适应，体质就会不断增强，动作技能形成的条件反射也会不断得到强化。因此，体育锻炼贵在坚持，形成良好的习惯，使自身锻炼成为日常生活中的一个组成部分，这样才能达到良好的锻炼效果。

二、长期体育锻炼的科学安排

只有持之以恒地进行体育锻炼，才能取得理想的健身效果。因此，锻炼者在体育锻炼前应根据自身的条件、健身目的，制订一个长期、稳定而又切合实际的锻炼计划。在制订长期锻炼计划时，至少应考虑锻炼者的健身目的、年龄和季节等多方面的因素。

1. 根据健身目的科学地安排体育锻炼

每个人在进行体育锻炼前，都要有较明确的健身目的，这是人们科学安排体育锻炼的重要依据。如果是为了增强体质、提高健康水平，那么安排体育锻炼的内容和时间就应当相对灵活一些；如果是为了提高肌肉力量、发展肌肉，就应以力量练习为主；如果以减肥为主要目的，就应该以有氧运动为主，运动时间相应要长。

2. 根据季节科学地安排体育锻炼

不同季节的气候条件对体育锻炼也有影响，要根据季节气候的变化规律安排体育锻炼，并注意季节交替时体育锻炼的内容衔接。

（1）春季锻炼。在春季进行体育锻炼时，要做好准备活动，充分伸展僵硬的韧带，以减少运动损伤。同时，要注意脱、穿衣服，防止感冒。

（2）夏季锻炼。夏季天气炎热，最好是在清晨或傍晚进行锻炼，锻炼后要注意水分的补充，以防身体脱水和中暑。夏季最理想的运动是游泳，但并不是所有的人都有条件或适合进行游泳运动，可供选择的其他较合适的项目还有慢跑、散步、太极拳、羽毛球等。

（3）秋季锻炼。秋季天气变化无常，早晚气温较低，要注意增减衣服。另外，秋季天气干燥，锻炼前后要注意补充水分，以保持黏膜的正常分泌和呼吸道的湿润。

（4）冬季锻炼。冬季参加体育锻炼，不仅可以提高身体的健康水平，更重要的是可以提高身体的抗寒能力，预防各种疾病的发生。冬季锻炼时身体的生理机能惰性较大，肌肉组织容易受伤，所以要做好准备活动。运动最好采用口鼻呼吸方式，吸气时口不要张得太大，防止冷空气直接刺激口腔黏膜。

3. 根据年龄科学地安排运动量

体育锻炼时，运动量是影响锻炼效果的重要因素。运动量过小，锻炼效果不明显；运动量过大，会对机体产生不利的影响。不同年龄的人身体状况不同，体育锻炼的运动量也应不同。

三、每次体育锻炼的科学安排

体育锻炼参加者应学会科学地安排每次锻炼，以获得理想的健身效果。

1. 准备活动充分

准备活动不仅可以提高锻炼效果，还可以减少损伤。通过准备活动不仅能使身体机能进入最佳状态，而且能使心理活动达到最佳水平。

2. 运动强度逐渐增大

在进行锻炼时，不要一开始就强度很大，这样会使身体出现一系列不适反应。这是因为人的各器官都有一定的惰性，经过准备活动，肌肉已经能够进行大强度的活动，但内脏器官的活动并不能立即进入最佳状态，从而造成内脏器官与运动器官的不协调，出现各种不适症状。因此，活动开始后，运动强度要逐渐增大。

3. 足够的锻炼时间

以健身为目的的体育锻炼，应以有氧运动为主，因此，运动强度不要过大，但要保证足够的锻炼时间。为了保证锻炼效果，每天的锻炼时间至少要在半小时以上。在运动强度与锻炼时间发生矛盾时，应首先考虑锻炼时间，如果每天的锻炼时间不能保证在半小时以上，即使增大强度，健身效果也不明显。锻炼时间可以采取化整为零的办法，尤其是对于那些刚开始锻炼，不能坚持半小时，或工作、学习繁忙的人。当然，并不是锻炼时间越长越好，每天锻炼1小时效果最好，身体机能好的人锻炼时间可长一些，但即使是散步这种强度小的锻炼，时间也不要超过2小时。

4. 身体疲劳与恢复

锻炼一段时间后，必然会产生疲劳。疲劳是一种生理现象，人体只有通过体育锻炼产生疲劳，才会出现身体机能的超量恢复。但是，疲劳的不断积累也可能造成身体的疲劳过度，从而对机体产生不利影响。

◀》延伸阅读

体育锻炼时要注意合理的呼吸方法

掌握合理的呼吸方法，可以提高锻炼效果。对于体育爱好者来说，在呼吸方法方面要注意以下几点。

1. 采用口鼻呼吸法，减少呼吸道阻力

人体在进行锻炼时，氧气的需要量明显增加，仅靠鼻子实现通气是不能满足机体需要的。所以，要采用口鼻同时呼吸，以减少肺通气阻力，增加通气量。有研究证实，采用口鼻同时呼吸比单纯用鼻呼吸肺通气量增加1倍。在严冬时，开口不要过大，以免冷空气直接刺激口腔黏膜和呼吸道而发生各种疾病。

2. 加大呼吸深度，提高换气率

进行体育锻炼时要有意识地控制呼吸频率，最好不要超过25～30次/分钟，加大呼吸深度，使进入肺内进行有效气体交换的空气量增加。

3. 呼吸方式与运动形式相结合

不同的体育锻炼形式对人体的呼吸方式有不同的要求，不同项目的呼吸方式也不一样，应根据自己所练习的项目进行了解和掌握。

四、体育锻炼的方法

体育锻炼的方法是根据人体发展规律，运用各种身体练习，以提高人体的身体素质和基本活动能力的途径和方式，主要有重复锻炼法、间歇锻炼法、连续锻炼法、循环锻炼法、变换锻炼法、负重锻炼法。

（一）重复锻炼法

重复次数的多少不同，对身体的作用也不同，重复次数越多，身体对运动反应的负荷量越大。如果重复次数不断地继续增加，可能使身体承受的负荷量达到极点，乃至破坏有机体的正常状态，造成伤害。

运用重复锻炼法，关键是掌握好负荷的有效价值范围（最有锻炼价值负荷量下的心率），并据此调节重复次数。在重复锻炼中，对负荷如何控制，怎样去重复才能达到理想效果的负荷程度，应视实际情况而定。

（二）间歇锻炼法

人们认为体质增强的过程是在运动中实现的，其实体质内部增强过程主要是在间歇中实现的，在休息过程中取得了超量恢复。若不是在休息过程中取得超量恢复，则运动就变成对增强体质毫无意义的事，甚至起不了作用。间歇锻炼对增强体质的作用并不亚于运动本身。自古以来就有以静炼身的经验，在现代科学的基础上，人类更清楚地认识到在间歇时间内有机体的各种变化，同时认识到保持同化优势的重要性，所以把间歇锻炼作为一种健身的基本方法。

同重复锻炼法一样，间歇锻炼的时间也要依据负荷的有效价值标准去调节。一般来说，当负荷反应（心率）指标低于有效价值标准时，应缩短间歇时间；而高于有效价值标准时，则可延长间歇时间。通过适当的间歇锻炼，把负荷量调节到负荷有效价值范围，以追求良好的锻炼效果。

实践中，一般心率在 130 次 / 分钟左右时，就应再次开始锻炼。间歇锻炼时，不要静止休息，而应边活动边休息，如慢速走步、放松手脚、伸伸腰腿或做深而慢的呼吸等。因为轻微活动可使肌肉对血管起到按摩作用，帮助血液流回和排除代谢所产生的废物。

（三）连续锻炼法

从增强体质的良好效果出发，需要运动一会儿就停一会儿，然后接二连三地重复进行，所以不能仅讲究间歇锻炼，还要讲究连续锻炼。连续锻炼、间歇锻炼、重复锻炼都是在统一锻炼过程中实现的，连续锻炼、间歇锻炼、重复锻炼等因素各有其特有的作用。连续锻炼的作用在于保持负荷量不下降，维持在一定的水平上，使身体充分地受到运动的作用。

连续锻炼时间的长短，同样要根据负荷价值有效范围而确定。通常认为在 140 次 / 分钟左右心率下连续锻炼 20 ~ 30 分钟，可使机体的各个部位都长时间地获得充分的血液和氧的供应，因而能有效地发展有氧代谢能力。实践中，用于连续锻炼的主要是那些比较容易并已为锻炼者所熟悉的动作，可以是跑步、游泳，也可以是跳迪斯科舞等。

（四）循环锻炼法

循环锻炼法由几个不同的练习点组成。一个点上的练习一经完成，练习者就迅速转移到下一个点，下一个练习者依次跟上。练习者完成了各个点上的练习，就算完成了一次循环。循环锻炼法对技术的要求不高，且各项目都采用比较轻度的负荷练习，因此练起来既简单有趣，又可获得综合锻炼，达到全面发展的良好效果。

（五）变换锻炼法

变换锻炼法可以有效地调节生理负荷，提高兴奋性，强化锻炼意向，克服疲劳和厌倦情绪，以达到提高锻炼效果的目的。如果刚参加锻炼，可多做些诱导性练习和辅助性练习。随着锻炼水平的提高，应加大练习的难度，如用越野跑代替在田径场的长跑等。锻炼条件的变化，可使锻炼者的大脑皮层不断地产生新异的刺激，提高兴奋性，激发对于锻炼的兴趣，从而提高机体对负荷的承受能力，最终提高锻炼效果。另外，不断地对锻炼的内容、时间、动作速率等提出新的要求，可有效地调节生理负荷，使机体不断产生适应性变

化，达到更好地锻炼身体的目的。

（六）负重锻炼法

负重锻炼法是使用杠铃、哑铃、沙袋等重物进行身体运动来锻炼身体、增强体力的方法。负重锻炼的方法，既用于普通人为增强体质锻炼身体，又用于各项运动员进行身体训练，还可用于解决身体疾患的康复。一般情况下，人在为了增强体质进行负重锻炼时，应该采用最大摄氧量和最大心输出量以下的负荷。

五、提高身体素质的方法

身体素质是指人体在运动、生产劳动和日常生活中表现出来的力量、耐力、速度、灵敏及柔韧等活动能力。身体素质，特别是力量和耐力，是衡量体质强弱和体育活动能力的重要标志。

1. 发展力量素质

力量素质是指肌肉克服工作阻力的能力。按肌肉收缩的特点可分为静力性力量和动力性力量；按衡量肌肉力量的大小可分为绝对力量和相对力量；按其表现形式又可分为最大力量、速度力量和耐力力量。

（1）静力性力量的练习方法：推蹬固定物体、支撑、平衡、悬垂及负重深蹲慢起等。

（2）动力性力量的练习方法：推、拉、蹬伸、摆动、跑、跳、投掷等。发展最大力量的方法主要是采用克服大阻力、重复次数少的练习；发展速度力量的锻炼是适当减小阻力，用最快的速度完成动作；发展耐力力量既要克服一定的阻力，又能坚持较长的练习时间。

（3）发展力量练习应注意以下几个问题。

① 进行力量练习前要充分做好准备活动。

② 力量练习以隔天一次练习为宜，在锻炼过程中，要在适应原负荷的基础上逐渐增加负荷。

③ 完成力量练习时要注意呼吸。

④ 力量练习要先练大肌群，后练小肌群。

2. 发展耐力素质

耐力是指人体长时间进行肌肉活动和抵抗疲劳的能力，耐力素质可分为有氧耐力和无氧耐力。

（1）有氧耐力锻炼。发展有氧耐力主要是提高心肺功能水平，有氧耐力的主要指标是最大摄氧量。主要方法有慢速跑步、越野跑、骑自行车、游泳、划船等周期性运动项目。

（2）无氧耐力锻炼。主要采用尽可能快的动作或用平均速度以间歇练习法来完成。运动员常采用缺氧训练或高原训练等方法。

3. 发展速度素质

速度素质是指人体快速反应的能力，通常可分为反应速度、动作速度和位移速度。发展反应速度常用各种声、光等突发信号的方法来训练；发展动作速度的方法有减小练习难度法、助力法、限时法等；发展位移速度通常采用快速跑、加速动作频率的练习、发展下肢的爆发力等方法。

4. 发展灵敏和柔韧素质

灵敏素质是指迅速改变体位、转换动作和随机应变的能力。可采用体操、球类、武术对练等对抗性强、快速移位多的项目进行锻炼。

柔韧素质是指人体各关节的活动幅度、肌肉和韧带的伸展程度。发展柔韧素质常用静力性和动力性拉长肌肉、肌腱和韧带的方法。

◄)) 延伸阅读

科学体育锻炼自我监测

自我监测方法如下。

（1）运动时脉搏测试法：一般锻炼者运动后即刻心率不要超过 25 次/10 秒，保持有氧运动水平。

（2）根据年龄控制运动量：锻炼者的最高心率值计算公式为 180- 年龄，健身锻炼者心率不要超过最高心率值，以免对心脏产生伤害。

运动性疲劳的自我判定方法如下。

（1）生理机能判定法：肌力减低，动作协调性下降，特别是完成精细动作时的失误增加。

（2）"晨脉"判定法：锻炼后第二天晨脉值较以前增加 5 次/分钟以上，说明前一天运动量过大，应适当减少运动量。

（3）主观感觉判定法：锻炼后感觉头晕、恶心、胸闷、食欲减退、厌恶运动等，说明运动量过大，疲劳程度较严重。

任务三　运动损伤与处理

一、运动损伤的分类

运动损伤的分类方法很多，概括起来有以下几种。

（1）按损伤组织的种类分类：可分为肌肉韧带的挫伤、撕裂、挫伤、四肢骨折、颅骨骨折、脊椎骨折、关节脱位、脑震荡、内脏破裂等。根据北京运动医学研究所的统计，由于运动所造成的严重创伤很少，大部分属于小创伤。其中，以肌肉、筋膜、肌腱腱鞘、韧带和关节囊损伤最多，其次是肩袖损伤、半月板撕裂和髌骨软骨病。

（2）按运动创伤的轻重分类：不损失工作能力的轻伤；失掉工作能力 24 小时以上，并需要门诊治疗的中等伤；需要长期住院治疗的重伤。

（3）按运动能力丧失的程度分类：受伤后能按锻炼计划进行练习的"轻度伤"；受伤后不能按锻炼计划进行练习，需停止患部练习或减少患部活动的"中度伤"；完全不能锻炼的"重度伤"。

（4）按损伤组织是否有创口与外界相通分类：可分为开放性损伤与闭合性损伤。

此外，根据发病的缓急，还可分为急性损伤和慢性损伤；根据病因，又可分为原发性损伤和继发性损伤等。

二、运动损伤发生的原因

运动损伤发生的原因是多方面的，可分为直接原因和诱因。

1. 直接原因

（1）思想上不重视，缺乏合理的准备活动。在进行体育活动之前掉以轻心，忽视身体活动需要一个由安静状态过渡到剧烈活动状态的过程，往往容易发生运动损伤。青少年运动损伤最多的是骨折，其次是扭挫伤。

知识拓展：不同人群锻炼身体方法的选择

（2）技术上的错误，运动负荷较大。由于锻炼者运动时间过长，运动量过大，身体接受的负荷量太大，机体未得到充分恢复，造成过度训练，这是运动损伤发生的主要原因之一。

（3）身体功能和心理状态不良。如果注意力不集中或集中持续时间不长，发生损伤的危险性会增加。情绪不稳定、易急躁、急于求成，或在运动中因畏难、恐慌或害羞而犹豫不决的人，容易发生运动损伤。

（4）组织方法不当，运动粗野或违反规则。运动中对手技术动作不正确，故意犯规，以及执行规则不严、不公，极易造成损伤。

（5）场地设备的缺点，不良气象的影响。运动场地不平坦，器械安装不牢固，器械的高低、大小与轻重不符合锻炼者的年龄、性别和训练水平等，所有这些都能成为锻炼者受伤的原因。雨后路滑、光线不足、气温过高和过低等，也能引起运动损伤。

2. 诱因

诱因即为诱发因素，它必须在直接原因（如局部负担量过大、技术动作发生错误等）的同时作用下，才可成为致伤的因素。由于局部解剖的生理特点，某些组织所处的特殊解剖位置，可导致负荷最大的组织发生损伤。另外，各项运动的技术特点，使人体各部位的负担量不尽相同，因此，各运动项目都会导致人体的易伤部位受伤。例如，足球比赛的激烈性、对抗性造成踝关节受伤；在田径训练中，没有充分地做准备活动，导致韧带拉伤等。因此，运动损伤的预防应该得到重视。

三、常见运动损伤及处理

参加体育锻炼的目的是增强体能，促进身体健康，而运动损伤的发生往往会使锻炼者的身心受到一定的伤害，因此，应防患于未然。锻炼者应采取一些运动损伤的预防措施，使体育锻炼安全且富有成效。常见运动损伤如下。

（一）软组织损伤

软组织损伤可分为开放性损伤和闭合性损伤两类。前者有擦伤、刺伤、撕裂伤等，后者有挫伤、肌肉拉伤、肌腱腱鞘炎等。

1. 擦伤

（1）原因与症状。因运动时皮肤受擦致伤。如跑步时摔倒，进行体操运动时身体摩擦器械受伤，擦伤后皮肤出血或组织液渗出。

（2）处置。小面积擦伤，用红药水涂抹伤口即可；大面积擦伤，先用生理盐水洗净，后涂抹红药水，再用消毒布覆盖，最后用纱布包扎。

2. 撕裂伤

（1）原因与症状。在剧烈、紧张运动或受到突然强烈撞击时，会造成肌肉撕裂，其中包括开放伤和闭合伤两种。常见的撕裂伤有眉际撕裂、跟腱撕裂等。开放伤顿时出血，周围肿胀；闭合伤触及时有凹陷感和剧烈疼痛感。

（2）处置。轻度开放伤，用红药水涂抹伤口即可；裂口大时，则需止血和缝合伤口，必要时注射破伤风抗毒血清，以防破伤风症；如肌腱断裂，则需手术缝合。

3. 挫伤

（1）原因与症状。因撞击器械或练习者之间相互碰撞而造成挫伤。单纯挫伤在损伤处出现红肿、皮下出血，并有疼痛；内脏器官损伤时，则出现头晕、脸色苍白、心慌气短、出虚汗、四肢发凉、烦躁不安，甚至休克。

（2）处置。在24小时内冷敷或加压包扎，抬高患肢或外敷中药。24小时后，可按摩或理疗。进入恢复期后可进行一些功能性锻炼。如果怀疑内脏损伤，则做临时性处理后，送医院检查和治疗。

4. 肌肉拉伤

（1）原因与症状。通常在外力直接或间接作用下，使肌肉过度主动收缩或被拉长时引起肌肉拉伤。特别是准备活动不充分、动作不协调，以及肌肉弹性、伸展性、肌力差者更易拉伤。损伤后伤处肿胀、压痛、肌肉痉挛，触诊时可摸到硬块。严重的肌肉拉伤使肌肉

撕裂。

（2）处置。轻者可即刻冷敷，局部加压包扎，抬高患肢。2小时后可进行按摩或理疗。如果肌肉已大部分或完全断裂，在加压包扎急救后，应立即送医院手术治疗。

（二）关节、韧带扭伤

1. 肩关节扭伤

（1）原因与症状。一般因肩关节用力过猛及反复劳损所致，也有因技术错误、违反解剖学原理而造成损伤的。如投掷、排球扣球和大力发球时常出现这类损伤。其症状有压痛、疼痛，急性期有肿胀，慢性期三角肌可能出现萎缩，肩关节活动受限。

（2）处置。单纯韧带扭伤，可冷敷、加压包扎。24小时后可采用理疗、按摩和针灸治疗。出现韧带断裂时，应立即送医院缝合和固定处理。当肩关节肿胀和疼痛减轻后，可适当施行功能性锻炼，但不宜早活动，以防转入慢性。

2. 髌骨劳损

（1）原因与症状。髌骨具有保护股骨关节面、维护关节外形和传递股四头肌力量的作用，是维护膝关节正常功能的主要结构。髌骨劳损是膝关节长期负担过重或反复损伤累积而成的，也可由一次直接外力撞击致伤，如篮球滑步急停、跳高和跳远时踏跳不合理或摔倒受击，都可导致这种损伤。

（2）处置。采用中药外敷、针灸、按捻等。平时加强膝关节肌群力量练习，如采用高位静力半蹲，每次保持3～5分钟即可。伤情好转时，可逐渐增加时间，每日进行1～2次。

3. 踝关节扭伤

（1）原因与症状。运动中跳起落地时失去平衡，使踝关节过度内翻或外翻致伤。在准备活动不充分、场地不平坦的情况下，更容易造成这类损伤。主要症状为伤处疼痛、肿胀，韧带损伤处有明显的压痛，皮下淤血。

（2）处置。受伤后，应立即冷敷，用绷带固定包扎，并抬高伤肢。24小时后，根据伤情采取综合治疗方式，如外敷伤药、理疗、按摩等，必要时做封闭治疗。待伤情好转后，施行功能性练习。严重者，可用石膏固定。

4. 急性腰部扭伤

（1）原因与症状。运动时，身体重心不稳定或肌肉收缩不协调，引起腰部扭伤。多数因腰部受力过度，或脊柱运动时超过了正常生理范围所致。例如：挺身式跳远中，展体过大；举重上挺时，过分挺胸塌腰；跳水时，下肢后摆过大，都有可能造成腰部扭伤。

（2）处置。腰部急性扭伤后，让患者平卧，一般不应立即搬动。如果剧烈疼痛，则用担架抬送医院诊治。处理后，应卧硬板床或腰垫一枕头，使肌肉韧带处于放松状态。可针灸、外敷伤药或按摩。

(三) 关节脱位

(1) 原因与症状。因受外力作用,使关节面失去正常的连接关系,叫作关节脱位(或称脱臼)。严重的关节脱位,伴有关节囊撕裂。关节脱位后,常出现畸形,与健肢对比不对称,因软组织损伤而出现炎症反应,局部疼痛、压痛和关节肿胀,并失去正常活动功能,甚至发生肌肉痉挛等现象。

(2) 处置。用长度和宽度相称的夹板固定伤肢。如果没有夹板,可将伤肢固定在自己的躯干或健肢上,防止震动,随后及时送医院治疗。必须指出,如果没有把握,切不可随意做整复处置,以免再度受伤。

(四) 骨折

(1) 原因与症状。运动中,身体某部位受到直接或间接的暴力撞击时,造成骨折。例如:踢足球时,小腿被踢,造成胫骨骨折;摔倒时手臂直接撑地引起尺骨或桡骨骨折等。骨折是比较严重的损伤,但发病率很低,骨折分为不完全性骨折和完全性骨折两种。常见的骨折有肱骨骨折、前臂骨骨折、手骨骨折、大腿骨骨折等。骨折发生后,患处立即出现肿胀,皮下淤血,有剧烈疼痛(活动时加剧),肢体失去正常功能,肌肉产生痉挛,有时骨折部位发生变形,移动时可听到骨摩擦声。严重骨折时,伴有出血和神经损伤、发烧、口渴,甚至休克等全身性症状。

(2) 处置。若出现休克,应先进行处理,即点按人中穴,并进行口对口人工呼吸或心脏胸外按摩;若伴有伤口出血,应同时实施止血和包扎。骨折后暂勿移动患肢,应用夹板或其他代用品固定患肢,及时护送医院检查和治疗。

(五) 脑震荡

(1) 原因与症状。脑震荡是指头部受外力打击后,管理大脑平衡的膜半规管、椭圆囊、球囊等感受器机能失调,直至引起意识和机能的一过性障碍。在体育锻炼时,两人头部相撞,或撞击硬物,或从高处跌下时头部撞地,都可能造成脑震荡。致伤时,神志昏迷,脉搏徐缓,肌肉松弛,瞳孔稍大但能对称,神经反射减弱或消失;清醒后,患者常有头痛、头晕、恶心呕吐感;平时情绪烦躁,注意力不易集中,耳鸣、心悸、多汗、失眠、记忆力减退等。

(2) 处置。立即让患者平卧,头部冷敷。若有昏迷,即指压人中、内关穴、合谷穴;若呼吸发生障碍,立即进行人工呼吸。上述处理后,出现反复昏迷或耳、鼻、口出血,两瞳孔放大且不对称时,表明病情严重,应立即护送医院治疗。在运送途中,要让患者平卧,头部固定,避免颠簸。脑震荡一般可自愈,无须住院治疗,但要注意休息和必要的药物治疗,保持情绪安定,减少脑力劳动。在恢复过程中,可定期做脑震荡平衡试验,以检查病况进展。其方法是闭目、单腿站立、两臂平举。如果能保持平衡,表明脑震荡已基本治愈。这时,可适当参加体育锻炼,但要避免滚翻或旋转性动作。

四、运动中常见的生理反应及处理

运动使人体生理活动过程的有序性受到暂时性的破坏，因而人体常常出现某种生理反应。

（一）肌肉酸痛

（1）原因。刚开始或间隔较长时间后再锻炼，由于运动量较大，从而引起局部肌纤维及结缔组织的细微损伤，以及部分肌纤维的痉挛。

（2）症状。局部肌肉疼痛、发胀、发硬。

（3）处理。可对酸痛的肌肉进行热敷，还可进行肌肉按摩。

（二）肌肉痉挛

（1）原因。在进行体育锻炼时，肌肉受到寒冷的刺激；准备活动不够充分，肌肉猛力收缩；局部肌肉疲劳，大量出汗，疲劳过度，体内缺少氢化物。

（2）症状。肌肉突然变得坚硬和隆起，疼痛难忍，且不易缓解。

（3）处理。立即对痉挛部分进行牵引，还可配合揉捏、叩打等按摩动作，症状即可缓解和消失。

（三）运动中腹痛

（1）原因。主要是准备活动不充分，运动过于激烈，内脏器官的功能不能满足运动器官的需要，造成脏腑功能失调，引起腹痛。

（2）症状。两肋处有胀痛感或腹部疼痛。

（3）处理。减慢运动速度，加深呼吸，疼痛常可减轻或停止；若无效，应停止运动，口服十滴水或揉按内关、足三里、大肠俞等穴位；若仍无效，则应送医院治疗。

（四）中暑

（1）原因。在高温环境中（温度高、通气差、头部缺少保护），被烈日直接照射，因体温调节功能障碍而发生中暑。

（2）症状。轻度中暑时会出现面部潮红、头晕、头痛、胸闷、皮肤灼热、体温升高现象；严重时将出现恶心、呕吐、脉搏快而细弱、精神失常、虚脱抽搐、血压下降甚至昏迷现象。

（3）处理。将患者迅速移至通风、阴凉处，冷敷额头，用温水抹身，并喝含盐饮料或十滴水，数小时后即可恢复。

（五）极点和第二次呼吸

（1）原因。由于内脏器官的活动跟不上运动器官的需要，能量消耗大，氧供应不足，下肢回流血量减少，血乳酸大量堆积，引起呼吸循环系统活动失调，从而导致动力定型的暂时混乱，最终使动作慢而无力，且不协调。

（2）症状。呼吸困难，胸闷难忍，下肢沉重，动作不协调，甚至有恶心现象，不愿意再继续运动下去。

（3）处理。适当减慢速度，加深呼吸，坚持运动下去。无须疑虑和恐惧，这是一种正常的生理现象，随着训练水平的提高，这种生理反应将逐步推迟和减轻。

（六）运动性贫血

（1）原因。贫血可由各种原因引起，它不是独立的疾病，而是一种症状。运动员在训练过程中如果生理负担量过大，也会导致贫血，这种贫血称为运动性贫血。其类型多为缺铁性贫血，少数为溶血性贫血，个别为混合型贫血。

（2）症状。运动性贫血发病缓慢，主要表现为头晕、乏力、易倦、记忆力下降、食欲差等症状。运动时症状较明显，常伴有气喘、心悸等症状。

（3）处理。适当减少运动量，必要时应停止训练，改善营养，尤其是补充富有蛋白质和铁的食物。口服硫酸亚铁片剂，并同时服用维生素 C 和胃蛋白酶合剂，有利于铁的吸收。

（七）运动性晕厥

（1）原因。在运动中或运动后由于脑部一过性供血不足或血液中化学物质的变化引起突发性或短暂性意识丧失、肌张力消失并伴有跌倒的现象称为运动性晕厥。运动性晕厥是由供应给大脑的血液和氧减少引起的。

（2）症状。晕厥时，患者失去知觉，突然晕倒。晕倒前，患者感到全身软弱、头昏、耳鸣、眼前发黑、面色苍白。晕倒后，面色苍白，手足发凉，脉搏慢而弱，血压低，呼吸缓慢。轻度晕厥一般在倒下片刻后，脑贫血消除即可清醒过来，但醒后精神不佳，感觉头昏。

（3）处理。使患者平卧，足部略抬高，头部放低，松开衣领，注意保暖，用热毛巾擦脸，自小腿向大腿做重推摩和揉捏。在知觉未恢复前，不能让其饮任何饮料或服药。如有呕吐现象，应将患者的头偏向一侧，如呼吸停止，应进行人工呼吸。清醒后可服热饮料，注意休息。

知识拓展：常见职业病的体育疗法

◈ 思考与练习

一、填空题

1. 人体活动的直接能量来源于_____的分解，而最终的能量是来源于_____、_____和_____的氧化分解。

2. 人体运动时的三大供能系统是_____系统、_____系统、_____系统。

3. 每日饮食中三大营养成分所提供热量最佳比例为：_____的热量应来自糖，_____的热量应来自蛋白质，_____的热量应来自脂肪。

4. 体育锻炼的原则包括_____原则、_____原则、_____原则、_____原则、_____原则。

5. 体育锻炼方法的途径和方式，主要有_____、_____、_____、_____、_____、_____。

二、简答题

1. 如何根据季节科学地安排体育锻炼？

2. 发展耐力素质的方法有哪些？

3. 运动损伤发生的直接原因有哪些？

4. 简述运动中肌肉酸痛的原因、症状和处理方法。

项目三
田径运动

📝 学习目标

知识目标:

了解田径运动的起源与发展,田径健身运动的特点,田径比赛规则;掌握竞走运动、跑步运动、跳跃运动、投掷运动的基本技术与学练方法。

能力目标:

发展走、跑、跳、投等基本运动能力和生活生存能力,锻炼身体协调性,提高运动表现;提高心肺功能、增强肌肉力量和耐力,促进身体健康发展。

素质目标:

理解田径类课程对人的生活和工作的重要价值,培养终身体育观念。

任务一　田径运动基础

一、田径运动的起源与发展

田径运动起源于人类的生产、生活和军事活动。远古时代,人类为了生存经常出没于崇山峻岭、悬崖峭壁间,天长日久,在生活、劳动中逐步形成了走、跑、跳、投的技能。随着社会的发展,这些技能逐渐脱离了原始的活动形式,演变为一种定期的比赛活动。随着战争的出现和阶级的产生,这些技能又经过提炼后成为锻炼士兵的手段和对下一代进行教育的内容,以及竞赛娱乐的方式,成了田径的雏形,这就是田径运动的基础。

据记载,田径运动成为正式比赛项目,是在公元前 776 年在希腊奥林匹克村举行的第 1 届古代奥运会上,项目只有一个——短距离赛跑,跑道是一条直道,长 192.27 米。随着时间的推移,田径运动逐渐发展壮大,到公元前 708 年的第 10 届古代奥运会上,正式列入了跳远、铁饼、标枪等田赛项目。

　　1894 年，在英国举行了最早的现代田径运动国际比赛，比赛共有 9 个项目。从 1896 年开始举行的现代奥运会起，每一届奥运会田径运动都是主要比赛项目之一。从 1928 年在阿姆斯特丹举行的第 9 届奥运会起，增设了女子田径项目。1912 年，国际业余田径联合会（I.A.A.F.）成立，确立了国际统一的田径竞赛项目和竞赛规则，开始组织国际田径比赛。

　　现代田径运动是由田赛和径赛、公路赛、竞走和越野赛组成的运动项目。以高度和远度计算成绩的跳跃、投掷项目统称为田赛；以时间计算成绩的竞走和跑的项目统称为径赛。全能运动由跑、跳、投的部分项目组成，以各单项成绩按《田径全能运动评分表》换算分数计算成绩。

◀)) **延伸阅读**

田径运动主要比赛项目

1. 竞走

（1）场地竞走：男子 10 千米、20 千米；女子 5 千米、10 千米。

（2）公路竞走：男子 20 千米、50 千米；女子 10 千米、20 千米。

2. 跑类

（1）短跑：100 米、200 米、400 米。

（2）中跑：800 米、1 500 米。

（3）长跑：3 000 米、5 000 米、10 000 米。

（4）其他形式的长跑或超长跑：马拉松跑、越野跑、公路跑。

（5）接力跑：4×100 米、4×400 米、4×800 米、公路接力跑。

（6）障碍跑：3 000 米障碍跑。

（7）跨栏跑：男子 110 米栏、400 米栏；女子 100 米栏、400 米栏。

3. 跳跃类

跳高、撑竿跳高、跳远、三级跳远。

4. 投掷类

铅球、铁饼、标枪、链球。

5. 全能类

（1）男子十项全能：100 米、跳远、铅球、跳高、400 米、110 米栏、铁饼、撑竿跳高、标枪、1 500 米。

（2）女子七项全能：100 米栏、跳高、铅球、200 米、跳远、标枪、800 米。

二、田径健身运动的特点

田径健身运动除与其他体育项目一样具有促进身体运动能力发展、提高健身水平的共性特征外，还具有其自身的特点。

（1）田径健身运动是以个人为单位进行的走、跑、跳跃、投掷等练习，可以是个人的锻炼，如晨练长跑，也可以是多人合练，如集体长跑、接力游戏等，参加者无人数限制，或多或少均可，灵活方便。

（2）田径健身运动内容极为丰富，广义地说，凡是人以自身能力进行的走、跑、跳跃、投掷等自然动作的练习，都可以成为田径健身练习的内容，这些健身练习内容的集合构成了田径健身运动。

（3）田径健身运动规则简便，有些练习本身就是人类的基本运动方式，不受规则限制，因此能够为大多数人所接受，使人们在无所约束的条件下进行锻炼。

（4）田径健身运动的练习负荷可以随着练习者年龄、性别和身体状况进行自我控制和调节，以最适合的健身锻炼负荷进行练习，常年坚持，老少皆宜。

（5）田径健身运动可以全面发展人体的力量、速度、耐力、灵敏等素质，也可以提高机体对外界环境变化的适应能力，对促进青少年生长发育，维持和提高成年人旺盛的生命活力，以及延缓老年人的衰老过程，都有积极的作用。

（6）田径健身运动对运动场地、器材的要求不高，走、跑运动可在平坦的各种道路上进行，跳跃运动可在沙坑或松软的土地上进行，投掷运动则可利用各种投掷物在空旷的场地做投远或投准的练习。总之，田径健身运动可以因陋就简、因地制宜地在多种环境和条件下进行。

以上特点使田径健身运动成为一项可行性强且健身价值较高的运动，在学校体育与健康课程中，可作为健身锻炼的有效手段和基础性内容。

三、田径运动简介

（一）走、跑步运动

1. 走、跑步运动简介

竞走起源于英国。19世纪初，英国出现步行比赛的活动。19世纪末，部分欧洲国家及地区盛行从一个城市到另一个城市的竞走旅行。1866年，英国业余体育俱乐部举行了首次冠军赛，距离为7英里（1英里=1.609 344千米）。竞走分场地竞走和公路竞走两种。场地竞走设世界纪录；公路竞走因路面起伏等不可控因素较多，成绩可比性差，故仅设世界最好成绩。运动员行进时，两脚必须与地面保持不间断接触，不准同时腾空；着地的支撑腿膝关节应有一瞬间的伸直，不得弯曲。比赛时，运动员出现腾空或膝关节弯曲，均给

予严重警告，受 3 次严重警告者即取消比赛资格。竞走于 1908 年首次进入奥运会，当时的距离是 3 500 米和 10 英里。此后几届奥运会距离有所不同，有过 3 千米、10 千米等，从 1956 年奥运会起定为 20 千米（1956 年列入）、50 千米（1932 年列入）。女子竞走于 1992 年才被列为奥运会比赛项目，距离为 10 千米。2000 年的奥运会将其改为 20 千米。2024 年巴黎奥运会新设竞走男女混合接力项目，比赛距离为马拉松比赛长度，即 42.195 千米。

跑是人类与生俱来的基本能力。它自古以来就是一种比赛形式，几乎在每个国家的文献中都有描述。现代短跑起源于欧洲，最早被列入正式比赛是在 1850 年的牛津大学运动会上，当时设有 100 码、330 码、440 码跑项目（1 码 =0.914 4 米）。19 世纪末，为规范项目设置，将赛跑距离由码制改为米制。它最初为职业选手的比赛项目，后逐渐扩展到业余运动员。运动员比赛时必须使用起跑器，听信号统一起跑，必须自始至终在自己的跑道内跑动。奥运会比赛项目男、女均为 100 米跑、200 米跑和 400 米跑。其中，男子项目于 1896 年列入，女子 100 米跑和 200 米跑于 1928 年列入，400 米跑于 1964 年列入。

2. 走、跑步运动对人的好处

科学、合理、有意识地通过走路运动锻炼自己十分重要，有必要认识和了解什么是科学走路运动。走路运动是各种运动之母，科学走路能增强体质，促进血液流通、新陈代谢、体液分泌、身心愉悦等身体各项功能的平衡。在科学走路运动的锻炼下，不知不觉中为滋润身体各器官的血液、体液送去了营养、带走了垃圾、消耗了剩余物质，达到了和谐、综合平衡的状态。内和气血、外柔肢体、强身固本和延年益寿等目标在不知不觉中得到了实现。

跑步运动能促进人体的新陈代谢，改善神经系统的调节功能，提高心血管系统、呼吸系统及其他内脏器官的机能；能全面发展力量、速度、耐力、灵敏、协调性、提高运动素质，促进人的正常发育，增进健康水平；还能促使人的走、跑、跳、投的技能成绩进步，从而保持和提高人体在生活和工作中的适应能力，并可延缓人体衰老过程。

（二）跳跃运动

1. 跳跃运动简介

跳高起源于古代人类在生活和劳动中越过垂直障碍的活动。现代跳高始于欧洲，18 世纪末苏格兰已有跳高比赛，19 世纪 60 年代开始流行于欧美国家及地区。1827 年 9 月 26 日在英国圣罗兰·博德尔俱乐部举行的首届职业田径比赛中，亚当·威尔逊（Adam Wilson）屈膝团身跳越 1.575 米。这是第一个有记载的世界跳高成绩。跳高有跨越式、剪式、俯卧式、背越式等过杆技术。现在，绝大多数运动员都采用背越式过杆。跳高横杆可用玻璃纤维、金属或其他适宜材料制成，长为 3.98～4.02 米，最大质量为 2 千克。比赛时，运动员必须用单脚起跳，可以在规定的任一起跳高度上试跳，但第一高度只有 3 次试跳机会。男、女跳高分别于 1896 年和 1928 年被列为奥运会比赛项目。

跳远起源于人类猎取或逃避野兽时跨越河沟的活动，后成为军事训练的手段，为公元前 708 年古代奥运会五项全能项目之一。现代跳远运动始于英国。1827 年 9 月 26 日在英国圣罗兰·博德尔俱乐部举行的首届职业田径比赛中，亚当·威尔逊（Adam Wilson）越过 5.41 米的远度。这是第一个有记载的世界跳远成绩。跳远的腾空动作有蹲踞式、挺身式和走步式。20 世纪 70 年代出现前空翻跳远，因危险性大，被国际田联禁用。最初，运动员是在地面起跳，1886 年开始采用起跳板。起跳板为白色，埋入地下，与地面齐平，长为 1.22 米，宽为 20 厘米，距沙坑近端不少于 1 米。起跳板前有起跳线，起跳线前有用于判断运动员起跳是否犯规的橡皮泥显示板或沙台。运动员必须在起跳线后起跳。比赛时，如运动员不足 8 人，每人可试跳 6 次；如运动员超过 8 人，则先试跳 3 次，8 名成绩最好的运动员再试跳 3 次。最后以运动员 6 次试跳的最好成绩排列名次。男、女跳远分别于 1896 年和 1948 年被列为奥运会比赛项目。

2. 跳跃运动对人的好处

跳跃运动能增强人体大腿的肌肉和韧带的强度，提高人体的弹跳能力和协调性，培养勇敢顽强、拼搏进取的精神。

（三）投掷运动

1. 投掷运动简介

推铅球起源于古代人类用石块猎取禽兽或防御攻击的活动。现代推铅球始于 14 世纪 40 年代欧洲炮兵闲暇期间推掷炮弹的游戏和比赛，后逐渐形成体育运动项目。铅球的制作经历了用铁、铅及外铁内铅的过程。正式比赛男子铅球的质量为 7.26 千克，直径为 11 ～ 13 厘米；女子铅球的质量为 4 千克，直径为 9.5 ～ 11 厘米。早期推铅球没有固定的方式，可以原地推，也可以助跑推；可以单手推，也可以双手推；还出现过按体重分级别的比赛。最初采用原地推铅球技术，后逐渐发展到侧向推、上步侧向推。20 世纪 50 年代，美国运动员奥布赖恩发明背向滑步推铅球技术，该技术被称为"铅球史上的一场革命"。20 世纪 70 年代，苏联运动员巴雷什尼科夫发明旋转推铅球技术，由于旋转后难以控制身体平衡，至今只有极少数运动员使用。比赛时，运动员应在直径 2.135 米的圈内，用单手将球从肩上推出，铅球必须落在落地区角度线以内方为有效。男、女铅球分别于 1896 年和 1948 年被列为奥运会比赛项目。

投掷类项目完整技术可以分为准备阶段、预加速阶段、最后用力阶段和结束阶段。它包括推铅球、掷铁饼、掷标枪、掷链球等运动。

2. 投掷运动对人的好处

投掷运动是一项全身协调用力的运动。它能提高人的协调性和柔韧性，主要发展上肢力量，增强学生的安全意识。

四、田径运动基本比赛规则

（1）径赛基本规则。

① 起跑。发令员首先要保证运动员的起跑姿势正确，然后喊"各就位"和"预备"，最后发令枪响。400米及400米以下的项目，运动员必须使用蹲踞式起跑，发令员使用"各就位""预备""鸣枪"3个口令；800米及800米以上的项目，运动员是站立式起跑，发令员使用"各就位""鸣枪"两个口令。

② 计时。计时应从发令枪发出的烟或闪光开始，直到运动员躯干（不包括头、颈、臂、手、脚）的任何部分抵达终点线后沿垂直平面的瞬间为止。手计时和全自动电子计时均是正式的计时方法。凡在跑道上举行的径赛人工计取的成绩，都要进位换算成0.1秒。部分或全部在场外举行的径赛人工计取的成绩应换算成整秒。

③ 跑道规则。运动员在所有短跑比赛、110米跨栏和4×100米接力赛中自始至终都必须留在自己的跑道内；800米和4×400米接力赛起跑是在自己的跑道内，直到运动员通过标志可以串道的分离线才能离开自己的跑道；接力跑时，运动员必须手持接力棒跑完全程，传接棒要在接力区内完成。

④ 犯规。运动员在做好最后预备姿势之后，只能在接收到发令枪或批准的发令装置发出该信号之后开始起跑。如果发令员或召回发令员认为有任何发令枪或发令装置发出信号之前开始起跑的行为，都将判为起跑犯规。除全能项目外，任何起跑犯规的运动员都将被取消该项目的比赛资格。在分道跑的比赛中，运动员应自始至终在自己的分道内跑进，如果有关裁判长确认了一位裁判、检查员或其他人员关于某运动员跑出了自己的分道的报告，则应取消该运动员的比赛资格。如果运动员由于受到他人的推、挤或被迫跑出自己的分道，不应取消其比赛资格。

（2）田赛基本规则。

① 在远度项目的比赛中，以运动员全部试掷（跳）中的最佳成绩计算名次。遇上最佳成绩相同时，应以次佳成绩定胜负，如此类推。若仍无法定出胜负而又涉及竞逐第一名时，则成绩相同者须依原来顺序进行比赛，直至分出胜负为止。

② 在高度项目的比赛中，每位运动员在任何高度上都有3次试跳机会，如遇请求免跳的运动员，则不准在此高度上恢复试跳，运动员在最后跳过的高度则为运动员的最后成绩。若遇上最佳成绩相同时，以最少试跳次数成功越过最后高度的参赛者应排较前的位置。如仍未分胜负，则全场比赛中试跳失败次数最少（包括最后跳过的高度）的运动员应排较前的位置。

③ 有关规定。若田赛运动员无理延误试掷或试跳，便算一次失败，如再次延误比赛，会被取消继续比赛的资格，但之前所创成绩仍被承认。在正常情形下，每次试掷或试跳的时间不得超过1.5分钟，当跳高比赛只剩下2或3人时，此时限应增至3分钟。若只剩下1人时，此时限应增至5分钟。

④ 田赛项目成绩的记录是以1厘米为最小单位，不足1厘米不计。

任务二　田径运动基本技术

一、竞走运动

(一)竞走基本技术

竞走的一周期也称为一个复步,一个复步由两个单步组成。在人体经过垂直部位后,支撑腿由全部着地过渡到脚尖着地,在摆动腿前摆的配合下完成下一步的后蹬。摆动腿随着骨盆沿身体纵轴转动,屈膝前摆,脚离地面始终较低。腿前摆时应柔和地伸直膝关节,小腿依惯性前摆并用足跟着地,此时形成短暂的双脚支撑姿势。人体重心在向前运动过程中不应有明显的起伏,当重心投影点与前腿支点一致时,又出现了下一步的垂直姿势,接着又开始新的用力蹬地动作。运动员应做到步幅大、频率高,善于协调肌肉的用力和放松,走步朴实、自然,省力而无多余动作,两脚落地的足迹保持在一条直线上。

竞走时,运动员躯干自然伸直或稍前倾,两臂屈肘约90°,在体侧做前后协调、有力的摆动,两臂配合下肢动作调节走的速度。走步时,身体重心尽量做向前的直线运动。过大的上下起伏和左右摇摆不利于提高走速,也会消耗较多能量。

(二)竞走学练方法

(1)沿直线做普通大步走(脚跟先着地)。

(2)沿直线做直腿走(体会脚跟着地和后蹬动作)。

(3)慢速竞走和中速竞走(100米、200米、400米),逐渐加大动作幅度和骨盆转动,增大步幅(体会在身体垂直部位时向前迈步)。

(4)骨盆扭转的专门练习。

①原地做骨盆回环转动练习。

②交叉步走,使骨盆前后转动。

③原地交换支撑腿(两脚平行站立,体重由一腿移到另一腿)。

(5)摆臂练习。

①原地摆臂练习。

②结合竞走做摆臂练习(要注意和腿部动作协调配合)。

(6)改进和提高竞走技术练习。

①由普通大步走过渡到竞走。

②较小步长的慢、快步竞走。

③较大步长的中速竞走。

④变速竞走（100米快、100米慢交换进行）。

⑤快速竞走（200米、400米）要特别注意由直道转入弯道的技术。

◀)) 延伸阅读

竞走初学者易犯错误及其纠正方法

（1）摆臂僵硬、不协调、无节奏。产生的原因主要是摆臂概念模糊不清、耸肩、肩和手臂紧张。

纠正方法：讲清摆臂的正确技术和作用；做原地摆臂练习，要求肩下沉，肩和手臂放松，半握拳；原地听信号做不同节奏的摆臂练习；做摆臂技术与腿部动作配合的竞走练习。

（2）骨盆沿垂直轴转动不明显，步子过小。产生的主要原因是竞走的技术概念模糊不清，髋关节灵活性、柔韧性差，腿部肌肉力量不够。

纠正方法：通过观看竞走技术录像，建立正确的技术概念；讲清髋关节转动的概念和技术要求；做提高髋关节灵活性的练习，如原地支撑送膝转髋、双脚开立左右转髋、交叉步走等练习；加强腿部肌肉力量的练习，如原地纵跳，行进间脚尖跳等练习；在地上摆放标志，按标志步长走。

（3）双脚无双支撑时期，双脚离地。产生的主要原因是步频过快，步长过大或过小；后蹬角度大，作用力向上；支撑腿弯曲。

纠正方法：加强腿部肌肉力量的练习；反复练习步长和步频，要求合理地控制步长和步频；练习时要求摆动腿不要向上摆，同时要减小后蹬角度，强调支撑腿要有蹬直阶段。

（4）支撑腿在垂直部位屈膝。产生的主要原因是膝关节支撑力量和柔韧性、灵活性差。

纠正方法：加强腿部肌肉力量的练习；多做一些膝关节柔韧性、灵活性练习。

（5）竞走时身体重心起伏，左右摇摆过大。产生的主要原因是没有掌握骨盆沿垂直轴转动技术，而是左右扭髋，左右摆臂，或两脚不在一条直线上行走。同时，后蹬角度大，作用力向上。

纠正方法：反复做摆臂练习和髋关节灵活性、柔韧性练习；练习竞走时，适当加大摆动腿的前摆幅度，但要降低摆动腿的脚掌在前摆时离地面的高度，同时要减小蹬地的角度，防止重心起伏；地上画一条直线，在直线上做竞走练习。

二、跑步运动

（一）跑步基本技术

跑是由单脚支撑与腾空相交替，摆臂、摆腿、着地缓冲与后蹬密切配合的周期性运动。跑的一个周期就是一个复步。在一个复步中，人体要经过两次单脚支撑和两次腾空。一个复步包括两个单步，在每一复步的下肢运动中可分为两个阶段：支撑阶段，即从脚着地到脚离地；腾空阶段，即从一脚离地到另一脚着地。在一个周期中，运动员身体重心移动轨迹会产生上下波动，这是腾空与着地缓冲的必然结果。但在跑步时，应防止身体重心的左右晃动，注意跑的直线性。跑包括短跑、中长跑、接力跑和跨栏跑。这里主要介绍短跑和中长跑。

1. 短跑

短跑是径赛中距离最短、速度最快的项目，属于极限强度的运动，是典型的以无氧代谢为主的运动项目。它包括100米、200米和400米项目。短跑技术一般可分为起跑、起跑后的加速跑、途中跑、终点冲刺和撞线四个部分。

（1）100米跑技术。

①起跑的任务：使身体迅速摆脱静止状态，尽可能获得较大的起动速度，为起跑后的加速跑创造有利的条件。

田径规则中规定，在短跑比赛中，运动员必须采用蹲踞式起跑，必须使用起跑器。起跑器安装有拉长式、普通式两种形式（图3-1）。前起跑器的支撑面与地面夹角为40°～45°，后起跑器的支撑面与地面的夹角为70°～80°。两个起跑器的左右距离约为15厘米。

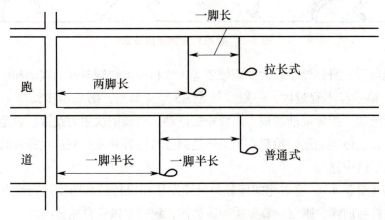

图3-1　两个起跑器的安装形式

起跑技术分"各就位""预备""鸣枪"（或"跑"）三个技术环节（图3-2）。

各就位：听到"各就位"口令后，做几次深呼吸，走到起跑器前俯身以两手撑地，四

指并拢或稍分开，与拇指成八字形，撑于起跑线后。两脚依次踏在前后起跑器的抵足板上，有力的腿在前，后膝跪地，两手与肩同宽，两臂伸直，身体重心稍前移，肩与起跑线齐平，头与躯干保持自然放松姿势，注意听"预备"口令。

图 3-2　起跑的技术

预备：听到"预备"口令时，臀部逐渐提起，使臀部高于肩 10～20 厘米，同时重心前移，两肩稍过起跑线，体重移到两臂和前腿上。前腿大小腿的夹角约为 90°，后腿大小腿夹角约为 120°，两脚贴紧在前后起跑器支撑面，集中注意力听枪声。

鸣枪：听到枪声后，两手迅速推离地面，屈肘做有力的前后摆动，同时两脚快速用力蹬起跑器。后腿快速蹬离起跑器后，快速屈膝，向前上方摆出。后腿前摆时，不要太高，要加快摆动速度。同时前腿用力蹬起跑器，髋、膝、踝三关节充分蹬直时，后腿也前摆至最大限度，大腿积极下压，用脚前掌在身体重心投影点着地。

②起跑后的加速跑（图 3-3）：起跑后的加速跑是从蹬离起跑器到途中跑的一段距离，一般为 15～25 米。它的任务是在最短距离内尽快地发挥出最大的速度。

图 3-3　起跑后的加速跑技术

蹬离起跑器后，身体处于较大的前倾姿势，要积极加快腿与臂的摆动和蹬地动作，保持身体平衡。第一步不宜过大，一般步长为 3.5～4 脚长，第二步步长为 4～4.5 脚长，之后步长逐渐增加，步频逐渐加快，两臂积极摆动，两腿依次用力蹬地，着地点逐渐吻合于一条直线上，上体随之逐渐抬起。当身体达到正常姿势并发挥到最大速度时，加速跑已结束，就转入了途中跑。

③途中跑（图 3-4）：途中跑的任务是继续发挥和保持最高速度跑到终点。在跑的周期中，包括后蹬与前摆、腾空、着地缓冲等动作，跑时要做到自然放松。

途中跑时，头正对前方，两眼向前平视，上体稍前倾。支撑腿迅速地用力后蹬，使髋、膝、踝三关节充分伸直。摆动腿的大腿迅速前摆，小腿随惯性折叠，前摆时带动同侧髋向前上方送出。当摆动结束时，要积极下压，用前脚掌着地，完成"扒地"动作。同时两臂弯曲，以肩为轴轻松、有力地前后摆动。前摆时不超过胸中线和下颌，后摆时肘关节稍向外，大臂不超过肩，小臂与躯干平行。

图 3-4 途中跑的技术

④终点冲刺和撞线：终点冲刺的任务是尽量保持高速跑过终点。在跑到距终点 15～20 米处时，应加快两臂摆动。距终点线还有最后一步时，上体迅速前倾，用胸或肩部撞线。跑过终点后不要突然停止，应逐渐减速慢跑。

（2）200 米、400 米跑的基本技术。

①弯道起跑和起跑后的加速跑：200 米、400 米跑是由弯道起跑，并有一半以上的距离是在弯道上进行的。为了在弯道起跑后能有一段直线距离进行加速跑，起跑器应安装在跑道外沿正对弯道切线方向的地方。"各就位"时，左手置于起跑线后 5～10 厘米处，身体正对切点（图 3-5）。起跑后的加速跑应沿着直线跑进，速度逐渐加快，上体逐渐抬起。跑到切点后，身体要逐渐向内倾斜，自然地进入弯道跑。

②弯道跑的技术：弯道跑时，整个身体要向左侧倾斜，两臂摆动幅度是右臂大于左臂 [图 3-6（a）]。左脚以脚掌外侧着地，右脚以脚掌内侧着地 [图 3-6（b）]。弯道跑时，身体前倾并向左侧跑道圆心方向倾斜。越是里道，跑速越快，身体越要向左侧倾斜。

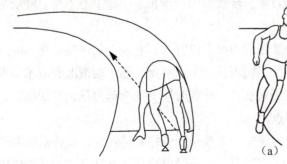

图 3-5 弯道起跑的技术

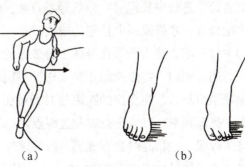

（a）　　　　　　（b）

图 3-6 弯道跑的技术

2. 中长跑

中距离跑（中跑）项目为男女 800 米、1 000 米、1 500 米、3 000 米等。长距离跑（长跑）是以耐力为主的项目，男女 5 000 米、10 000 米项目均属于长距离跑。马拉松跑（42.195 千米）属于超长距离跑。另外，还有公路赛、半程马拉松、25 千米、30 千米、100 千米和公路赛接力跑。中长跑的特点是长时间的内脏器官工作和连续的肌肉协调活动。跑时要轻松协调、重心平稳、直线性好、节奏性强，尽可能减少能量的消耗。保持步长、提高跑的步频是当今中长跑技术发展的趋向。

中长跑是一项人体负荷很大、锻炼价值高的运动项目。经常参加锻炼能改善呼吸系统和心血管系统功能，发展耐力素质。同时可培养人们勇敢、顽强、不怕苦、不怕累和克服困难的意志品质。中长跑的技术，根据全程跑的特点分为起跑、起跑后的加速跑、途中跑、终点跑和呼吸五个部分。

（1）起跑。田径规则规定，中长跑起跑必须是站立式起跑。起跑技术分为"各就位""鸣枪"两个技术环节。

发令前要求参加比赛者站在起跑线后 3 米的集合线。听到"各就位"的口令后，先做一两次深呼吸，轻松地走到起跑线后，两脚前后开立。有力的脚在前面紧靠起跑线的后沿，前脚脚跟和后脚脚尖之间的距离为一脚长，两脚左右间隔距离约为半脚长。体重落在前脚上，后脚用脚掌支撑站立。两腿弯曲，头部与躯干保持在一条直线上，眼向前看，身体保持稳定姿势，集中注意力听枪声。

（2）起跑后的加速跑。听到枪声后，两脚用力蹬地。后腿蹬地后迅速前摆，两臂配合两腿的蹬、摆做快而有力地前后摆动，使身体快速向前冲出。随着跑距的延长，上体逐渐抬起，加速跑时，占领有利的战术位置，为途中跑创造条件。起跑后，上体前倾稍大，蹬、摆积极有力，和短跑基本相似。

（3）途中跑。途中跑在技术结构上与短跑相同。由于中长跑距离长，体力消耗大，要求跑时动作更加放松、协调、平稳和省力。途中跑技术主要体现在动作的经济性和实效性两个方面。

中长跑与短跑相比，在上体的前倾角度、摆臂和摆动腿的动作幅度、步长和后蹬力量等方面都要小，后蹬角度相对较大。脚着地时，前脚掌或前脚掌外侧先着地，然后过渡到全脚掌着地。进行中长跑时，做到轻松自如、步伐均匀、步长适中、重心平稳、呼吸与动作节奏配合好，才能提高中长跑的成绩。

（4）终点跑。终点跑是在身体十分疲劳的情况下进行的。它是中长跑接近终点时最后一段距离的冲刺跑。终点跑的距离要根据不同项目、个人特点、场上的情况和战术要求而定。比赛距离越长，终点跑的距离越要相对加长。冲刺时应动员全部力量，加快摆臂、加大后蹬、提高频率，以顽强意志冲过终点。

（5）呼吸。中长跑时，首先感到呼吸困难。主要是因为能量消耗大，机体对氧的需求量增加，肺通气量比安静时增加 10 ～ 15 倍以上，每分钟可达到 100 多升。为了供给肌体充足的氧气，必须掌握一定的呼吸频率和呼吸深度。呼吸应做到均匀深长，吸入的气体最好稍有停留，然后再均匀呼出。只有充分地呼出二氧化碳，才能充分地吸进氧气，所以呼吸必须与跑步协调配合。多数长跑者呼吸采用"二步一吸，二步一呼"或"一步一吸，一步一呼"的方法。随着疲劳的出现，呼吸的频率也有所加快。呼吸是利用鼻与半张开的嘴同时进行的。冬天练长跑和顶风时，可以用鼻子呼吸或用鼻子吸入、嘴呼出的方法。跑速加快以后，靠鼻子呼吸就不够了，需用鼻子和嘴同时呼吸。

因为内脏器官工作条件的改变，氧气的供应落后于肌肉活动的需要，所以跑到一定阶段往往会出现胸部发闷、呼吸节奏破坏、呼吸很困难、跑速降低而难以坚持跑下去的感觉。这种现象即为通常所说的"极点"，这是在跑的过程中出现的正常现象。跑的强度越大，"极点"出现得越早。当"极点"出现时，一定要以顽强的意志坚持下去。同时要注意呼吸的方法，做到深呼吸，特别是加深呼气。另外，可适当调整跑速。

（二）跑步学练方法

1. 短跑学练方法

（1）短跑技术的专门性练习。

①原地摆臂：两腿前后自然站立（前腿微屈），重心投影点落在前脚上，两臂做前后交替、均匀、快速的摆动。

②小步跑：由提踵、提腰开始，大腿稍抬起，约与地面成 45° 角或稍大于 45° 角（可达 60° 角左右）。大腿快速下压时，膝充分放松，做"扒地"动作，频率由慢到快。从原地到行进间做上述练习，可逐渐地向高抬腿跑、加速跑或途中跑过渡。小步跑的目的是体会前摆下压和"扒地"动作，频率由慢到快。

③高抬腿跑：上体正直或稍前倾，身体重心提高，大腿高抬与躯干约成 90° 角。然后积极下压，膝关节放松，小腿自然伸开，用前脚掌着地，支撑腿部三关节充分伸展，骨盆前送，两臂前后摆动。

④后蹬跑：上体稍前倾，后蹬腿充分蹬直，最后通过脚趾蹬离地面。摆动腿以膝盖领先向前积极摆出，两臂前后协调摆动。频率由慢到快，幅度由小步跑到大步跑过渡。后蹬跑的目的是体会后蹬时髋、膝、踝三个关节的蹬伸动作，发展下肢的蹬摆力量。

⑤车轮跑：目的是体会大腿摆动下压和"扒地"动作。成仰卧姿势，两腿抬起做车轮跑动作，两手支撑腰部做车轮跑动作。

（2）发展反应速度的主要练习方法。原地做快速小步跑，听哨声（或击掌声）快速向前跑出；原地背对跑的方向做快速小步跑或向上跳，听哨声（或击掌声）快速向后跑出。

（3）发展加速度的主要练习方法。30～80 米的加速跑 6～8 次；下坡跑（发展步频）；让距追逐跑；不同距离的接力游戏或比赛。

（4）发展最高速度的主要练习方法。30～60 米行进间快速跑 3～8 次；40～80 米跑练习，最好用石灰打点作为标记。侧重发展频率时，其步长间隔比最大步长小 10～20

厘米；用于发展步长时，其步长间隔应比最大步长长 5 ～ 10 厘米。每次练习可跑 6 ～ 9 次。80 ～ 120 米变节奏跑 6 ～ 8 次；30 ～ 60 米反复跑 6 ～ 9 次；50 ～ 60 米下坡跑 6 ～ 9 次；60 ～ 80 米下坡跑 4 ～ 6 次；40 ～ 60 米负重快跑 6 ～ 8 次。

（5）发展短跑力量的练习方法。

①力量训练的基本手段是抗阻力训练，即在完成练习时，全身或某一部分附加重物、阻力等。如拉橡皮带练习、双人对抗练习等。

②跳跃力量训练的手段为短距离跳跃（快速而连贯）、立定跳远、立定三级跳远、十级蛙跳、连续单脚跳、连续跳栏、跳台阶、跳深、长距离跳、连续触胸跳和连续分腿跳等。

（6）发展短跑一般耐力的基本练习方法。

①匀速越野跑 5 000 ～ 10 000 米。

②在运动场草地上匀速跑 5 000 ～ 10 000 米。

③大运动量的变速跑（直道快、弯道慢或直道慢、弯道快）。

（7）发展短跑专项的练习方法。

①间歇时间长，强度为个人最好成绩的 90% 的主项距离或超过主项距离的反复跑，跑间休息为 5 ～ 10 分钟。如 100 米、200 米、150 米、200 米、250 米跑。

②间歇时间短，强度为个人最好成绩的 80% ～ 85% 的等距离反复跑。如 100 米、200 米运动员跑 6 ～ 7 次等。

③间歇时间短，强度为个人最好成绩的 80% ～ 85% 的不等距离的组合跑。这种跑由短距离开始，逐渐增加至长距离，然后又逐渐减小。这种练习称为阶梯跑或组合跑。

④间歇时间短，强度为个人最好成绩的 90% 以上的组合跑。这种组合跑通常由两个距离组成。如 100 米 +50 米、150 米 +100 米、300 米 +150 米等。间歇时间为 1 分钟，强度也可以是第一个距离用比赛速度跑，第二个距离用全力跑。

⑤用比赛平均速度反复跑与比赛相等的距离，间歇时间多为 3 ～ 4 分钟或走回原地跑。这种练习常为 400 米项目训练所使用。

⑥短距离的反复跑通常是指 100 米以内距离的反复跑。如 4 ～ 5 次的 60 米跑，跑完后继续走回，强度为个人最好成绩的 90% 以上。

⑦大量的短距离变速跑。如 60 米快跑、40 米慢跑做 8 组。常为 100 米运动员所采用。

（8）柔韧性练习。

①原地前后、左右摆腿。

②手扶肋木做左右转髋练习。

③行进间正踢腿、外摆腿、里合腿、侧踢腿。

④原地前后、左右劈腿。

⑤俯撑高抬腿。

2.中长跑学练方法

（1）一般耐力练习方法。一般耐力训练是发展中长跑专项耐力的基础。一般耐力训练是通过强度小、时间长的练习，如越野跑、游泳、爬山和各种球类练习进行的训练。

①持续跑的练习方法。发展一般耐力要以增加量开始，循序渐进，波浪式地前进，随着训练水平的不断提高，适当增加跑量和强度。用规定速度进行长时间的持续跑是中长跑训练的最基本的方法之一。持续跑的强度相当于全力跑的 60% ～ 70%，每分钟的脉搏次数为 120 ～ 150 次；持续跑的速度一般来说比全力跑慢得多。但是有时也通过改变持续跑的距离、时间、跑速等来调节训练内容，所以形成了不同类型的持续跑。

长时间慢速跑（持续时间 1 ～ 3 小时）脉搏在 130 ～ 150 次 / 分钟。它是保持运动员的基础耐力或者作为紧张训练和比赛后进行恢复的一种手段。

长时间中速跑（持续时间 1 ～ 2 小时）脉搏为 155 ～ 156 次 / 分钟。它是发展运动员的有氧代谢功能的主要手段。

长时间快速跑（持续时间 30 ～ 60 秒）脉搏为 165 ～ 175 次 / 分钟。它是发展有氧和无氧代谢功能的一种手段，初学者不宜采用。

②"法特莱克"练习方法。"法特莱克"又称为速度游戏，是发展耐力与速度的良好手段。它充分利用了山地、湖边、森林、草坪的自然条件作为"法特莱克"的场地。在"法特莱克"训练中，保留了大运动量的特点，又利用了地形，增加了训练难度。

"法特莱克"训练可采用如下训练方法：慢跑 10 分钟，接着做 1 200 ～ 2 000 米轻快的匀速跑，走 5 分钟，再进行 50 ～ 60 分钟快速跑。其中慢跑休息的量自己掌握。然后做各种跳跃练习，放松慢跑。而后做 200 米上坡跑，15 分钟慢跑，途中多次疾跑，慢跑 15 分钟。这种跑法不仅可以改善内脏功能，提高有氧代谢能力，还可以培养运动员的意志品质，改进跑的技术，增强身体素质。

（2）发展耐力常采用的力量练习方法。

①立定跳远、多级跳、单足跳、跨跳、跳高、蛙跳、跳远、三级跳远及各种跳跃游戏。

②俯卧撑、立卧撑、俯撑屈伸腿、轻器械练习（如实心球、哑铃、沙衣、沙袋等）。

③利用地形条件（如山坡、沙滩等）进行跑的练习。

④其他的负重（如杠铃等）练习。

进行力量训练还应注意以下几点。

①认真检查场地（如地面平整、沙坑松软等）和器械，必要时要加强保护措施。

②注意观察运动员的身体情况和情绪。

③每次力量练习后，要放松练习。

④在两周内至少要安排一次力量练习。

（3）灵敏性、柔韧性练习方法。

①各种专门练习，如徒手体操、器械体操、技巧练习、球类活动、游戏、舞蹈等。

②田径中的其他项目（跨栏等）练习。

③各种转肩、转体练习。

④各种压腿、摆腿、踢腿、劈叉等练习。

进行发展柔韧性练习时还应注意以下两点。

①在采用爆发式（急骤地拉长肌肉组织）和慢张式（静力的拉长）两种方法时，应以后一种为主，其效果较好。对于前一种方法，也应给予一定重视。一般在练习中，先做慢张式练习，接着做爆发式练习。

②进行柔韧性练习后，应做放松练习；必须坚持系统不间断的训练；要做好准备活动，应循序渐进，不提出过高、过急的要求，以免造成伤害。

（4）专项耐力练习方法。发展专项耐力一般采用间歇跑、重复跑、变速跑、接近专项距离或略超过专项距离的计时跑，以及专项检查跑、检测、比赛等。

①间歇跑训练：是严格按预先规定的距离、次数、间歇时间和休息方式反复练习的方法。间歇跑时，使心率保持在 120 ～ 180 次 / 分钟，心输出量处于最佳水平上。间歇时间应使肌肉得到休息，而内脏仍处于很高的活动水平，整个训练对心脏功能的增强有显著效果。一般常在 200 ～ 600 米距离上采用间歇跑。在各年级段的训练中，均可以采用间歇跑的练习。

②重复跑训练：是按预先计划好的强度（全力或接近全力）进行运动练习，然后采取走和坐的休息方式，待疲劳得到恢复后，再进行同等强度的重复运动的一种训练方法。如果采用重复跑练习，选择的段落应以专项距离为主。如 800 米跑，以 400 ～ 600 米为主；1 500 米跑，以 700 ～ 1 200 米为主；3 000 米跑，以 1 000 ～ 2 600 米为主；5 000 米跑，以 1 000 ～ 4 000 米为主；10 000 米跑，以 1 000 ～ 6 000 米为主。

③各种训练手段和方法的综合运用。

④长距离的大强度越野跑。

（5）中长跑的战术训练方法。制订战术时必须以自己的能力为基础。科学分配体力是取得优异成绩的主要战术。通常耐力好而速度差的选手多采用领先跑的战术，以便在跑程中能较好地发挥自己的特长，甩掉对手。而跟随跑的战术则是在最后一段发挥速度优势，全力冲刺超越对手，夺取胜利。弯道跑时，应靠近跑道内沿跑进，以免多跑距离。途中超越对手应利用惯性在下弯道或直道上进行。逆风跑时，应适当增大身体的前倾，相应缩短步长，用加快频率来弥补速度的损失；顺风跑时，上体要稍微直立些。

中长跑比赛的战术不是一成不变的，应根据场地、气候、对手等情况灵活掌握，做到知己知彼，以己为主，争取胜利。

知识拓展：接力跑

三、跳跃运动

（一）跳跃基本技术

跳跃类项目都是从水平位移转变为抛射运动，整个运动过程分为助跑、起跳、腾空与落地四个紧密相连的技术阶段。它包括跳高、撑竿跳高、跳远、三级跳远。这里主要介绍背越式跳高、蹲踞式跳远和挺身式跳远。

1. 背越式跳高的基本技术

（1）助跑。助跑的任务要求是获得水平速度，在起跳前立即调整技术动作的结构和节奏。其目的是达到合理的身体姿势，促使背越式跳高成为一个独特的跳高技术。

目前，背越式跳高的助跑大多数采用 8～12 步或 9～13 步的方式。助跑开始时前4～8 步要加速跑，但后 4 步是跑弧线。在跑动中整个身体要向弧心倾斜，速度要加快，倾斜要适当加大。做全程助跑时要保持高重心，跑的节奏要鲜明，速度要逐渐加快。到最后一步要积极、快速、准确地踏上起跳点，及时把水平速度转化为垂直速度，为起跳创造良好的条件。另外，在学习背越式跳高助跑时，要注意步伐动作自然放松，速度与节奏稳定。背越式跳高距离的丈量，采用走步丈量的方法（图 3-7）。

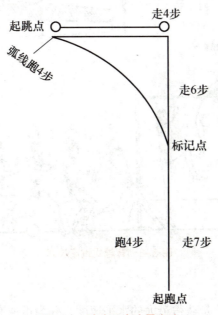

图 3-7 助跑距离丈量方法

（2）起跳。起跳是跳高技术的最关键技术。起跳的任务是在助跑速度基础上，迅速地转变人体运动方向，而且获得尽可能大的垂直速度。同时要产生一定的旋转动力，保证顺利地完成过杆动作。

起跳腿要沿弧线的切线方向踏上起跳点，用脚跟外侧先接触地面，并迅速地滚动到全脚掌着地，脚尖指向弧的切线方向。这时，摆动腿蹬离地面，开始摆腿，重心迅速跟上并积极前移，使起跳腿伸肌进行退让工作。当身体重心移到支撑点上方时，摆动腿继续向上摆，把同侧髋带出，带动骨盆扭转。同时蹬伸起跳腿，两臂配合腿的动作向上提肩摆臂，要及时地做引肩的动作。

（3）腾空过杆与落地。起跳腾空后，身体保持伸展的姿势和向上腾起的动作，在摆动腿和同侧臂动作力量带动下，加速身体的纵轴旋转。同时身体迅速转向背对横杆，这时摆动腿的膝关节要放松，起跳腿蹬伸离地面后要自然下垂，肩继续向横杆伸展，头和肩越过横杆后，髋部要较快地向上升起，然后充分上挺，两腿的膝关节自然弯曲，稍分开，两臂置于体侧，在杆上成背弓姿势。当身体重心越过横杆时，要含胸收腹，髋部发力，带动大、小腿快速向后上方甩动，使整个身体离开横杆后，以肩背部落于海绵垫上（图3-8）。

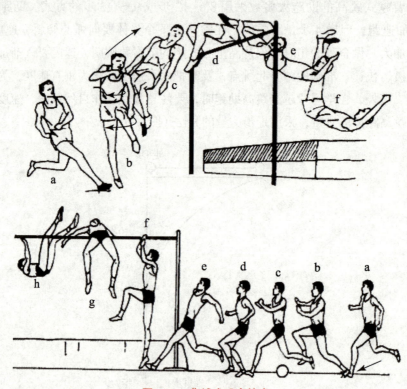

图 3-8　背越式跳高技术

2. 跳远基本技术

（1）助跑。助跑的任务是获得最大的水平速度，并为迅速有力的起跳做好准备。助跑一般采用"站立式"起动姿势。助跑距离应根据各人发挥速度的快慢来决定，一般来说男子助跑距离是 32～38 米，助跑步数是 18～22 步，女子助跑距离是 26～35 米，助跑步数是 16～20 步。

在确定助跑点时，一般采用两个标志。第一个标志是助跑的起跑线。起跑时，后蹬要充分有力，并要做到逐渐加速。踏上第二个标志时，在离起跳板 6～8 步的地方，使助跑快速接近和达到最高速度，这时做好准备踏板。倒数第二步的步幅稍长，身体重心略有降低，最后一步步幅略短，使身体重心升高而进入起跳动作。

助跑技术动作要求：助跑时，肩带要放松，两臂配合两腿动作放松而协调地摆动，跑的节奏要明显，步子轻松自然、富有弹性，促使身体重心平稳地沿着直线向前运动。

（2）起跳。起跳的任务是充分利用助跑速度，获得尽可能大的腾起初速度和合理的腾起角。起跳动作是从助跑最后一步开始的。起跳时，大腿积极下压，小腿迅速前伸，用全脚掌着地立即转移到脚前掌着地。当身体重心接近起跳腿的支撑点时，起跳腿迅速用力蹬伸，同时摆动腿以膝领先，积极向前上方摆到水平位置。两臂也配合腿部动作用力上摆，使起跳腿髋、膝、踝关节充分伸直。

要求上体正直，眼视前方，踏板起跳。

（3）腾空。起跳后的腾空姿势，是身体起跳后进入空中的姿势。正确的腾空动作能够防止身体前旋，维持身体平衡，为落地动作做好准备。

起跳腾空后，身体保持起跳后的伸展。摆动腿屈膝前摆，大腿高摆至水平位置，小腿自然下垂，上体正直，头向上顶，两臂上摆提肩，腰腹部肌肉紧张用力，向上提髋，在空中呈跨步飞行姿势，这个姿势称为腾空步。腾空步以后的空中动作有三种：蹲踞式、挺身式、走步式。这里介绍蹲踞式和挺身式两种。

①蹲踞式（图3-9）。起跳腾空后，保持腾空步的姿势，上体正直。当腾空到最高点时，起跳腿向前上方和摆动腿并拢，两臂自然下垂，上体稍前倾，在空中成"蹲踞"姿势。快落地时，小腿前伸，同时两臂由前向后下方摆动，借高举大腿的惯性，将小腿前伸落地。

图 3-9　蹲踞式跳远技术

②挺身式（图3-10）。完成腾空步后，摆动腿大腿积极下放，小腿由前向后成弧形摆动，髋关节伸展，两臂由下向上方摆动。这时，留在体后的起跳腿与后摆的摆动腿靠拢。臀部前移，胸腰稍向前挺，形成展体挺身的姿势。落地前，两臂上举或后摆，然后收腹，双腿前伸，上体前倾，完成落地动作。

（4）落地。良好的落地技术动作，可以提高跳远成绩，能增加20厘米左右，而且可以防止伤害事故发生。在完成腾空动作后，两大腿向前上方抬起，小腿向前伸，同时臀部要向前移动，上体前倾，两脚着地后迅速屈膝缓冲，借助向前的惯性作用，使身体重心向下、向前移过支撑点，安全落地，避免后坐或后倒。

图 3-10　挺身式跳远技术

（二）跳跃学练方法

1. 背越式跳高学练方法

（1）结合图片、挂图、观看录像等手段，简要地讲述跳高的意义和特点，使学生懂得背越式跳高的完整技术。

（2）学习原地摆腿和摆臂的技术。

（3）起跳动作技术。要求掌握摆动腿蹬地后快速起摆，在摆动腿和摆臂带动下，起跳腿快速蹬伸跳起动作的练习。

（4）沿着直径为 10～15 米的圆圈快跑。要求掌握身体向内倾斜，从直道进入弯道的跑动动作的练习。

（5）起跳转体的动作技术。要求掌握 3～5 步助跑起跳，身体腾空后沿身体纵轴转体 180°，背对横杆落地动作的练习。

（6）4～6 步弧线助跑起跳后，坐上高器械。要求掌握进入弧线助跑时，控制身体向内倾斜，起跳后身体垂直向上腾起，然后坐上高器械动作的练习。

（7）起跳后倒动作的技术。要求掌握双脚并立，双腿屈膝发力向上方蹬伸跳起，腾空后，肩背积极后倒，以肩部和背部着垫子的练习。

（8）跳上垫子动作的技术。要求掌握 3～5 步助跑起跳、转体、提髋，做背弓动作，落在垫子上动作的练习。

（9）过杆和落地动作的技术。要求掌握仰卧在垫子或草地上，两肩和两脚撑地做向上抬臀、挺髋动作的练习。

（10）立定背越式跳高动作的技术。要求掌握两腿屈膝半蹲，然后用力向上跳，两臂配合上摆，肩向后伸展，抬臀、挺髋成背越式姿势，肩背着垫动作的练习。

（11）4 步助跑、起跳、过杆的动作练习。

（12）8 步助跑，起跳过低横杆技术动作的练习。

（13）全程跑 8～12 步，背越式跳高、助跑、起跳、腾空过杆与落地技术动作的练习。

2. 跳远学练方法

（1）结合图片、挂图、观看录像等手段，讲解跳远的技术。进行教学动作练习时，应把快速助跑与合理、有力的起跳相结合作为重点。

（2）学习立定跳远的技术。要求掌握两脚并立，屈膝半蹲，两臂后摆，上体前倾，然后两臂猛然向前上方挥摆，同时两腿用力蹬地，向上跳起，落地时屈膝下蹲动作的练习。

（3）学习助跑和起跳的技术，在跑道上进行 18～20 步助跑练习，确定助跑距离，掌握助跑踏板动作的练习。

（4）学习上步模仿起跳，在跑道上连续做 3 步助跑起跳动作的练习。

（5）在跑道上慢跑 3～5 步，做连续起跳和腾空步练习。从跳箱上做"蹲踞式"空中动作及落地动作的练习。

（6）学习 4～6 步助跑起跳腾空步后，使起跳腿与摆动腿靠拢，收腹举腿，尽量贴近胸部，成团身的蹲踞姿势，两脚同时落地。

（7）从跳箱上做"挺身式"空中动作并落地的练习。助跑 6～8 步起跳后做挺身展体再收腹落地动作的练习。

（8）学习跳远全程助跑、起跳、腾空、落地的完整技术动作的练习。

（9）发展跳远的速度可以采用短距离的反复跑、行进间快跑、改变节奏跑、上下坡跑、跨栏跑等方法。

（10）发展快速力量：中等力量的负重练习（负重起踵、负杠铃原地跳、负重弓箭步走等）、负大重量的蹲起练习、用各种方法举杠铃和双人对抗性练习。

（11）发展弹跳力。

①一般跳跃练习：单足跳、跨步跳、分腿跳、蛙跳、直腿跳等。

②跳跃障碍练习：跳跃栏架、跳上台阶或各种物体。

③与专项技术相近的跳跃练习：助跑跳、跳高、多级跳和三级跳远等。

四、投掷运动

（一）投掷基本技术

1. 投掷实心球基本技术

原地正面双手头上投掷实心球也是发展上肢力量、下肢力量和腰腹肌力量的一个最普及的投掷方法。投掷实心球的远近，关键在于是否全身协调用力，特别是腰腹肌力量，还取决于出手速度和角度。

投掷实心球的技术有很多种，现主要介绍原地正面双手头上投掷实心球技术。

（1）握球的方法：两手自然张开，分别握住实心球的两侧。

（2）原地正面双手头上投掷实心球技术：正对投掷方向，两脚前后或左右开立与肩同宽，两臂伸直，双手持球于头上方。用力时，两腿弯曲，身体向后弯成一个弓形，两臂持球后引，借两腿蹬地、收腹，快速挥臂将球掷出。

2. 推铅球基本技术

推铅球是学校体育教学和田径比赛的主要项目之一。经常从事这项运动的锻炼，能发展学生的速度、力量、灵敏性、协调性等身体素质，增强人体的上肢、下肢和腰腹部肌肉力量，特别是对发展肩带肌力量有很大好处。铅球技术包括握球与持球、滑步、最后用力和维持身体平衡四个部分。

（1）握球与持球（以右手为例）。握球的手五指自然分开，将球放在食指、中指及无名指的指根上。球的大部分重量在食指和中指之间，拇指及小指自然地扶在球的两侧。手腕成背屈，便于控制和稳定球体，促使滑步和最后用力发挥手指的力量。握好球后，将球放在肩上锁骨窝处，并紧贴着颈部，掌心向前，右肘微抬起，右上臂与躯干约成 90°角，躯干与头保持正直。

（2）滑步。侧向滑步（图 3-11）：持球后，身体左侧对着投掷方向，右脚外侧靠近投掷圈后沿内侧，两脚左右开立与肩同宽。左腿向投掷方向预摆 1～2 次，待身体平衡后，左腿的大腿迅速、有力地向投掷方向摆动，带动身体。同时右脚用力蹬地，迅速向前滑步，使身体重心向投掷方向移动。当滑到投掷圈中心附近，左脚积极落地，完成滑步动作，为最后用力创造良好条件。

图 3-11　侧身滑步推铅球技术

（3）最后用力。侧向滑步结束时，左脚一着地，右脚迅速用力蹬地，脚跟提起，膝盖向内转，同时髋部也边转动边向前送出，上体逐渐抬起，向投掷方向转动，右髋先于右肩。当身体左侧接近与地面垂直的一瞬，以左肩为轴，右腿迅速充分蹬直，身体转向投掷方向。此时，挺胸、抬头、左腿支撑、右肩前送，右臂迅速用力向前上推球，同时伸直左腿。推球时，手腕用力，手指快速拨球。球出手后，迅速降低重心，两脚换位，维持身体平衡。

（4）维持身体平衡。铅球推出手后，两腿前后交叉。这时身体左转，及时降低重心，以减缓向前的冲力、维持身体的平衡、防止犯规。

（二）投掷学练方法

1. 投掷实心球学练方法

（1）单手或双手推实心球。

①单手推实心球。两脚左右或前后开立，身体面对或侧对投掷方向。单手持球于肩上，另一只手扶球并向后引肩，利用转体、蹬地和伸臂的力量，将球向前推出。

②双手推实心球。两脚左右或前后开立，两腿弯曲，双手胸前持球，利用蹬地、伸臂的力量将球向前推出。

（2）单手或双手抛掷实心球。

①单手抛掷实心球。两腿前后开立，一手体侧持球后引，借助向前摆臂的力量将球向前抛出。

②双手抛掷实心球。两脚左右或前后开立，上体前倾，两手体前持球。立腰抬上体，将球举至头后，然后迅速收腹，两臂用力前摆，将球向前或向上抛出。向侧或向后抛球时，可加转体或上体后仰动作。

（3）单手或双手投实心球。

①单手投实心球。两脚前后或左右开立，一手举球至头上，用挥臂的力量将球向前方、侧方投出。

②双手投实心球。两脚左右或前后开立，向左或向右转体，利用挥臂的力量将球向前方、侧方投出。

2. 推铅球学练方法

（1）介绍推铅球的技术。通过讲解和示范、观看录像和图片等手段，使学生懂得推铅球的技术概念，提高学生推铅球的完整技术。

（2）学习铅球的握球、持球技术。

（3）原地双手正面向前、向后抛实心球，两脚左右开立与肩同宽，持球半蹲。然后两腿用力蹬地，将球向前、向后抛出动作的练习。

（4）原地正面推实心球或小铅球的练习，两脚前后开立，右脚在后。持球后身体后仰，右腿屈膝，重心后移。接着，右腿用力向前、向上蹬伸，送髋、挺胸将球推出动作的练习。

（5）原地侧向推铅球练习，体会"蹬、转、挺、推、拨"的动作练习。

（6）原地侧向推铅球，完整技术教学。按侧向推铅球的预备姿势和最后用力技术的发力顺序，将铅球推出动作的练习。

（7）发展推铅球力量训练方法。

①抓举、挺举、推举杠铃。

②肩负杠铃或其他重物半蹲、全蹲、下蹲跳起、转体、前屈体。

③肩负重物单腿深蹲跳起、转体180°。

④仰卧推举、用较轻杠铃向斜上方连续推举。

⑤推或掷实心球、较重的壶铃。

⑥俯卧撑或指卧撑。

⑦各种跳跃练习，如立定跳远、立定三级跳远、多级跳等。

（8）发展速度的方法。

①跑的专门练习，快速跑20～40米。

②肩负较轻杠铃或其他重物快速半蹲、深蹲。

③用较轻的铅球或其他器械进行练习。

④各种形式的跳跃练习和跨栏跑。

❯ 思考与练习

一、选择题

1.竞走属于（　　　）。

A.田赛　　　　　　　B.径赛

2.三级跳远属于（　　　）。

A.田赛　　　　　　　B.径赛

3.田赛项目成绩的记录是以1（　　　）为最小单位。

A.mm　　　　　　B.cm　　　　　　C.dm　　　　　　D.m

二、填空题

1.竞走的一周期也称为一个_____，一个_____是由两个_____组成的。

2.跑包括_____、_____、_____和_____。

3.短跑技术一般可分为_____、_____、_____、_____四个部分。

4.背越式跳高的助跑大多数采用_____步或_____步。

5.跳远在腾空步以后的空中动作有_____、_____、_____三种。

6.铅球技术包括_____、_____、_____和_____四个部分。

三、简答题

1.跑步运动对人有哪些好处？

2.中长跑应如何呼吸？

项目四
三大球类运动

📑 学习目标

知识目标：

了解足球、篮球、排球运动的起源与发展，足球、篮球、排球运动的特点；掌握足球、篮球、排球运动的基本技术和基本战术。

能力目标：

能够熟练掌握足球、篮球、排球运动的基本技术，积极参与体育活动；提高心肺功能、增强肌肉力量和耐力，促进身体健康发展。

素质目标：

培养学生运动的乐趣，增强集体主义精神。

任务一　足球运动

一、足球运动的起源与发展

足球运动的起源很早，在中国的战国时期（公元前 475—公元前 221 年）和 11 世纪的英国，都产生过与现代足球相类似的运动。现代足球运动于 1863 年 10 月 26 日由英国足球联合会确立。英国足球联合会是世界上第一个足球组织，此外它还统一了足球规则。

男女足球分别于 1900 年第 2 届奥运会和 1996 年第 26 届奥运会被列为比赛项目。1904 年 5 月 21 日，国际足联在法国巴黎成立。第一次世界大战之后，职业足球开始风靡于欧洲和南美。但当时的奥运会足球比赛仍然禁止职业球员参加，1920 年罗马会议上，国际足联作出了实际上承认非公开性职业足球为业余足球的提案，导致英国的四个足协集体退出国际足联以示抗议，使奥运会足球比赛的水平大打折扣。

1930 年，首届世界杯足球赛举行，这一世界大赛的展开使奥运会足球赛更陷入困境。直至 1988 年，国际足联才正式决定，今后奥运会足球赛的球员年龄将限制在 23 岁以下，并被列为国际足联系列赛四个年龄组中的一个世界大赛，从 1992 年第 25 届奥运会上开始实施。这一变革使奥运会足球赛的吸引力空前提高。1995 年 11 月，国际足联成立了由国际足联主席和各洲足联主席组成的"国际足联管理委员会"，负责管理一般事务。1997 年后又对比赛规则做了部分修改。足球运动深受世界各国人民的喜爱，有"世界第一大球"之称。

二、足球运动的特点

1. 设备简单，规则简明，易于开展

正式的足球比赛只需要球门、球门网等简单的设备即可进行。足球活动可以不受时间、人数、器材等条件的限制，只要有一块场地和一个足球即可进行健身活动。场地根据参加活动的人数可大可小。球门可用砖、石、衣物等代替。活动方式灵活机动：单人或二三人可进行颠耍球、传接球或练习各种基本技术；如人数稍多，则可进行小型比赛，3 对 3、4 对 4、5 对 5。足球竞赛的基本常识比较容易掌握，群众性足球活动可利用闲暇时间，一年四季都能开展。

2. 对抗激烈，观赏性强

高水平足球比赛，紧张、激烈、精彩，战局起伏跌宕、变幻莫测，胜负难以预料，因而引人入胜，具有很高的观赏性。每逢世界杯足球比赛，上至国家元首，下到普通百姓，都被扣人心弦的精彩比赛深深地吸引着。一场高水平足球比赛始终在高速激烈对抗中进行。攻守转换快，从地面到空中的立体角逐始终贯穿着进攻与防守、限制与反限制、制约与反制约的激烈对抗。观众的情绪随着比赛的进行而剧烈地变化着。裁判员的错判、漏判，比赛中的偶然性，运动员的过激行为，都对观众的心理造成强烈的刺激。比赛双方在技术、战术、身体和心理的综合抗衡中，尽现足球运动之美。

3. 丰富的文化内涵

足球运动具有丰富的文化内涵，是一种满足人们生理、心理需要，表现人们行为举止、思想感情、民族特性和风格的身体文化运动。世界足球强国，如巴西、西班牙、意大利、阿根廷、德国、英国等，他们的运动员在比赛中都体现了鲜明的技术、战术风格。而风格的形成是本民族的文化、地域、身体条件、心理、主观追求等因素的综合作用，民族文化是其中重要的因素。

4. 诱人的经济效益

足球运动发展至今已经高度国际化、职业化、商业化，蕴含着十分诱人的经济利益。在意大利，足球是国民经济中的十大支柱产业之一，被称为"无烟工业"。足球产业具有高投入、高产出的特点。优秀运动员的转会费直线上升，高达几千万美元。经营状况好的

职业俱乐部每年的盈利也十分丰厚。即使在我国，操作一场好的商业足球比赛也能获利数百万元。一个足球职业俱乐部的足球产业开发是其生存的经济基础。

◀) **延伸阅读**

足球运动的锻炼价值

1. 健体价值

足球运动是一项能全面锻炼和健全体魄的运动。在全民健身活动中，通过开展足球运动，可以增强人们的体质和健康，提高运动的力量、速度及灵敏度，提高弹跳、耐力、柔韧性等素质。特别是对增强心血管系统、呼吸和消化系统等人体器官的功能非常有益，能使人体的高级神经活动得到改善。据测定，一名优秀足球运动员的肺活量比正常人要高 2 000～3 500 毫升；安静时的心率要比正常人低 15～22 次/分钟。

2. 健心价值

经常参加足球运动，可以培养人们勇敢顽强、机智果断、勇于克服困难的优秀品质；可以培养人们敢于斗争、敢于胜利的战斗作风，以及发扬团结协作、密切配合、集体主义精神。观赏高水平的足球赛事，能给人们带来斗志和快乐。拼劲实足、力量型的北欧及英格兰足球和以巴西桑巴舞足球为代表的艺术足球，会使足球场上充满生气、惊险，使人们从中品味到无穷的哲理。这对形成良好的性格、品质、心态，营造健康的氛围，都有积极的影响。

三、足球运动的基本技术

知识拓展：足球运动
体能特征

（一）无球技术

足球运动员在比赛中无球跑动时间占全场比赛的绝大多数时间，无球跑动中的动作运用，可大致归为跑、跳、停、起动、晃动和转身。

无球技术对比赛极为重要，尤其是无球技术的质量对运动员的技巧水平具有相当作用。对足球技巧缺乏深刻认识的教练员，往往只关注队员的球技或速度等——因为这些比较容易观察，而无球技术的作用不易显露——于是他们忽略了能发展队员的无球动作质量的训练。

1. 跑

足球比赛中的跑，要求运动员必须能随时急停或减速，并通过扭动或转身来及时改变运动方向。

足球跑与田径跑的主要不同点在于：田径跑的腾空时间长，而足球跑的腾空时间短，因为足球跑需要随时变向或变速，必须降低重心并使脚接近地面；足球跑双臂摆动应比正

常冲刺跑幅度小，这样有助于维持身体平衡和更敏捷地调整步法。

2. 跳

无论是场上队员还是守门员，跳的形式都主要有三种。

双足跳和单足跳是其中的两种，单足跳比双足跳跳得高，两种跳法的高度都取决于正确的技术和腿部爆发力，这两种跳法可看作"跳高"。还有一种跳称为"跳越"，在多数跳越中，队员需在快速跑中越过障碍物。比赛中的障碍，主要是队员身体的某一部位。

3. 停

足球跑与正常冲刺跑的最大不同点是便于随时因情急停，球技多是在单脚支撑状态下完成的。运动员为保持处理球时的身体稳度，应注意降低身体重心。

4. 起动

最费力和低效的运动姿势是静态直立，足球场上必须绝对避免这一姿势。在静态起动不可回避的时候，运动员应使脚的站立方式便于向任意方向蹬出，要屈膝且上体适当前倾。头部保持稳定，身体重量应置于一脚的前部，两腿分开以保持平衡。

5. 晃动

晃动是指侧倾和以身体垂直轴为中心的扭转。多数情况下，"晃动"动作用以诱骗对手的重心偏向一侧，从而失去平衡。在运动员突破对手时，经常可以看到这些动作。

无论是在活动中还是在静止状态下，都可以做假动作，使身体重心向某一侧移动。防守者也应充分掌握假动作，在抢截时进行虚晃，扰乱进攻队员的意图。

6. 转身

变向或转身能力与队员的动作速度密切相关，同时也取决于队员做动作时的脚部位置。转身时应注意降低重心。在比赛的许多场合，转身常与急停和起动具有相随关系。

无球技术建议如下。

（1）无球练习要与竞争因素相联系，以调动练习积极性。

（2）可以用无球技术练习做准备活动。

（3）在身体素质练习中，安排一些无球技术练习。

（4）无球技术练习的重点内容，应放在急停、稳定性和平衡力三个方面，借助相关身体素质的改善，无球技术能力定会不断提高。

（二）颠球技术

颠球是指运动员用身体的各个有效部位连续地触击球，并加以控制，尽量使球不落地的技术动作。颠球是运动员熟悉球性的一种练习手段，以增强对球的弹性、重量、旋转及触球部位、击球时用力轻重的感觉。

双脚脚背颠球：脚向前上方摆动，用脚背击球。击球时踝关节固定，击球的下部。两脚可交替击球，也可用一只脚支撑，另一只脚连续击球。击球时用力均匀，使球始终控制在身体周围。

练一练

（1）一人一球颠球：体会触球的时间、触球的部位、触球的力量和整个动作的协调配合。

（2）两人一球颠球：用脚背、大腿、头部及身体其他各部位触球，掌握好触球的力量，尽量不让球落地。每人可触球一次即颠给对方，也可在触球后多次互颠。

（3）四五人一组，围圈用两球颠球：可规定每人触球的次数与部位，也可自由掌握触球的次数与部位。颠传时要注意观察，防止将两个球同时颠传给同一伙伴。

（三）踢球技术

踢球是指运动员有目的地用脚的某一部位把球击向预定的目标。踢球的方法有脚内侧踢球、脚背正面踢球、脚背内侧踢球、脚背外侧踢球等。

1. 脚内侧推传球

脚内侧推传球是传出准确的短距离地面球的最可靠技术。

推传时助跑的方向与出球方向一致。支撑脚应置于球的一侧，脚尖指向传球方向，支撑脚距球约 15 厘米，应保证踢球腿的自由摆动。踢球脚在触球时，脚应外转并使脚内侧以正确角度对准传球方向，踝部要紧张并保持坚硬。触球时，头部要稳定，眼睛要看着球，为传低球，击球作用力要通过球的水平中线。

完成触球动作后，球已朝向同伴或目标，若踢球脚的跟随动作与传球方向一致，可保证传球的准确性。所以触球后应有跟随动作，保证踢球腿的跟随摆动与传球方向一致，而不是向身体一侧摆动，如图 4-1 所示。

脚内侧推传球准确性最高且易于接控，是保持控球权的有效工具；因为该技术难以对球施加很大力量，故不宜做长距离传球和射门；该传球方式易被对手预测传球方向；同时，在疾跑中完成推传，也是不易之事。

图 4-1　脚内侧推传球

2. 脚内侧传弧线球

脚内侧传弧线球技术不同于脚内侧推传球，无论长短传，都可以运用，许多队员利用该技术射门。此外，在定位球进攻时，例如在踢直接任意球或角球时，该技术会有一定的效力。

脚内侧传弧线球的助跑角度为30°，这有助于加大踢球腿的摆幅，支撑脚的选位在球的侧方稍后一点，脚尖指向前方。若是右脚踢球，踢球腿应自左向右摆动。触球时，以第一足趾关节部位（踢球脚内侧的前部）击球的右中部，就会使球自右向左滚动。若是传空中弧线球，触球点在球的中部偏下。触球点若在球的中部，球则会低平飞行。传弧线球后腿的跟随动作与传球方向一致，如图4-2所示。

图4-2　脚内侧传弧线球

3. 脚外侧传弧线球

脚外侧传弧线球技术与脚内侧传弧线球技术相似，不同点在于触球点和脚的触球部位。助跑方向为直线，这可保证踢球腿的外摆。支撑脚位于球的侧方稍后，脚尖所指方向与助跑同向。触球时，仍以右脚踢球为例，踢球腿自右向左摆动，以脚外侧触球的右中部，可传出自左向右旋转的弧线球。触球后踢球腿跟随动作是继续向外上方摆动，如图4-3所示。

图4-3　脚外侧传弧线球

脚外侧传弧线球技术可在做长传时运用，并且也是很有威力的射门技术；还有一点好处就是，该技术能在高速跑动中完成。但该技术难度较大，若要熟练掌握，须多加练习。

4. 脚外侧敲传

在对手防守压力大且人员密集的情况下，脚外侧敲传是极为有效的技术。其与脚外侧传弧线球技术的不同之处在于踢球腿的摆动幅度小，几乎是仅靠关节向外的加速抖动来完成的，可以说只是脚的敲击过程。所以该技术极具隐蔽性，可在自然跑动中传球。若要传低球，触球时，应使击球作用力通过球的水平中线。该技术因传球力量难以施加，只适合做短传，如图4-4所示。

图4-4　脚外侧敲传

5. 脚背传球

脚背传球的助跑角度为30°左右，这样有利于增加踢球腿的摆幅，以便加大击球力量。触球前最后一步的步幅要加大，目的是进一步增加摆幅。触球时，踝部应紧张，且脚尖指向地面，这样可保证击中球的后中部，并使球低平飞行。若脚尖不指向地面，一是容易造成脚尖捅球，二是触球点在球的中部与底部之间，球会飞离地面。击球后，踢球腿应随出球方向向前摆动，这样的跟随动作可增加传球的准确性，如图4-5所示。

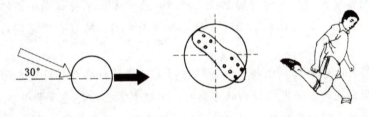

图4-5　脚背传球

6. 脚背大力高吊球

脚背大力高吊球技术最适合做长距离传球。当试图利用防守队员身后空间，且需要把球传过防守者头顶时，对脚背大力高吊球技术的掌握便显得尤为重要。

助跑仍是斜线方向，但角度可大可小。支撑脚的选位一定要在球的侧后方，触球时要使踢球腿的踝关节伸展并保持紧张，脚尖外指，击球作用力要通过球的垂直中线，触球部位在球的中底部之间。要想传高球，触球点必须在球的水平中线以下，越接近底部，传出球的后旋越强，而且球速慢，球会陡然升起。踢球腿在触球后要随触球方向继续上摆，如图4-6所示。

7. 搓传

搓传时的助跑角度较小。支撑脚的位置比其他传球技术更靠近球，不足10厘米。踢球脚的触球部位是更接近脚尖的脚背部分，踢球腿应有向下的插入动作，为了能使球产生后旋，踢球脚要搓踢球的底部。触球后，踢球脚即刻制动，几乎没有踢球腿的跟随动作。若要做较长距离的搓传，击球后，可把踢球腿的膝部迅速向胸部提起，如图4-7所示。

图 4-6　脚背大力高吊球　　　　　　　　　　　图 4-7　搓传

练一练

（1）各种踢球技术动作的模仿练习。在地面设想有一目标（足球），跨步上前做踢球动作，然后过渡到几步慢速助跑的踢球模仿动作练习，最后可做快速助跑踢球的模仿动作练习。练习中应注意要求有设想球，尤其注意设想触球一瞬间踢球脚踝关节的固定和脚背绷紧。

（2）一人用脚底挡球，另一人踢球。此方法应注意踢球腿摆动与触球部位的正确与否，同时还要检查其支撑阶段的状况。

（3）距足球墙 5 米左右进行踢球技术练习。此种方法主要强调小腿的摆动、大腿带动小腿进行摆动、脚与球接触面、支撑环节是否正确。练习一段时间后，可将距离逐渐增加。

（4）利用足球墙和标杆做踢旋转球的练习。可将标杆插在踢球者与墙之间，标杆与人及墙的距离视需要而定，开始时可大些，当技术掌握后再逐步缩小。

（5）原地踢自抛的反弹球、空中球练习。这两种练习多采用正脚背踢球。

（6）原地踢弧线球练习。多采用脚背内侧或外侧踢球。

（7）各种跑动中的踢球练习。

（四）接控球

接控球技术是一名队员和全队掌握控球权的基础，也是继续组织进攻的前提。高水平的球员在接控球技巧方面应具备的能力为：能接控来自不同角度和不同速度的球；能在一名或更多名对手的压力下完成接控动作；能即刻决定接球部位、控球于何处和控球后的行动；既可看到场上变化，又能注意到球。

1. 尽快移动身体至球的运行路线上

准确预见来球速度和路线对选择接控时机是非常关键的。在初期应首先从预测和接控地面球开始练习。练习开始时，可以先传正面球，然后向队员的两侧传球，迫使队员必须移动到球的运行路线上，技术熟练之后，可向队员两侧稍远的地方传球。

2. 迅速选定接控球部位

应尽早选定接控球部位。若是地面球，脚肯定是必然选择；若来球正对胸部，这种选择也不难做出；如果面对下落球，在大腿、脚和胸部都可成为接控球部位的情况下，初学者就会感到有难度，有时大腿可能是适宜选择，却把脚高高提起去接控，这对下一动作的连接没有帮助。

3. 触球

接控球时有两种方式。一种接控球方式是切压式，以这种方式接控球时，一般是在接控部位与地面之间挤压球，如脚底控球。另外，也可以用胸部把球压向地面。切压式接控球的特点是触球部位要紧张并保持坚硬。另一种接控球方式是缓冲式，触球部位在受到撞击的瞬间应回收，以此来缓冲来球力量。

脚、大腿和胸部是接控球时运用最频繁的身体部位。用脚接控球时，根据队员的下一动作来选定不同的部位。

（1）脚内侧接控。脚内侧接控触球面积大且运用最为频繁。但因脚内侧接球时脚必须外转，使队员在跑动中运用该技术时会破坏正常的跑姿、跑速。初学者要把脚内侧看作脚唯一的接控部位，如图4-8所示。

（2）脚外侧接控。脚外侧接控在连接传或射门动作时具有良好的效果，尤其适用于接球变向，所以应鼓励队员使用该部位。接控时脚应内转，把球挤压至身体外侧，如图4-9所示。

图4-8　脚内侧接控　　　　图4-9　脚外侧接控

（3）脚背接控。脚背接控技术特别适用于接控垂直下落球。以正脚背或鞋带部位提起至球下，当球接近时，脚和腿下撤，触球瞬间的踝关节要放松，如图4-10所示。

（4）脚底控球。在接控身前的高球和反弹球时常用脚底，使脚底与地面之间形成楔形，脚底控球时在触球的后上部，使球同时接触脚底和地面，如图4-11所示。

图4-10　脚背接控　　　　图4-11　脚底控球

（5）大腿部接控球。大腿中部触球前应屈膝迎球，触球时再下撤并伸直腿，使球弹落在脚前，如图 4-12 所示。

图 4-12　大腿部接控球

（6）胸部接控球。胸部的控球面积大，较有弹性，对球的缓冲作用较好。当球触胸时，胸部应立即回收以缓冲来球力量，使球落至身前，以便迅速连接下一动作，如图 4-13 所示。

图 4-13　胸部接控球

4. 跟随动作

接控球只是达到下一目的的手段，因此在控球后应迅速连接射门、传球和运球动作。

5. 头部应稳定

在整个接控球动作的过程中，头部应保持稳定，头部稳定是决定接控效果的关键，这绝不是在夸大其词。

6. 心理放松

心理放松是合理完成接控动作的前提条件，紧张会导致行动笨拙和思维混乱。

（五）运球过人技术

运球过人技术是在运控球的基础上，根据临场需要，准确判断和把握对手的防守站位和重心变化情况，利用速度、方向或动作变化，获得时间和空间位置优势，从而突破防守的一种技术手段。运球过人技术从动作方法上可大致分为强行突破、假动作突破、变向突破和变速突破等。

1. 强行突破

强行突破是指利用速度优势，以突然快速地推拨球和爆发式的起动，加速超越防守队员的动作方法。实施强行突破时，通常要求防守队员身后有较大的纵深距离，从而使速度优势能够得到充分发挥。

2. 假动作突破

假动作突破是指运动员利用各种虚晃动作迷惑对手，如假射、假传、假停等，使其不知所措或贸然盲动失去重心，并乘机突破的动作方法。实施假动作突破时，要真真假假、真假结合，假动作要逼真、快捷，在控好球的同时，能够有效调动对手，利用其重心错位进行突破。

3. 变向突破

变向突破是指队员利用灵活的步法和娴熟的运球技术，不断改变球路，使对手防守重心出现错位，并利用出现的位置差乘机突破的动作方法。实施变向突破时，运球队员脚下控球要娴熟，步法要灵活，重心变换要随心所欲，变向动作要突然，变向角度要合理。

4. 变速突破

变速突破是指队员通过速度的变化，打乱对手的速度节奏，并利用产生的时间差乘机突破的动作方法。实施变速突破时，节奏变化要鲜明，做到骤停疾起，要充分利用攻方的先决优势去支配和调动对方，做到你快我慢、你停我走，使对手无法应对。

练一练

1. 原地带球

（1）两脚脚内侧左右拨球。

（2）脚底向左右拖拉球。

（3）单脚支撑，另一脚底踩在球的上部，双脚交替连续做向后拖球的模仿练习。

2. 行进间带球

（1）慢跑中分别用单脚脚内侧、外侧和正脚背进行直线运球练习。

（2）慢跑中沿弧线做顺时针、逆时针两脚不同部位的带球练习。

（3）用各种不同的脚法做扣、拨、拉的动作，做曲线变速变方向带球。

（4）运球绕过插在地上的若干标志杆。

（5）两人一组，一人运球，另一人进行抢堵，做运球过人练习。

(六) 头顶球技术

头顶球技术是指运动员有目的地用额部将球击向预定目标的动作方法。头顶球技术分为地面顶球和跳起顶球两种。

1. 地面顶球

地面顶球有跑动中和原地两种方式，无论哪一种方式，保持身体平衡都是很重要的。击球力量来自腿的蹬地、髋部和颈部的摆动，如图4-14所示。击球时应用前额部位，头

要加速前摆。有些初学者，由于缺乏信心和存在胆怯心理，让球来击头，这是不对的。击球后，头和身体随出球方向前移，以保证准确性，如图4-14所示。

2.跳起顶球

每名队员都应尽可能抢在最高点击球。一般来说，单脚起跳跳得高，在跑动中起跳也更迅捷，但需要有一定的空间，而双脚起跳在静位即可，如图4-15（a）所示。击球时，同样以前额部位顶球，眼睛要注视球，击球后上体前倾，头伸向出球方向，如图4-15（b）所示。

图4-14　地面顶球　　　　图4-15　跳起顶球

应牢记，在队员跳起后的最高点，处于向上和下落的交界时，有一个瞬间的静态，这是头顶球的最佳时机。

练一练

1.个人进行头顶球练习

（1）原地做各种头顶球的模仿动作练习，体会动作要领。

（2）利用吊球或同伴手托举的球进行练习，体会完整的动作技术。

（3）利用足球墙，自抛球由墙弹回进行各种顶球练习。

2.多人头顶球练习

（1）两人或两人以上在一起进行抛球—头顶球练习。

（2）两人一组连续对顶练习。

（3）顶球射门练习：顶球队员站在罚球线附近，掷球队员站在球门内或球门侧面将球抛至罚球点附近，顶球队员跑上顶球入门。

（4）两人一球，相距20米左右，甲传过顶球飞向乙，乙顶回给甲。数次后轮换传、顶球。

（5）顶球者站在罚球线附近，顶守门员抛来的球射门。

（七）抢截球技术

1.正面抢球

为增大抢球面积，应用脚内侧阻抢。支撑脚立于球的一侧，双膝微屈，以降低重心和维持身体平衡，并有利于更有力地抢球和缓冲抢球时的冲击力。应在对手运球脚触球后即将着地或刚着地时实施抢截，抢球动作的作用力要通过球的中心，触球时上体应前倾且腿部用力。若球夹在双方的两脚之间，可顺势把球提拉过对方的脚面，或是把球拨向一侧，再就是让对手用力推球，而防守队员随机转身贴向对手。正面抢球是比赛中运用最频繁的抢球技术，如图 4-16 所示。

图 4-16　正面抢球

2. 侧面抢球

侧面抢球技术是与运球对手并肩跑动或从后面追平对手时采用的抢球法。在抢球前应尽可能地靠近球并设法使支撑脚立于球的前方，然后以支撑脚为轴转动身体，用抢球脚的脚内侧封阻球。还可以利用合理冲撞的办法实施侧面抢球行动，在对手失去平衡时趁机夺球，如图 4-17 所示。

图 4-17　侧面抢球

3. 铲球

铲球技术多用于对手已突破防线，防守队员又无法回到正面抢球位置的情况。关键因素是适时倒地，随便倒地会延误下一行动，并使本方即刻失去一名有用的队员。因此，应首先以脚底、脚背或脚内侧把球铲掉，如图 4-18 所示。在铲球时，首先注意能否铲到球，其次注意是否会造成犯规，还要看在所处的场区和比赛局面下有无必要。

图 4-18　铲球

练一练

（1）将球放在队员甲脚前，队员乙与其相距两米，并上步做正面脚内侧堵抢练习，在队员乙触球的瞬间，队员甲也用脚内侧触球。让抢球队员乙体会上步动作及触球部位，两人可轮换做抢球。

（2）甲、乙两队员相对站立，队员甲运球跑向乙（慢速），队员乙选择好时机，实施正面脚内侧堵抢技术。

（3）两人同方向慢跑，在跑的过程中可做适当的合理冲撞，体会冲撞的时机和冲撞的部位，以及冲撞时如何用力等。

（4）铲球练习。一人一球，将球放在前面某一位置，练习者选择适当位置站立，原地蹬出，做铲球动作练习。当基本掌握铲球动作后，练习者可将球沿地面缓慢抛出，自己追球，将球铲掉，以体会如何对滚动的球实施铲球动作。待较熟练地掌握铲球动作后，再用以上方法进行铲控、铲传的练习。

（5）一人直线运球前进，另二人由后追赶至适当位置，抓住时机进行铲球练习。要求运球者给予适当的配合，使铲球者能在对手运球的过程中体会如何实施铲球动作。

（八）守门员技术

守门员技术是守门员围绕球门安全所采用的有效防御性动作和组织发动进攻时所采用的相应动作方法的总称。

守门员技术包括接球、扑球、拳击球、托球和发球等动作（图4-19）。现就接球和托、击球进行简单讲解。

图4-19　守门员技术动作

1. 接球

接球是守门员技术的重点，是守门员必须熟练掌握的基本能力。接球从手型上可分为上手接球、下手接球两类。

（1）下手接球。手指张开，掌心向上，小指靠拢。适用于接地滚球、低平球、低弧度的反弹球和高弧度的落降球。基本姿势有跪式和立式两种。

身体正对来球。当球接近时，两臂伸出迎球，手型相对稳定，角度合理，在手指触球的一刹那，曲臂夹肘，将球抱于胸前。

（2）上手接球。掌心应向前稍内倾，手指向上，拇指靠拢。适用于接胸部以上的各种高球。接球的基本姿势有站立接球和跳起接球。

原地接球时，身体正对来球。当球接近时，两臂举起迎球，控制好接球手型；触球的一刹那掌心要空，手腕和手指用力接球，手臂顺势下引缓冲收球，手腕扣紧，前臂旋外夹肘，两手紧贴球体表面翻转滑动，将球牢牢环抱于胸前。

2. 托、击球

托、击球是守门员停、扑球技术在应急情况下的应变运用。

（1）托球。托球一般用于接近球门的防守。对那些力量大、角度刁、贴近球门横梁或立柱的球，可采用托球。

托球时，近球侧手臂伸出迎球；触球的一刹那，手腕后仰，用掌跟部顶推发力，将球向侧或向上托出。

（2）击球。击球一般用于出击时的防守，在争抢高球且无把握的形势下，可利用单拳或双拳将球击出。

击球时，在跳起上升阶段，击球手臂位于肩侧，屈肘握拳，体稍侧转；至高点时，身体快速回转，以肘带肩挥拳，用拳面将球击出。

四、足球运动的基本战术

足球战术是指在足球比赛中，为了战胜对方，根据主客观情况所采取的个人行动和集体配合的方法。比赛实践证明，合理、巧妙地运用战术是夺取比赛胜利的重要因素。足球比赛是由攻与守这对矛盾组成的，攻守不断地转换，组成了比赛的全过程。因此，足球战术可分为进攻战术和防守战术两大系统。各系统又都包括个人战术、局部战术和整体战术。战术原则是指导比赛的基本准则，比赛阵形是指比赛场上队员的位置排列、攻守力量搭配和职责分工的形式。

（一）进攻战术

进攻战术是指在比赛中为了战胜对方所采取的个人进攻行动和集体配合的方法。

进攻战术包括个人进攻战术、局部进攻战术和整体进攻战术。

1. 比赛阵形

比赛阵形主要有以下三种。

（1）"433"阵形。"433"阵形（变化后也有"4123"和"4213"）的三名中场队员有明确分工。根据情况，可一名侧重防守，两名侧重进攻；或者相反。

（2）"442"阵形。"442"阵形的四名中场队员基本上是呈一字形横向排开或呈菱形排

列。其分工为一名为进攻型前卫，一名为防守型前卫，另两名为边前卫。

（3）"532"阵形。"532"阵形的后场由五名后卫组成，侧重防守，一般较适合防守反击战术。进攻时，边后卫可插上协助进攻，增强攻击力，但必须迅速回位。如回位不及时，前卫和后卫之间要相互协调，互相补位。

2. 个人进攻战术

个人进攻战术配合的基础，是组织进攻、变换战术和创造射门机会的重要手段，也是迅速逼近对方球门最有效的方法。

（1）传球。

①按传球距离可分为短传（15米以内）、中传（15～25米）、长传（25米以上）。

②按传球高度可分为低球（膝部以下）、平直球（膝部以上、头部以下）、高球（头部以上）。

③按传球的方向可分为直传球、斜传球、横传球和回传球。

④按传球的目标可分为对人传球（或脚下传球）和向空当传球。

（2）跑位。跑位是指比赛中队员在无球情况下，通过有意识的跑动，为自己或同伴创造进攻机会的行动。常用的跑位方法是突然起动、变速跑、突然变向跑等。

（3）运球突破。运球突破是极有威胁性的个人战术，它是突破密集防守、打乱对方防守部署、冲破紧逼盯人、创造射门机会的锐利武器。

（4）射门。射门是一切进攻战术相配合的最终目的，也是进攻得分的唯一手段。射门时应注意以下几点。

①要珍惜射门机会。

②要沉着冷静。

③要力争抢点直接射门。

④要及时跟进补射。

3. 局部进攻战术

局部进攻战术是指进攻中两名或几名队员之间的配合方法。它是集体配合的基础。基本配合形式有交叉掩护配合、传切配合和二过一配合。

（1）交叉掩护配合。交叉掩护配合成功的要素如下。

①运球队员必须以自己的身体挡住防守队员，在将球交递给同伴后，要继续向前跑动。

②接球队员必须主动迎面跑向同伴，接得球后，要快速向同伴移动，反方向运球。

（2）传切配合。传切配合是指控球队员将球传给切入的进攻队员的配合方法。传切配合的形式有局部一传一切和长传切入。

（3）二过一配合。二过一配合是指在局部区域两名进攻队员通过两次连续传球配合越过一名防守队员的配合方法。二过一配合的形式根据传球和跑位的路线，可分为横传直插斜传二过一、横传斜插直传二过一、横传斜插斜传二过一和回传反切直传二过一等。

二过一配合的成功要素如下。

①控球队员第一传必须快速、准确，且带有隐蔽性，传出球后应立即插入前面的空当。

②接应队员第二传要直接传球，并注意传球的方向和力量，使切入空当的队员便于停控球，完成下一个技术动作。

4. 整体进攻战术

整体进攻战术是指为了完成进攻战术任务而采用的全局性的进攻配合方法。

进攻依据发展的场区可分为边路进攻和中路进攻，一次完整的进攻是由发动、发展和结束三个阶段组成的。

（1）边路进攻。边路进攻是指在对方半场两侧地区发展的进攻。边路进攻的主要目的在于充分利用场地的宽度，拉开对方的防线，制造中路空隙，创造中路破门得分的有利时机。

（2）中路进攻。中路进攻是指在对方半场中间区域发展与结束的进攻。中路进攻能直接威胁对方球门，因此守方必然层层布防。防守人员密集，进攻的难度大，这就要求进攻队员必须积极跑位接应和从两侧拉开，以打乱对方的防守布局；并利用中间空隙，创造从中路进攻突破对方防线并射门的机会。

（二）防守战术

1. 个人防守战术

（1）选位：防守队员选择的位置，原则上是站在对手与本方球门中心所构成的一条直线上，与对手的距离要根据场区及球所处的位置来决定。

（2）盯人：是指防守者本身所处的位置能够限制对手活动，及时封堵对手接球或传球路线。盯人有紧逼盯人和松动盯人两种。紧逼盯人是贴近对手，不给其从容活动的机会。松动盯人是与对手保持一定距离，以便随时上前抢截对手的球，或在对手得球后能立即逼近对手进行紧逼盯人。

2. 局部的防守配合

保护与补位是在局部地区进行集体防守的基础，保护是补位的前提，如果没有有效的保护，也就不可能有有效的补位。防守队员补同伴在防守中出现的漏洞称为补位，它是防守队员间相互协助的集体防守战术。

知识拓展：足球运动竞赛规则简介

3. 整体防守战术

整体防守战术包括盯人防守战术、区域防守和混合防守战术三种。

混合防守战术就是盯人防守战术和区域防守战术相结合的防守方法。混合防守战术是目前世界各国普遍采用的一种防守战术，它集中了盯人防守战术和区域防守战术两者的优点，从而在防守中能够根据场上情况进行逼抢、盯人、补位，以达到稳固防守的目的。延缓对方进攻，快速退守到位，保持防守层次，紧逼盯人。球门前30米范围是全队集体防守的关键。

任务二　篮球运动

一、篮球运动的起源与发展

篮球运动是 1891 年由美国人詹姆斯·奈史密斯发明的。当时，他在马萨诸塞州斯普林菲尔德基督教青年会国际训练学校任教。当地盛产桃子，这里的儿童又非常喜欢做用桃投入桃子筐的游戏，这使他从中得到启发，并博采足球、曲棍球等其他球类项目的特点，创编了篮球游戏。

奈史密斯制订了一套不太完善的竞赛规则，共有 13 个条款，其中规定不允许带球跑、抱人、推人、绊人、打人等动作。这大大提高了篮球游戏的趣味性，并且吸引了更多的人来参加这一游戏，从而使篮球运动很快普及全美国。

1892 年，篮球运动首先从美国传入墨西哥，并很快在墨西哥各地得到开展。此后，这项运动先后传入法国、英国、中国、巴西、澳大利亚、黎巴嫩等国家，在世界范围内得到了开展、普及和发展。

1896 年，美国人鲍勃盖利将篮球传入中国，首先在天津、北京等城市青年会中开展起来。1913 年，篮球被列为我国国内正式比赛项目。篮球自 1951 年起一直是亚运会的正式比赛项目。

1932 年，国际业余篮球联合会成立，男子篮球被国际奥委会承认为奥运会正式比赛项目。1946 年，美国出现职业篮球联赛，并发展为目前的 NBA。1976 年，女子篮球被列为奥运会正式比赛项目。

二、篮球运动的特点

篮球运动最大的本体运动特征在于它的运动方式是围绕高空的球篮和篮球而展开的集体攻守对抗，其活动都是围绕着如何激励活动者能将篮球更快、更准、更多地投进高空篮筐和破坏对手投进高空篮筐中而展开的。所以说"高"是篮球竞技的运动目标，"准"是篮球运动的目的，在高速度、高强度的对抗条件下争高求准是篮球运动的最大本体特征。具体可反映出以下特点。

（1）空间对抗特点。从运动竞技的特殊性而言，篮球运动有着其自身的特殊高空性运动规律，并在此基础上从运动过程中显示出本体运动的制空特点。篮圈固定在离地3.05 米的篮板上，篮球向篮圈内投射，因此瞬时主动拼争控制球权与控制空间，促使参与篮球竞赛的双方展开多元素构成的不同战术阵形，运用各种技术手段进行立体型进攻、防守，并不断转换，从而体现出现代篮球运动的独特高空运动规律与特点。

（2）内容多元特点。现代篮球运动内容结构的多元性、综合化，使它形成了自己独特的理论体系和技术、战术系统，已成为一门交叉着的边缘性学科课程。其具体内容有相关的现代科学和学科，特殊的运动意识、气质、身体形态条件、生理机能、心理修养、意志品质、道德作风，专门的基本功、专项技术动作与战术配合方法体系及其实战能力等，从而使篮球运动内容结构更趋于科学化、独特化、多元化。

（3）多变综合特点。篮球运动是在动态中发展进化的，由低级至高级，不断创新发展，已成为一项综合竞技艺术，从而使篮球比赛过程较其他球类运动更复杂，技术动作繁多，战术阵形多样，明星队员掌握与创造性地运用篮球技术，巧妙配合，已达到技艺化、艺术化的程度，使篮球比赛的过程充满生气和活力，而围绕空间瞬时变化开展的争夺，反映出个体单兵作战与协同集体配合相结合，空间攻守与地面攻守相结合，空间与时间相结合，拼抗性与计谋性、技艺性相结合，由此综合显示出世界各强队主体型的、各种类别的多变性攻守风格形式和打法特点。为此，在比赛中千变万化的情况下以不变应万变，掌握自主变化的主动权，同时扰乱对手，就能从变中赢得主动，从而也使比赛更为精彩、扣人心弦，体现出竞争过程的悬念，更具独特的戏剧性和观赏性。

（4）健身、增智特点。篮球运动属于综合性的非周期性的集体运动，这是由其运动内容结构多元性和竞赛过程多变性、综合性特征而决定的，从事篮球竞赛和各种篮球活动，有助于培养活动者的综合素质，增进身体健康，活跃身心，增长知识，对锻炼综合才干与开发人的智慧、培养优良的道德品质和顽强的意志作风都起到积极影响。例如，篮球运动技术、战术系统的实践操作与实战运用过程，是在对抗变化着的特定时间、距离、场地、设施条件要求下，运用跑、跳、投等手段来完成的，在这一过程中，无论智力、生理、心理都要承受各种复杂因素的综合影响，适量参加篮球活动，对促进人的生理机能，特别是对内脏器官与感受器官的功能、中枢神经系统的支配能力，增进健康，以及综合提高身体素质、心理修养等有积极作用。

（5）启示、教育特点。篮球运动在世界众多的国家与地区普及，不仅是一项开展广泛、具有群众性和特殊社会影响的体育项目，而且已经是全球性的社会文化、体育学科门类和现代人类社会活动的一种形式。篮球竞赛和各种篮球活动过程给人以各种心理、生理和日常生活修养的启示，从而具有充满着教育因素的丰富内容。因此，它对提高社会成员的道德、精神、人格素质、集体主义精神和活跃社会生活、促进社会交往，以及增进国家与民族的自尊、自强都有社会综合素质教育价值，为此，世界各大洲每年都以不同形式组织各种重大的篮球竞赛活动，吸引数以亿计的人们参与，充分显示着它特殊的社会教育活动价值。

（6）职业、商业化特点。自20世纪90年代国际奥林匹克委员会允许职业篮球运动员参加奥运会篮球赛后，篮球运动和篮球竞赛在世界范围内加速进入职业性和商业化阶段，

特别是近年来世界各国的职业篮球运动有了新的发展，除美、欧各国继续发展职业篮球运动外，在澳大利亚及亚洲的中国、菲律宾、韩国、日本都相继成立或筹划成立职业篮球队或职业篮球俱乐部组织，这对亚洲和世界篮球运动的进一步发展起到催化剂作用。以美国NBA职业联赛为典型代表，其商业化的程度，已成为美国几大体育产业中最有活力的新兴产业之一。随着21世纪世界范围内篮球运动职业化程度的进一步发展和深化，必将使职业篮球比赛、职业篮球运动员和运动队的运动技能水平和运动成绩商业化。

◄) 延伸阅读

篮球运动的锻炼价值

篮球运动是最受人们喜爱的运动项目之一。它之所以在全世界范围内得到如此广泛的开展，是因为具有以下锻炼价值。

第一，篮球运动具有较强的集体性。它要求每个运动员在比赛中必须做到齐心协力、密切配合。只有个人为集体努力，集体才能为个人的技术发挥创造机会，这样才能达到战胜对方的目的。所以，篮球运动能培养团结友爱的集体主义精神和严格的组织纪律性。

第二，篮球比赛的技术、战术具有运用的复杂性和紧张激烈的对抗性，从而可以培养队员顽强的意志力。现代篮球比赛在时间和空间上的争夺越来越激烈。在错综复杂、变化多端的情况下进行比赛，要求运动员不仅要掌握协调、多样的技术动作，而且还要具备随机应变的能力，如突然改变方向、突然改变速度、时而急停、时而起跳等。运动员不仅要注意球的转移、球篮的位置，还要注意同队队员和对方队员的各种行动，并随时作出及时的判断，主动采取合理的应变行动。因此，通过篮球运动教学、训练和比赛，能提高各感受器官的功能，广泛分配和集中注意的能力，以及空间、时间和定向能力。运动员在比赛过程中，经常变换动作，对提高神经中枢的灵活性及神经中枢协调支配各器官的能力起着良好的作用。

第三，篮球运动的技术动作是由各种各样的跑、跳、投等基本技能组成的。它能促进运动者的力量、速度、耐力、灵敏性等身体素质的全面发展，提高内脏器官的功能。

第四，篮球运动具有较大的吸引力，参加者不受年龄、性别的限制。它既能增强体质、促进健康，又能丰富人们的业余文化生活，从而提高劳动、工作和学习的效率。

三、篮球运动的基本技术

篮球运动技术是篮球比赛所必需的专门动作方法的总称，它是提高战术配合质量的重要因素。

（一）站立和起动

1. 基本站立姿势

两脚左右或前后开立，两脚之间的距离与肩同宽，全脚掌着地，两膝弯曲，大小腿之间的角度约为135°，身体重心落在两脚之间，上体略微前倾，两臂屈肘，自然下垂置于体侧，两眼平视观察场上情况［图4-20（a）］。防守时的站立姿势为两脚间距离略比肩宽，两臂屈肘，左右或前后张开。

练一练

（1）按动作要求做基本站立姿势和熟悉球性练习。
（2）以一脚为轴做跨步、撤步、同侧步、交叉步后，迅速恢复成基本站立姿势。

---

2. 起动

起动是队员在球场上由静止状态变为运动状态的一种动作。它是获得位移初速度的方法。

起动时，身体重心向跑动方向移动，以后脚（向前起动）或异侧脚（向侧起动）的前脚掌内侧突然用力蹬地，同时上体迅速前倾或侧转，手臂协调地摆动，充分利用蹬地的反作用力，迅速向跑动方向迈步，如［图4-20（b）］所示。

（a）　　　　　（b）

图4-20　站立和起动

动作要点：猛蹬地，快跨步，快频率。

练一练

（1）按动作要求做基本站立姿势和起动练习。
（2）以一脚为轴做跨步、撤步、同侧步、交叉步后，迅速恢复成基本站立姿势。

（二）移动

1. 变向跑

跑动中向左变方向，最后一步右脚落地，脚尖向左转，迅速屈膝，上体向左转移动重心。同时，左脚用力蹬地，向左前方迈出，右脚迅速随着向左侧前方跨出，继续加速前进。向右变方向时，动作相反，如图 4-21 所示。

（a）　　　（b）　　　（c）　　　（d）　　　（e）　　　（f）　　　（g）

图 4-21　变向跑

2. 跨步急停

快跑中，先向前跨出一大步，用脚跟着地，然后过渡到全脚掌抵地，迅速屈膝，同时上体稍后仰；第二步落地时，脚尖稍内扣，腰胯用力，两膝深屈，重心下降，用全脚掌内侧蹬地，身体稍向内转，重心投影点在两脚之间，两臂弯曲，自然张开，保持身体平衡，如图 4-22 所示。

3. 跳步急停

跑动中单脚或双脚起跳（不要太高，紧贴地面），两脚左右分开，与肩同宽，同时落地，全脚掌着地，两脚内侧稍用力。两腿屈膝，稍向内扣。两臂弯曲，自然张开，保持身体平衡，如图 4-23 所示。

（a）　　　（b）　　　（c）　　　　　　（a）　　　（b）　　　（c）　　　（d）

图 4-22　跨步急停　　　　　　　　　　图 4-23　跳步急停

4. 前转身

绕中枢脚脚尖方向转动叫作前转身。下面以右脚为中枢脚做前转身为例。转动时，重心移到右脚上，左脚前脚掌内侧蹬地，右脚前脚掌用力碾地，同时头、肩和腰胯配合向右前方移动，左脚迅速绕右脚尖方向转动，达到欲转动的角度后左脚落地，重心仍落在两脚中心。两臂自然张开，维持身体平衡，如图 4-24 所示。

图 4-24　前转身

5. 后转身

绕中枢脚脚跟方向转动叫作后转身。下面以左脚为中枢脚做后转身为例。转动时，重心移到脚上，右脚前脚掌内侧蹬地，左脚前脚掌用力碾地，同时头、肩和腰胯配合向右后方转动，右脚迅速绕左脚跟方向转动，达到欲转动的角度后右脚落地，重心落在两脚之间。两臂自然张开，维持身体平衡，如图 4-25 所示。

图 4-25　后转身

6. 侧滑步

身体做基本站立姿势，两臂自然左右张开。以向左滑步为例。右脚前脚掌内侧蹬地，左脚先向左滑跨，由脚跟至脚尖着地，接着向内侧滑动右脚。移动中始终保持低重心、宽步幅。向右滑步时，动作相同，方向相反。

7. 前滑步

两脚前、后开立，比肩略宽，屈膝降重心，脚跟微抬起，身体重量落在两脚掌上。前脚尖对着移动方向，前脚的同侧臂前上举，后脚的同侧臂侧下举。向前滑步时，后脚脚掌内侧蹬地，前脚向前滑，由脚跟至脚尖着地，然后滑动后脚。保持低重心、宽步幅。

> **练一练**
>
> （1）基本站立姿势（面向、背向、侧向），听或看信号开始跑练习。
>
> （2）自抛或别人抛球后，迅速快跑，把球接住。

（3）成一路纵队，采用全场"之"字形急停急起。练习时，第一名队员急停转向后，第二名接上再做，依次进行。

（4）看手势做前、后、侧滑步练习，全场"之"字形滑步练习。

（三）传接球

1. 双手胸前传球

身体呈基本站立姿势，双手手指自然分开，拇指相对成八字，用指根以上部位持球两侧，手心空出，双肘自然弯曲于体侧，置球于胸腹之间。传球时，后脚蹬地，身体重心前移，同时双臂迅速向前方用力伸出，拇指下压，手腕向前外侧翻转，食指、中指用力将球拨出（图4-26）。

（a） （b） （c）

图 4-26 双手胸前传球

动作要点：持球动作正确，蹬（地）、伸（臂）、翻（腕）、拨球（食指、中指）动作连贯，用力协调。

2. 单手肩上传球

单手肩上传球是单手传球中一种最基本的方法。

传球时（以右手传球为例），左脚向传球方向迈出半步，右手托球，同时将球引到右肩上方，肘部外展，上臂与地面近似平行，手腕后仰。左肩对着传球方向，重心落在右脚上，右脚蹬地，转体，右前臂迅速向前挥摆，手腕前屈，通过食指、中指拨球将球传出（图4-27）。

（a） （b） （c） （d） （e） （f）

图 4-27 单手肩上传球

动作要点：自上而下发力，蹬地、扭转肩、挥臂和扣腕动作连贯。

3.双手接球

双手接球是最基本的接球方法，也是在比赛中运用最多的动作之一。

双手接球时，两眼注视来球，两臂伸出迎球，手指自然分开，两拇指相对，呈八字形，手指向前上方，两手成一个半圆形。当手指触球后，迅速抓握球，两臂随球后引缓冲来球的力量，两手握球于胸腹之间。保持身体的平衡，做好传球、投篮或突破的准备。

动作要点：伸臂迎球，在手接触球时，收臂后引缓冲，握球于胸腹之间，动作连贯。

练一练

（1）定点传球练习：在墙上画出高度不同的至少3个点，作为传球目标。从距墙3米处开始传球，先双手胸前传球、双手反弹传球，然后双手头上传球等。

（2）迎面传接球练习：全体队员分成两组，面对面地各站成一路纵队，相距3～4米。

（3）全场3人呈8字形围绕传接球练习：全体队员先分成3组，面向球场分别站成一路纵队，间隔距离相等。要求向前跑动，互相传球，不许运球，不许掉球。

(四) 投篮

投篮的方式多种多样，要提高投篮命中率，就必须了解投篮的技术结构，正确掌握投篮技术。在学习投篮技术时，必须注意掌握以下技术要领。

投篮技术动作包括两个方面，其一是投篮时的身体姿势，其二是持球手法。

原地投篮时，要两脚前后自然开立，两膝微屈，上体稍前倾，重心落在两脚之间。这样，既便于投篮时集中用力，也利于变换其他动作。移动中接球跳起投篮、运球急停跳起投篮或行进间投篮时，跨步接球与起跳动作既要连贯衔接，又要迅速制动，使身体重心尽快移到支撑面的中心点上，以保证垂直起跳。身体姿势正确就能保证身体重心移动与投篮出手的方向一致，从而保持身体平衡。控制身体平衡是保证出球方向准确的基本条件。

投篮时，无论是单手还是双手，持球时五指都应自然张开，掌心空出，用指根及指根以上部位触球，增大对球的接触面积，以保持球的稳定性，控制球的出手方向。

原地投篮是最基本的投篮方法，是行进间投篮和跳起投篮的基础。原地投篮易于保持身体平衡，便于全身协调用力，比较容易掌握。一般在中、远距离投篮和罚球时运用较多。

1.原地双手胸前投篮

双手持球基本同于双手胸前传球。两肘自然下垂，将球置于胸前，目视瞄准点。两脚前后或左右开立，两膝微屈，重心落在两脚之间。

投篮时，两脚蹬地，腰腹伸展，两臂向前上方伸出，两手腕同时外翻，拇指稍用力压球，食指、中指拨球，使球从拇指、食指、中指指端飞出。球出手后，脚跟提起，身体随投篮出手方向自然伸展（图 4-28）。注意：投篮时，蹬伸踝、膝、髋，双手用力均匀，手腕外翻，手指拨球。

图 4-28　原地双手胸前投篮

2. 原地单手肩上投篮

由双手持球开始，然后将球引至右肩前上方，右臂屈肘，肘关节稍内收，上臂与肩关节约成水平，前臂与上臂大约成 90° 角。右手五指自然张开，手腕后屈，掌心空出，用手掌外缘和指根以上部位托住球的后下方，左手扶球的左侧。原地单手肩上投篮时，随着下肢蹬伸和腰腹伸展，投篮臂向前上方抬肘伸臂，最后力量集中到手腕和手指上，由手腕前屈和手指拨球的动作，使球通过食指、中指的指端柔和地飞出。出手后，全身随球跟送，手臂自然伸直（图 4-29）。通常距离越近，身体其他部分用力越小，多以手腕和手指用力为主；投篮距离越远，身体协调用力越大，对手腕、手指调节力量的能力要求也越高。

图 4-29　原地单手肩上投篮

3. 行进间单手肩上投篮

行进间单手肩上投篮又称行进间单手高手投篮，是在比赛中切入篮下时，常用的一种投篮方法。以右手投篮为例，右脚向前跨一大步时接球，接着左脚蹬地起跳，右腿屈膝上抬，同时双手举球于右肩前上方。腾空后，上体稍后仰，当接近最高点时，向前上方抬肘伸臂，用手腕前屈和手指拨球的力量将球投出（图4-30）。跨步一大二小向上跳，节奏要清楚。出手时，腕、指用力要柔和。

图4-30　行进间单手肩上投篮

4.行进间单手低手投篮

行进间单手低手投篮是在快速跳动或运球超越对手后，在篮下的一种投篮方法，具有伸展距离远和出球平稳的优点。以右手投篮为例。右脚向前跨出一大步的同时接球，左脚跨第二步时用力蹬地，向前上方起跳，右腿屈膝，自然上提。腾空到最高点，右手五指自然张开，掌心向上，托球的下部，右臂向前上方伸展，接近球篮时，利用手腕上挑和手指的拨动，使球向前旋转进入球篮。腾空时身体向前上方充分伸展，举球后保持托球的稳定，腕、指上挑动作柔和协调（图4-31）。

图4-31　行进间单手低手投篮

练一练

（1）单手站姿投篮练习：初学者可在距球篮1.5米处练习（球篮区域或侧面均可），要求抬肘伸臂充分，用手腕前屈和手指的力量柔和地拨球。

（2）定点投篮练习：围绕罚球区0°、30°、45°、90° 等七个点移动投篮。

（五）运球

运球的基本动作是两脚前后或左右自然开立，两膝微屈，上体前倾，抬头平视前方。运球时手臂自然弯曲，以肘关节为轴，用前臂和手指的力量控制球的运动，另一只手臂自然张开，以保护球。

运球的技术动作很多，总体来说分为以下几种。

（1）高运球：在没有对方紧逼的情况下，通常采用这种运球方法。运球时，两腿微屈，目平视，运球手在腰腹间触球，手脚协调配合拍球，使球有节奏地向前运行，如图4-32所示。

（a）　　　　（b）　　　　（c）　　　　（d）　　　　（e）　　　　（f）

图4-32　高运球

（2）低运球：在对手紧逼防守时，为了更好地保护球，通常采用低运球的方法。两腿弯曲，上体前倾，用身体保护球的同时短促地拍球，使球的反弹高度在膝部以下，如图4-33所示。

（3）急停急起运球：就是利用速度的变化来摆脱对手的运球方法，如图4-34所示。

（a）　　　　（b）　　　　（c）　　　　（d）　　　　（e）

图4-33　低运球

（a）　　　　　（b）　　　　　（c）　　　　　（d）　　　　　（e）　　　　　（f）

图 4-34　急停急起运球

（4）体前变向运球：当对手堵截在运球前进路线上时，突然向左或向右改变运球方向，并且交换控球手来摆脱对手的运球方式。以右手为例，用右手拍球的右后上方，把球从右侧拍按到左侧前方，同时向左转体以保护球，然后换手运球，加速前进，如图 4-35所示。

图 4-35　体前变向运球

（5）背后运球：当对手离身体较近时，无法在体前改变方向，可以采用背后运球。以右手为例，变向时右脚在前，右手将球拉至身体右侧后方，迅速拍球的右后方，将球从身后拍至左侧前方，然后换左手加速运球。

（6）胯下运球：当防守队员迎面堵截时，可以用胯下运球来摆脱对手。以右手为例，变向时左脚在前，右手拍球的右上部，将球从两腿之间运至身体左侧，然后上右脚并换手运球，加速前进。

（7）转身运球：当对手离身体较近时，无法在体前改变方向，可用转身运球过人。以右手为例，变向时，以左脚在前为轴做后转身，右手将球拉至身体左侧前方，然后换手运球，加速前进。运球时要尽量降低身体重心，不要上下起伏。

练一练

（1）原地垂直的高、低运球，体会运球的动作要点。

（2）对墙运球练习，提高手腕、手指的控球能力。

（3）体前左、右手交替做推送横运球练习。

（4）体前单手做横推拉运球练习，体侧单手做纵推拉运球练习。

（5）在球场两边线间做直线折回高低运球，要求运球往返时分别用两只手练习，并且抬头看前方。

（6）运球急停急起练习：根据教师信号或以球场的罚球线、中线等横线为标志做运球急停急起。

（六）持球突破

持球突破是持球队员将合理的脚步动作与运球技术结合，快速超越防守队员的一项攻击性很强的进攻技术。在比赛中，及时地把握突破时机，合理地运用突破技术，是直接切入篮下得分的重要手段。持球突破还可打乱对方的防御部署，为同伴创造更多、更好的投篮机会。突破若能巧妙地与投篮、传球等结合运用，使突破技术灵活多变，就能更好地发挥突破技术的攻击力。持球突破可分为原地持球突破和运球中持球突破。根据动作结构可分为交叉步持球突破和同侧步（顺步）持球突破两种。

1. 交叉步持球突破

以右脚做中枢脚为例。突破前，两脚左右开立与肩同宽，两膝微屈，重心控制在两腿之间，持球于胸腹之间。突破时，左脚前脚掌内侧用力蹬地，同时上体右转探肩，贴近对手，球移至右手，左脚交叉步前跨抢位，同时向左脚左斜前方推放球，右脚用力蹬地跨步，加速超越对手（图4-36）。

动作要点：假动作要逼真，蹬地跨步有力，起动突然，四个环节协调连贯。

（a）　　　　　　（b）

（c）　　　　（d）　　　　（e）

图4-36　交叉步持球突破

2. 同侧步（顺步）持球突破

以左脚做中枢脚为例。突破前，两脚左右开立，稍宽于肩，两膝微屈，重心控制在两腿之间，持球于胸腹前。突破时，右脚向右前方跨一大步，同时转体探肩，重心前移，右手放球于右脚侧前方，左脚迅速蹬地并向右前方跨出，加速运球，超越对手（图4-37）。

图4-37　同侧步（顺步）持球突破

动作要点：起动突然，跨步、推放球快速连贯，中枢脚离地前球要离手。

练一练

（1）原地模仿练习。

（2）原地一对一练习。

（3）半场或全场一对一练习。

（4）半场二对二练习。

（七）防守

1. 防守无球队员

（1）防守无球队员的基本要求。

①抢占有利的防守位置，注意人球兼顾。对距离球和球篮近的对手防守要紧，对远离球和球篮的对手可适当放松。

②防止对手摆脱，当对手向篮下切入时，要积极堵截其移动路线，切断其接球路线。

③在必要时，应及时、果断地进行协防、补防，或与相邻的同伴组织夹击和"关门"，积极干扰、阻截对手的进攻。

（2）防守无球队员的基本方法。

①防守位置与距离的选择：要根据球和自己防守对手所处的位置来确定和调整自己

的防守位置。有球的一侧为强侧，无球的一侧为弱侧。当自己防守的对手处在强侧时，因其靠近球，随时都有接到球的可能，所以要全力封锁对手接球，同时要控制对手向篮下切入。防守队员应采取错位防守，即站在对手与球篮之间偏向有球的一侧。当对手处于弱侧时，因其距离球远，威胁较小，为了协助同伴加强对有球一侧的防守，又便于控制篮板球，防守队员应向球和球篮方向靠拢，采取松动防守的方式。防无球队员时，始终要保持"球—我—他"的原则，即防守队员要处于对手与球之间，与对手、球呈钝角三角形。防守距离要根据对手与球、球篮的距离而定，做到近球上、远球放，人、球、区兼顾，控制对手接球。

②站位姿势：在进攻队员离球较近时，应采用面对对手、侧向球的姿势，用两脚将对手罩住。近球手臂扬起，封锁其接球路线；另一手臂平伸，用以协助判断对手向远离球方向的移动。当进攻队员离球较远时，可采用面向球、侧对对手的姿势，两臂自然侧伸，便于断球和进行协防。

③移动步法：防守队员根据球的转移和对手的移动，使用上步、撤步、滑步、交叉步和跑动等脚步动作，堵截对手摆脱移动路线，抢占有利的防守位置，不让对手在有威胁的进攻位置上接球。

2.防守有球队员

（1）防守有球队员的基本要求。

①要站在对手与球篮之间的有利位置上。

②比赛中迅速摸清对手的主要技术特点，以便采取有针对性的防守策略。如对手中远距离投篮较准，则应紧逼以防投篮为主；如对手善于突破，则应保持适当距离，以防突破为主。

③当对手运球停球后，应及时迎上严密防守，并和同伴伺机进行夹击。

（2）防守有球队员的基本方法。

①防守位置：防守队员应位于持球队员与球篮之间。防守距离的远近要根据对手距离球篮的远近和对手的技术特长而定，离球篮近则近，反之则稍远；对手善投则应稍近，对手善突则应稍远。

②防守姿势：由于持球对手的进攻特点、意图及与球篮距离不同，防守姿势也有所差异，但当今大部分采用的是平步防守的步法，即两脚平行站立，两手臂侧伸或在体前不停挥摆。这种步法防守面积大，便于向左右移动，适用于贴身防守，攻击性强，能有效地阻止对手向前的趋势。还有一种斜步防守姿势，即两脚前后站立，前脚同侧手臂上扬，另一手臂平伸。这种姿势便于前后移动。

（八）抢篮板球

（1）抢占位置，要设法抢占在对手与球篮之间的有利位置上（图 4-38）。抢进攻篮板球时要判断球的落点，利用各种假动作冲抢［图 4-39（a）（b）（c）］；抢防守篮板球时要注意用转身挡人的动作先挡人后抢篮板球［图4-39（d）（e）（f）］。无论是抢进攻篮板球还是抢防守篮板球，都要抢占对手与球篮之间的位置。

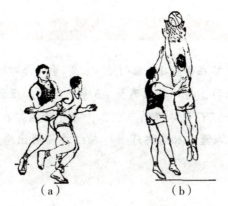

（a）　　　　　　　　　　（b）

图4-38　抢占有利位置

（a）　　　　　　　（b）　　　　　　　（c）

（d）　　　　　　　（e）　　　　　　　（f）

图4-39　抢占对手与球篮之间的位置

（a）(b)(c) 抢进攻篮板球；(d)(e) 抢防守篮板球

（2）起跳动作，起跳前两腿微屈，重心降低，上体稍向前倾，两臂屈肘举于体侧，重心置于两脚之间，注意观察、判断球的反弹方向，及时起跳。起跳时两脚用力蹬地，同时两臂上摆，手臂上伸，腰腹协调用力，充分伸展身体，并控制身体平衡。

（3）抢球分双手抢篮板球、单手抢篮板球和点拨球。双手抢篮板球时，在指端触球的瞬间，双手用力握球，腰腹用力，迅速将球拉入胸腹部位，同时两肘外展，以保护球。单手抢篮板球时，跳起达到最高点，指端触球后，迅速屈指、屈腕、屈肘收臂，将球下拉，另一只手扶球、护球于胸腹部位。点拨球是指在起跳到最高点时，用指端点拨球的侧方、侧下方或下方。进攻抢到篮板球时，或补篮，或投篮，或迅速传球给同伴重新组织进攻；防守抢到篮板球时，或在空中将球传出，或落地后迅速传出，或运球突破后及时传给同伴。

练一练

（1）对墙练习：持球站在离墙 1.5 米的地方，尽量用力对墙掷球、起跳、抢球。

（2）空中大力抢球练习：持球站在离篮 1.5 米的地方，投篮、起跳、抢球。

（3）三对三练习：一组在罚球线的中点上，另外两组站在罚球圈的两侧距篮柜约 1.8 米的位置，各组背对球篮的人为防守员。教练员投篮出手后，防守员立即完成转身、撤步与挡人动作。

四、篮球运动的基本战术

篮球战术是比赛中队员个人技术的合理运用和队员之间相互协调配合的组织形式。

（一）进攻战术的基本配合

1. 传切配合

传切配合（图 4-40）是指进攻队员之间利用传球和切入技术所组成的简单配合。它包括一传一切配合和空切配合。切入队员首先需要掌握切入时机，根据对方的防守情况，利用假动作摆脱，及时、快速地切入篮下，并随时准备接球。传球队员要利用假动作吸引、牵制对手，并采用合理的传球方法，及时、准确地将球传出。

2. 突分配合

突分配合（图 4-41）是指持球队员持球突破后，主动或应变地利用传球与同伴配合的方法。队员突破时要快速、突然，在突破过程中要随时观察场上攻守队员位置的变化，及时、准确地传球。接球队员要把握时机，及时摆脱对手，迅速抢占有利位置接球投篮。

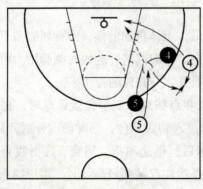

图 4-40　传切配合

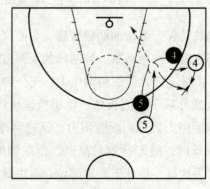

图 4-41　突分配合

3. 策应配合

策应配合（图4-42）是指进攻队员背对篮筐或侧对篮筐接球，由该队员作为枢纽，与同伴空切相配合而形成的一种里应外合的方法。策应队员要及时抢位要球，两手持球护于胸前或头上，接球后结合转身、跨步等动作协助同伴摆脱防守或个人进行攻击。外围传球队员要根据策应者的位置和机会，及时、准确地传给策应队员，做到人到球到，传球后迅速摆脱对手，切入篮下，创造进攻机会。

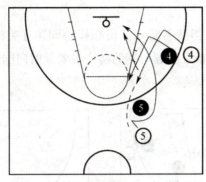

图4-42 策应配合

4. 掩护配合

掩护队员采用合理的行动，用自己的身体挡住同伴防守者的移动路线，使同伴借以摆脱防守，或利用同伴的身体和位置使自己摆脱防守的一种配合方法（图4-43）。掩护要符合规则的规定，掩护队员动作要突然，被掩护队员要用假动作吸引自己的防守队员，不让对方发现同伴的掩护意图。掩护时同伴之间的配合时机非常重要，掩护配合时队员配合要默契，注意动作果断，并根据临场变化，争取第二次机会。

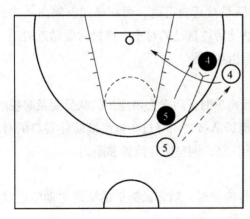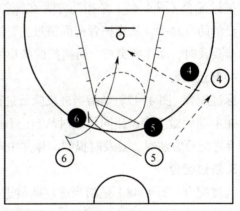

图4-43 掩护配合

（二）防守战术的基本配合

1. 夹击配合

夹击配合（图 4-44）是指两名防守队员有目的地同时采取突然的行动，封堵和围夹持球者的一种配合方法。要选择好夹击的位置和时机。运用夹击的方法时，贴近对方身体要适度，不能犯规。已形成夹击后，其他队员要随时轮转补位，严防对方近球区队员接球，远球区的防守队员要以少防多，选好断球位置。

2. 关门配合

关门配合（图 4-45）是指两名防守队员靠拢协同防守突破的配合方法。防守队员应积极堵截突破的移动路线，临近突破一侧的防守者要及时向同伴靠拢，进行关门，不给突破者留有空隙。

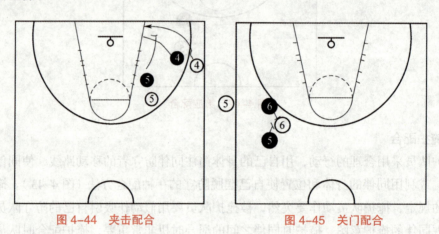

图 4-44　夹击配合　　　　　　　　　　图 4-45　关门配合

3. 挤过配合

挤过配合（图 4-46）是指防守者在掩护队员接近自己时，要积极向前跨出一步，贴近自己的防守对手，从掩护者前面挤过去，继续防住自己的对手。挤过时要贴近对手，向前抢步要及时，动作要突然，防掩护的队员要相互提醒。

4. 穿过配合

穿过配合（图 4-47）是指当进攻队员进行掩护时，防守去做掩护的队员要及时提醒同伴，并主动后撤一步，让同伴及时从自己和掩护队员之间穿过，以继续防住各自的对手。运用穿过配合方法时，要及时提醒同伴并主动让路，调整防守位置和距离。

5. 绕过配合

绕过配合（图 4-48）是指当进攻队员进行掩护时，防守做掩护的队员主动贴近对手，让同伴从自己的身旁绕过，继续防住各自的对手。

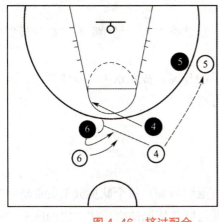

图 4-46　挤过配合　　　　　　　　图 4-47　穿过配合

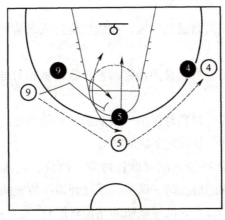

图 4-48　绕过配合

（三）半场人盯人防守

半场人盯人防守基本要求是根据对手所在进攻的强弱区域、与球的距离远近位置、与球篮的位置、与防守队员之间的距离、双方身体素质，以及战术"陷阱区域"等要求和设置来选位，以盯人为主，人球兼顾，近球紧、远球松，要随进攻队员转移球的速度调整自己的移动速度，积极移动，并要主动抢占有利位置，破坏对方的进攻配合及对方主力队员之间的联系，加强防守的伸缩性、立体性、集体性和攻击性。

半场人盯人防守具体要求有以下几点。

（1）对持球队员的防守一般要逼近，大约为一臂间隔的距离，要始终保持在对手和球篮之间的位置上，挥动双手积极干扰对手的投篮、传球、突破等战术行动，控制对手持球手的任意行动。

（2）对不持球队员的防守应该提前判断对方的意图，"看透"对方的进攻意图，抢先切断其接球和移动路线，尤其要严密控制对手，并防止其空切篮下，注意随时调整防守位

置、身体角度和随时准备协防。

（3）在控制对手的基础上，积极迫使持球进攻队员进入"场角"和"事先设置的陷阱区域"进行夹击、抢断和补防。

（4）防守对手的分工，通常是根据双方队员的身高、技术水平、身体素质、攻守特点和攻守位置来考虑，防守队员应尽量与对手实力相当。

（四）区域联防与进攻区域联防

1. 区域联防

区域联防是指由进攻转入防守时，防守队员退回后场，每个队员分工负责防守一定的区域，严密防守进入该区域的球和进攻队员，并与同伴协同防守，用一定的队形，把每个防守区域有机地联系起来，组成区域联防战术。

（1）区域联防的基本要求。

①每个队员必须认真负责自己的防区，积极阻挠进入该防区的进攻队员的行动，并联合进行防守。

②要以防球为重点，随球的转移而经常调整位置，做到人球兼顾，不让持球队员突破和传球给内线防区。

③对进入罚球区附近或穿过罚球区的进攻队员，必须严加防守，切断其接球路线，不让其轻易接球、传球或投球，加强篮下区域防守。

④每个防守队员要彼此呼应，随时准备协防、换位、越区、"护送"等，相互帮助，加强防守的集体性。远离球的后线防守队员，要起到指挥防守的作用。

（2）区域联防的形式和特点。区域联防的站位队形有"2-1-2""2-3""3-2""1-3-1"等。下面主要介绍"2-1-2"区域联防和"2-3"区域联防，如图4-49和图4-50所示，其中阴影区为联防的薄弱区。

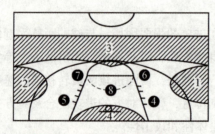 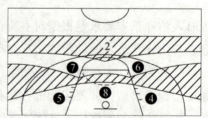

图4-49 "2-1-2"区域联防　　　　图4-50 "2-3"区域联防

"2-1-2"区域联防的优缺点：五个防守队员分布比较均衡，移动距离近，便于相互协作，并能根据进攻队员的特点防守位置、变换防守队形，所以它是区域联防的基本形式。这种防守队形便于控制篮下，有利于抢篮板球和发动快攻。但有薄弱地区，不利于防守这些区域内的中远距离投篮，也不利于在球场底角进行"夹击"防守配合。

（3）区域联防的方法。

示例一：球在外围左侧时的防守移动配合如图4-51所示。⑬传球给⑪，❶向⑪右侧移动，⑬稍向下移动，协助⑫防守，❷站在⑪的侧后方，切断⑪与⑫的传球路线，并防⑫向篮下空切。❺站在⑮的侧前方，注视⑪与⑮的传球路线，减少⑮接球。❸稍向球区移动，既要协助防守篮下，又要堵⑭的背插，还要准备断⑪给⑭的横传球。当⑪投篮时，⑫、⑪、⑮拼抢篮板球。

图 4-51　区域联防方法（一）

示例二：堵截后卫向中锋传球移动的配合如图4-52所示。⑥正要向⑤传球时，❺和❼围守⑤，不让其接球，❹向罚球线中间移动，防⑧空切，❽向罚球区内移动，防④横插和溜底线，保护篮下。

示例三：防左前锋中投与向中锋传球结合的移动配合如图4-53所示。当⑧持球时，❽上前防守⑧，❹和❼围守④，不让其接球，❻向罚球区移动，防⑥空切和保护禁区腹地，❺移动到篮下，防⑤空切和溜底线，并保护篮下。

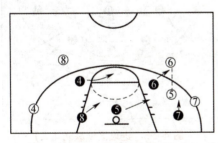 

图 4-52　区域联防方法（二）　　　　图 4-53　区域联防方法（三）

2. 进攻区域联防

进攻区域联防是针对区域联防的特点、队形、方法和变化所采用的进攻战术。

（1）进攻区域联防的基本要求。

①由防守转入进攻时，应首先争取快攻。乘对方立足未稳，尚未组织好防守时进行攻击。

②根据对方区域联防队形，采用有针对性的落位队形组织对薄弱地区的攻击。

③运用传球转移、中远距离投篮等进攻技术，通过"人动""球动"打乱对方防守队形。运用声东击西、内外结合、以多打少等方法，创造投篮机会进行攻击。

④要组织拼抢篮板球，争夺二次进攻机会，同时还要保持攻守平衡，准备及时退防。

（2）进攻区域联防的方法。

①进攻区域联防的队形。常用的进攻阵式有"1-3-1""2-1-2""2-2-1""1-2-2""1-4"等。

②进攻区域联防的方法。

a."1-2-2"进攻方法：这种队形队员分布面广，攻击点多，便于内外联系，左右配合，有利于组织抢篮板球和保持攻守平衡。

示例一："1-2-2"阵形落位进攻"2-3"区域联防，如图4-54所示，⑥、⑧互相传球吸引❻、❼上来防守，⑤插至罚球线准备接球，防守❽也跟上防守，底线拉空，⑥突然将球传给⑦，这时有3个攻击点，第一个是⑦本身投篮，若❹上防⑦，④就是空当，⑦可传给④投篮，同时，⑧从背后插入罚球区，形成⑦、④、⑧进攻❹、❽的以多打少的有利局面，⑦根据情况决定自己投篮或传球给④或⑧投篮。

b."2-1-2"进攻方法：这种队形队员站位有针对性，利于进攻"1-3-1"区域联防，便于内外联系，有利于外线突破。

示例二："2-1-2"阵形落位进攻"1-3-1"区域联防，如图4-55所示，⑦、⑥相互传球，吸引防守，当❻上防⑥时，⑥将球传给⑧；⑧接球后转身投篮。若❽上防，⑧将球传给底线的④，④接球后投篮，若❺上来防守，⑧迅速切入篮下，准备接球进攻，同时，⑤插入罚球区，④根据防守情况，将球传给⑤或⑧投篮。

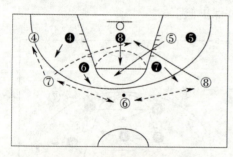

图4-54　进攻区域联防（一）

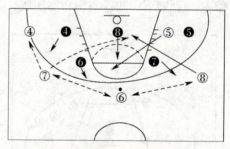

图4-55　进攻区域联防（二）

（五）快攻与防守快攻

1.快攻

快攻是由防守转入进攻时，进攻队以最快的速度、最短的时间，将球推进至前场，争取造成人数上和位置上的优势，以多打少，果断、合理进行攻击的一种进攻战术。快攻可分为发动与接应、推进、结束三个阶段。它可分为以下三种形式。

（1）长传快攻：长传快攻是指队员在后场获球后，立即把球长传给迅速摆脱对手的快下队员。

（2）短传（结合运球推进快攻）：短传是指防守队员获球后，立即快速、短距离传球，直逼对方篮下进攻。

（3）运球突破快攻：运球突破快攻是指防守队员获球后，利用运球技术超越防守，自己投篮或传球给比自己投篮机会更好的同伴进行攻击的方法。

快攻发动的时机包括抢到后场篮板球时，掷后场界外球后，抢、断球后，跳球时。

2. 防守快攻

篮板球是发动快攻的主要先决条件之一，积极地与对方争抢前场篮板球是防止发动快攻的重要步骤。

知识拓展：篮球运动
竞赛规则简介

（1）有组织、积极地堵截对方发动快攻的第一传，是防守快攻的关键。

（2）防守快下队员。快下队员是对方长传快攻的主要成员，如果快下队员接到球，将给防守造成极大的困难。因此，当对方抢获篮板球时，外线队员要迅速退守，在退守过程中，控制好中路，堵截快下路线，紧逼沿边线快下的进攻队员，切断对方长传球的路线。

（3）提高以少防多的能力。当对方发动快攻并迅速地向前场推进时，防守队往往来不及全部退防，出现以少防多的局面。提高一防二、二防三的能力，重点防篮下，为同伴回防赢得时间，这就必须提高个人防守能力及同伴之间的相互补防能力。

任务三 排球运动

一、排球运动的起源与发展

排球运动是用双手做发球、垫球、传球、扣球和拦网等动作来组织进攻和防守的球类运动项目之一。排球英文名称"volleyball"的原意是击空中球或"空中飞球"。排球分为室内排球和沙滩排球两种。

排球于19世纪末始创于美国。1895年，美国马萨诸塞州霍利奥克市基督教男子青年会体育干事威廉·摩根认为当时流行的篮球运动过于激烈，于是创造了一种比较温和的、老少皆宜的室内游戏。1896年，美国普林菲尔德市私立学校的艾特哈尔斯戴特博士把摩根发明的这一游戏起名为"volleyball"，并沿用至今。1896年，在斯普林费尔德体育专科学校举行了世界上最早的排球比赛。1897年，摩根制订了排球比赛的规则，这有力地推动了排球运动的发展。排球运动约在1900年传到印度，1905年传入中国。

1947年，排球运动世界性组织——国际排球联合会成立。1964年，排球被列为奥运

会正式比赛项目。1998 年，国际排球联合会决定增设自由人的位置，并改用蓝、黄、白三色排球进行比赛。

二、排球运动的特点

1. 广泛的群众性

排球场地、设备简单，比赛规则容易掌握。既可以在球场上比赛和训练，也可以在一般空地上活动，运动量可大可小，适合不同年龄、不同性别、不同体质、不同训练程度的人。

2. 技术的全面性

规则规定，每个队员都要进行位置轮转，既要到前排扣球与拦网，又要到后排防守与接应。要求每个队员都要全面地掌握各项技术，能在各个位置上比赛。

3. 高度的技巧性

规则规定，比赛过程中球不能落地，不得持球、连击。击球时间的短暂、击球空间的多变，决定了排球的高度技巧性。

4. 激烈的对抗性

在排球比赛中，双方的攻防转换始终是在激烈的对抗中进行的。在高水平比赛中，对抗的焦点在于网上的扣球与拦网。在一场比赛中，夺取一分往往需要经过六七个回合的交锋。水平越高的比赛，对抗争夺也就越激烈。

5. 攻防技术的两重性

排球是多种技术都可以得分，但同时也能失分的项目，这种情况在决胜局比赛中更加突出，所以说每项技术都具有攻防的两重性，因此，要求技术既要有攻击性，又要有准确性。

6. 严密的集体性

排球比赛是集体比赛项目，除发球外，都是在集体配合中进行的。如果没有严密的集体配合，再好的个人技术也难以发挥，更无法发挥战术的作用。水平越高的队，集体配合就越严密。

◀)) 延伸阅读

排球运动的锻炼价值

（1）增进健康、强健体魄。根据排球运动的特点，参加排球运动不仅能提高人们的力量、速度、灵活、耐力、弹跳、反应等身体素质和运动能力，还能改善身体各器官、系统的机能状况。

（2）培养与锻炼良好的心理素质。排球运动能培养机智、果断、沉着、冷静等心理素质。

（3）培养勤奋、助人、拼搏的优秀品质。通过排球比赛和训练，可以培养团结战斗的集体主义精神；可以锻炼胜不骄、败不馁、勇敢顽强、克服困难、坚持到底的良好品质。

（4）培养人的信息意识，提高配合及应变能力。排球运动是一项依靠判断、集体配合取胜的球类竞赛。准确地判断并预测将要发生的情况而迅速作出决策已成为制胜因素之一。因此，运动员在场上要相互协调，并不断观察同伴的意图，才能默契地与之合作。

三、排球运动的基本技术

知识拓展：沙滩排球

排球运动的基本技术是指运动员在比赛中采用的各种合理击球动作和未完成击球动作时必不可少的其他配合动作的总称。

发球、垫球、传球、扣球和拦网是排球运动中 5 项完整的击球动作，又称有球技术。凡是没有触及球的各种准备姿势、移动、起跳及前仆、滚翻、鱼跃、倒地等均为配合动作，或称无球动作。合理的击球动作和配合动作，首先要满足规则的要求，符合人体解剖学和运动生物力学的原理，同时要结合个人的特点。完成动作时要做到协调、轻松、正确、省力，能够充分发挥人的体能和技能，能充分运用时间和空间的变化。

（一）准备姿势

如图 4-56 所示，按照身体重心的高低，准备姿势可分为半蹲准备姿势、低蹲准备姿势和稍蹲准备姿势 3 种。

图 4-56 发球准备姿势

（1）半蹲准备姿势。两脚左右开立，稍比肩宽，一脚在前，两脚尖稍内收，两膝弯曲成半蹲状态。脚跟稍提起，身体重心稍向前倾，两臂放松，自然弯曲，双手置于腹前。身体适当放松，两眼注视来球，两脚始终保持微动。

（2）低蹲准备姿势。两脚左右、前后开立的距离比半蹲准备姿势更宽一些，两膝弯曲的程度更大一些，身体重心更低、更靠前，膝部的垂直线超过脚尖，两手臂置于胸腹之间。

（3）稍蹲准备姿势。稍蹲准备姿势比半蹲准备姿势身体重心稍向前移，两膝弯曲程度小于半蹲准备姿势。动作方法与半蹲准备姿势基本相同。

练一练

（1）成两列横队，在教师指导下做各种准备姿势。

（2）两人一组，一人做准备姿势，另一人纠正其错误动作，两人交换进行。

（二）移动

移动是指运动员从起动到制动之间的位置移动和动作。它是由起动、移步、制动三个环节所组成的。移动的目的在于使身体尽快接近来球，将球合理地击出。根据来球的速度和距离，可以采取以下四种脚步移动方法。

（1）跨步法。当来球较低、距离身体一到两步之间时，可采取此法。移动时一脚蹬地，一脚向来球方向跨出一大步。上体前倾，使重心移至跨步腿上，另一腿适当伸直或随重心移动而跟着上步成击球的准备姿势。

（2）并步法。一脚先迈出一步，同时另一脚用力蹬地。当前脚落地时，另一脚迅速跟上，形成击球前的准备姿势。连续并步即为"滑步"。

（3）交叉步。若向右移动，上体稍向右转，左脚从右脚前向有交叉地迈出一步，然后右脚再向右跨出一步，同时身体转向来球方向，迅速形成击球前的准备姿势。

（4）跑步法。球的落点距离身体较远时，采用跑步法。跑步时，应迅速起动，跑动的最后阶段要逐渐降低重心，做好击球前的准备姿势。

练一练

（1）成半蹲准备姿势，向教师手指的方向做各种步法的移动。

（2）两人一组相对站立，一人跟随另一人做同方向的移动。

（3）以滑步和交叉步进行3米往返移动，手触及两侧线。

（4）两人一组，一人持球向不同方向抛出2～3米，另一人移动对准球，用双手在额前接住球。

（5）成纵队立于网前，依次接教师抛向场地不同方向及不同弧度的球。

（三）发球

比赛总是以发球开始的，有威力的发球可以直接得分或破坏对方的一传，起到先发制人、争取主动的作用，在心理上给对方以威胁。如果发球失误或发球后对方能很容易地组织进攻，就会直接失去发球权，给本方防守带来困难。因此，发球既要有攻击性，又要有准确性。发球时队员应在发球区内，不得踏及端线和踏过发球区的短线及延长线。一只手平稳地将球向上抛起，用另一只手或手臂的任何部位将球击入对方场区，在触球的一刹那即完成发球。发球技术分类如图4-57所示。

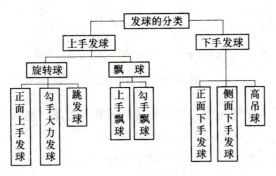

图4-57　发球技术分类

（1）下手发球。下手发球的动作如图4-58所示。

图4-58　下手发球

①准备姿势：面对球网，两脚前后开立，左脚在前，两膝微曲，上体前倾，重心偏后脚，左手持球于腹前，右臂自然下垂。

②引臂：击球的同侧手臂直臂向后摆动。

③抛球：左手将球平稳地向上托送，竖直抛起，抛球高度为30 cm左右。

④挥臂击球：右腿蹬地，身体重心随着右臂的直臂前摆而前移，在腹前用掌的坚硬部位击球的后下部。重心随击球动作前移，迅速进场比赛。

（2）上手发球。正面上手发球如图4-59所示。

①准备姿势：面对球网站立，两脚自然开立，左脚在前，左手持球于体前。

图4-59　正面上手发球

②抛球：左手将球平稳地垂直抛于右肩的前上方，抛球高度为1.5米左右。

③引臂：屈肘后引，上体稍向右转，手停于耳旁。

④挥臂击球：收腹、振胸、挂肘，上臂带动前臂向前上方弧形挥摆，伸直手臂，在肩的上方用全掌击球的后中部。

⑤击球手法：全手掌包裹推压击球，使球呈上旋飞行。

（3）飘球。发球时以手掌根的坚硬部位，短促、有力地击球，使作用力线通过球心。球不旋转，但运行中因周围空气对球的压强不同而产生上下或左右的飘晃，常使接发球队员判断失误，从而增加了发球的威力，在比赛中被广泛运用。按发球的姿势，可分为正面上手发飘球（图4-60）和勾手发飘球。发出的球有前冲飘球、下沉飘球、高飘球、平飘球等。

图4-60　正面上手发飘球

（4）旋转球。发球时击球体中心的某一侧，使球产生旋转。旋转球转速快、力量大，可以使对方判断错误而造成接发球失误。按发球的姿势，有正面上手发旋转球、勾手大力发旋转球、侧面下手发旋转球三种。按球发出后的性能变化，有上旋球、下旋球、左旋球和右旋球。

（5）高吊发球。发球队员曲肩对网站立，球抛至右肩前方，与肩同高。以虎口击球下部，前臂向上猛挥使球经高空落入对方场区。其特点是旋转性强、弧度高、下降速度快，接发球队员难以判断落点，从而破坏接发球一传的到位率。

练一练

（1）单手抛球练习。
（2）结合抛球进行引臂和挥臂练习，抛球、引臂、击球动作要协调。
（3）近距离的隔网发球练习。
（4）在发球区内向对方场区发球。
（5）在发球区内向指定区域发球。

（四）垫球

垫球在比赛中主要用于接发球、接扣球、接拦回球及防守和处理各种困难球。现将几种常用的垫球技术介绍如下。

（1）正面双手垫球。正面双手垫球是双手在腹前垫击来球的一种垫球方法，是各种垫球技术的基础，是最基本的垫球方法，适合接各种发球、扣球和拦回球，在困难时也可以用来组织进攻。

如图 4-61 所示，正面双手垫球的基本手型有抱拳式、叠掌式和互靠式。

正面双手垫球在垫轻球、垫中等力量来球和垫重球时，其动作方法是有一定区别的。

图 4-61 正面双手垫球基本手型

①垫轻球。如图 4-62 所示，采用半蹲准备姿势，当球飞来时，双手呈垫球手型，手腕下压，两臂外翻，形成一个平面，当球飞到腹前一臂距离处时，两臂夹紧前伸，插到球下，向前上方蹬地抬臂，迎击来球，利用腕关节以上 10 厘米左右处的桡骨内侧平面击球的后下部，身体重心随击球动作前移。击球点保持在腹前一臂距离处。

图 4-62 垫轻球

②垫中等力量来球。动作方法与垫轻球相同，来球有一定力量，因此击球动作要小，速度要慢，手臂适当放松。

③垫重球。根据来球的高低和角度，采用半蹲或低蹲准备姿势，击球时采用含胸、收腹的动作，帮助手臂随球屈肘后撤，适当放松，以缓冲来球力量。在撤臂缓冲的同时，用微小的小臂和手腕动作控制垫球的方向和角度。

（2）体侧垫球。左侧垫球（图4-63）时，以右脚前脚掌内侧蹬地，左脚向左跨出一步，身体重心随即移至左脚，并保持左膝弯曲，两臂夹紧向体侧伸出，左臂高于右臂，右肩向下倾斜，再用向右转腰和收腹的力量，配合两臂在体侧截击球的后下部。

图4-63 左侧垫球

（3）跨步垫球。如图4-64所示，跨步垫球时，当判断来球的落点后，迅速向来球方向跨出一大步，屈膝深蹲，臀部下降，两臂夹紧伸直插入球下，用两前臂的内侧平面击球的后下部，对准垫出方向，将球平稳垫起。

（4）单手垫球。单手垫球时可采用各种步法接近球，可采用虎口、半握拳、掌根、手背及前臂内侧击球。

图4-64 跨步垫球

练一练

（1）原地徒手模仿完整的垫球动作。

（2）一人持球固定在小腹前高度，另一人从准备姿势开始，做垫击模仿动作。

（3）自垫练习：原地连续向上垫球练习。

（4）两人一组，相距3～4米，一抛一垫，要求抛垫到位。

（5）两人一组，相距3米，左右抛球，另一人移动垫球。

（6）两人一组，相距3～4米连续对垫。

（7）一人一球，对墙自垫练习。

（8）两人一组，相距9米左右，一人发球，另一人将球垫到指定位置。

（五）传球

（1）正面传球。正面传球可从以下几点加以描述。

①准备姿势：看清来球，迅速移动到球的落点，对正来球，两脚左右开立，约同肩宽，左脚稍前，后脚脚跟稍提起，两膝微屈，上体稍前倾。两臂弯曲置于胸前，两肘自然下垂，两手成传球手型，眼睛注视来球方向。

②击球点：击球点在额前上方约一球距离处。

③传球手型：当手触球时，手腕稍后仰，两手自然张开，手指微屈成半球状。两拇指相对，成"一"字形或"八"字形，两拇指间的距离不能过大，以防漏球，如图4-65（a）所示。

④击球用力：当来球接近额前时，开始蹬地、伸膝、伸臂，两手微张迎球，以拇指内侧、食指全部、中指的二三指节触球的后下部，无名指和小指触球的两侧。手触球时，指腕保持适当紧张，以承担球的压力。用手指的弹力、手臂和身体协调的力量将球传出，如图4-65（b）所示。

（a）　　　　　　　　　　（b）

图4-65　正面传球
（a）传球；（b）击球

（2）背传。向后上方的传球，称为背传（图4-66）。背传的准备姿势比正传时稍直立，身体重心在两脚之间，不要前倾，双手自然抬起，放松置于脸前。当判断一传来球之后，迅速移动到球下，双手抬起，手触球时，手腕适当后仰，掌心向上，在额上方击球的下部。传球时，用蹬地、展腹、抬臂、向后翻腕及手指的弹力把球向后上方传出。

（3）跳传。跳传的起跳最好是向上垂直起跳，要掌握好起跳的时间，起跳过早或过晚都会影响传球的质量。根据一传球的高低，及时起跳，两手放在脸前，当身体上升到最高点时，靠伸臂动作和手指手腕的弹击力量将球传出。在空中无支撑点，用不上蹬地力量，只有靠伸臂动作将球传出，因此，必须在身体下降前传球出手，才能控制传球力量，如图4-67所示。

图 4-66　背传

图 4-67　跳传

练一练

（1）成两列横队，随教师口令做徒手传球。

（2）每人一球，向自己头顶上方抛球，然后用传球手型接住，自我检查手型。

（3）连续自传，传球高度不低于50厘米。

（4）两人一组，抛传球。

（5）两人一组，对传练习。

（6）两人一组，隔网对传练习。

（六）扣球

（1）正面扣球。正面扣球是扣球技术中一种重要的方法，是在比赛中运用得最多的一项进攻性技术，适用于近网和远网扣球。

①准备姿势：两脚自然开立，两膝微屈，上体稍前倾，观察二传来球。

②助跑：左脚先向前迈出一步，接着右脚迅速跨出一大步，左脚及时并上，落在右脚侧前方，两脚尖稍向右准备起跳。

③起跳：两臂自后积极向前摆动，随双腿蹬地向上起跳，两臂协调配合起跳动作，用力上摆。

④空中击球：接近最高点时用正面上手大力发球的挥臂动作在右肩前上方击球的中上部。

⑤落地：完成击球动作后，身体自然下落，应尽量先用双脚的前脚掌着地，同时顺势屈膝，缓冲身体下落的力量。

（2）勾手扣球。扣球的一种。利用身高和弹跳优势，将球从拦网者手的上空击入对方场区。这种扣球线路较长，落点较远。队员起跳后利用收胸动作带动手臂挥动，以手掌甩腕击球的后中部或后中下部，手腕有包击动作，球呈前旋飞行。

练一练

（1）做一步助跑起跳、两步助跑起跳练习，注意动作协调性。

（2）徒手做助跑起跳练习。

（3）徒手做挥臂练习。

（4）两人一组，一人持球高举固定球，另一人做扣球练习。

（5）连续对墙扣反弹球。

（6）4号位扣教师抛来的球。

（7）4号位扣教师的传球。

（七）拦网

（1）单人拦网。单人拦网是集体拦网的基础。如图4-68所示，其动作结构分为准备姿势、移动、起跳、空中动作和落地5个互相衔接的部分。

①准备姿势。队员面对球网，两脚左右开立，约与肩同宽，距网30～40厘米。两膝微屈，两臂屈肘置于胸前。

②移动。常用步法有一步、并步、交叉步、跑步等。无论采用哪种移动步法，都要做好制动动作，以保证向上起跳，避免触网和冲撞同队队员。

③起跳。原地起跳时，两腿屈膝，重心降低，随即用力蹬地，两臂以肩发力，于体侧近身处，做划弧或前后摆动，帮助身体迅速跳起。移动后的起跳，其起跳动作与原地起跳一样，但要注意制动并使移动与起跳动作紧密衔接。

图 4-68　单人拦网

④空中动作。起跳时，两手从额前沿球网向上方伸出，两臂伸直并保持平行，两肩上提。拦网时，两臂应伸过网去接近球。两手自然张开，屈指屈腕成半球状。当手触球时，两手要突然收紧，手腕下压，盖在球的前上方。

⑤落地。拦球后，要做含胸动作，以保持身体平衡。手臂要先后摆或上提，从网上收回至本方上空，再屈肘向下收臂，以保持身体平衡。与此同时屈膝缓冲，双脚落地，随即转身面向后场，准备接应来球或做下一个动作准备。

（2）双人拦网。双人拦网是集体拦网的主要形式，它是由前排两个相邻的队员同时起跳拦网所组成的，目的是增大拦网面积。双人拦网一般应该以其中一人为主，另一人协同配合，距扣球点较远的队员应主动向扣球点移动。两人起跳时，应保持适当的距离，避免互相干扰。起跳后，手臂要靠近，手掌之间的距离应小于一个球，四只手应在球网上沿形成一道屏障，阻拦对方扣球进攻的主要路线。

练一练

（1）原地做拦网的徒手动作练习。

（2）由 3 号位向 2、4 号位移动拦网徒手练习。

（3）低网扣拦练习：两人一组，原地一扣一拦。

（4）结合扣球练习拦网技术。

四、排球运动的基本战术

（一）阵容配备

阵容配备是合理地调动本队队员的一种组织形式。其目的在于把全队的力量有效地组织起来，扬长避短，最大限度地发挥每一个队员的作用和特长。

阵容配备的形式有如下几种。

1."三三"配备

由三名进攻队员和三名二传队员组成，站位时，一名进攻队员间隔一名二传队员。目前采用这种配备形式的队比较少，一般适用于初学者和水平较低的队。

2."四二"配备

由四名进攻队员（两名主攻队员与两名副攻队员）和两名二传队员组成，他们分别站在对角的位置上。这样每个轮次前后排都能保持有一名二传队员、两名进攻队员，便于组织和发挥本队的攻击力量。目前，在水平一般的球队中，大多采用这种配备形式（图4-69）。

3."五一"配备

由五名进攻队员和一名二传队员组成。这种阵容配备的优点是拦网和进攻力量得到加强，一个二传队员的打法，全队容易建立默契。但二传队员在前排时，只有两点攻，要充分利用两次球、吊球及后排扣球等战术突袭对方，弥补"五一"配备的不足。目前在水平较高的队中普遍采用这种配备形式（图4-70）。

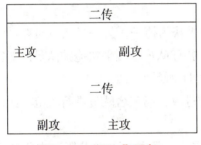

图4-69 "四二"配备

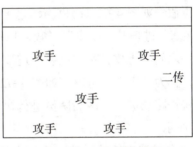

图4-70 "五一"配备

（二）排球运动中的个人战术

（1）发球个人战术的运用。发球个人战术的主要运用有变换发球方法，变换发球力量、落点和飞行幅度；对方正处于进攻较弱的轮次时，应注意发球的稳定性；"找人"发球，发给连续失误、信心不足、情绪急躁或刚上场的队员等。

（2）扣球个人战术的应用。避强打弱，避重就轻。从对方身体矮、弹跳力差或拦网能力差的队员的拦网区域进行突破。扣球落点尽量找人、找点，向防守技术差的队员或对方空当扣球。

（3）防守个人战术的应用。集中注意力观察对方进攻的意图和本方拦网的情况，在接球前作出正确的判断，选择有利位置，当判断出对方进行大力扣球而本方已布置好拦网时，重点防守未拦到的线路或防打手出界的球；而对方扣球变吊球时，则要快速前压防守。

（三）进攻战术

1. "插上"进攻战术

如图 4-71 所示，后排二传手分别从 6 或 5 号位充分利用球网全长，突破对方的防线，由后排担任二传手的队员插到前排传球，以保持前排三点进攻的战术。注意：发球时，二传手必须在发出球后方可移动"插上"，否则要被判为越位犯规。同时，不要影响其他运动员接球，"插上"队员传球后，应立即对进攻队员进行保护，防拦回球或后撤防守。

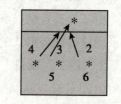

图 4-71 "插上"进攻战术

2. 进攻战术的各种打法

（1）平快掩护。2、4 号位平拉开进攻、3 号位中间短平快进攻的战术形式，如图 4-72（a）所示。

（2）交叉进攻。两名队员采用交叉跑动路线换位进攻的形式，目的在于扰乱对方盯人拦网的布置，如图 4-72（b）所示。

（3）重叠进攻。两名队员几乎在同一点上进行不同时间的进攻，呈重叠之势，使拦网人难以判断真假，如图 4-72（c）所示。

（4）"夹塞"进攻与"串平"进攻。以短平快为掩护，另一进攻队员跑动"夹"在传球手与快攻手之间的进攻，称"夹塞"进攻，扣球队员在短平快掩护队员的背后打平拉开快球的进攻，称为"串平"进攻，如图 4-72（d）所示。

（5）双快一跑动进攻。两名队员进行快球进攻，第三名队员进行大范围跑动进攻，如图 4-72（e）所示。

（6）前后排互相掩护的进攻。也称立体进攻，优点是可以发挥进攻队员人数上的优势，进攻点多，扩大了进攻的纵深范围，如图 4-72（f）所示。

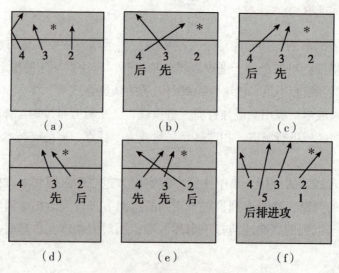

图 4-72 进攻战术的各种打法

（四）防守战术

1.单人拦网防守战术

单人拦网防守战术是最基础的防守配套形式，在水平高的比赛中也时常被迫采用。一般情况下，多采用拦对方相应位置的攻手的方式，邻近的队员则后撤保护，也可以由本队一名拦网好的队员专门拦网，不拦网的队员则后撤保护。

知识拓展：排球运动竞赛规则简介

2.双人拦网防守战术

由前排2人拦网，其他队员组成防守阵形。

（1）"边跟进"防守阵形：防守队员取位呈半圆形，"边"上1号位的队员重点防守心和边的吊球。这种阵形有利于防对方的大力扣杀，其弱点是在防吊球时，中心的空当太大，为此便出现了"死跟"和"活跟"的变化，如图4-73所示。

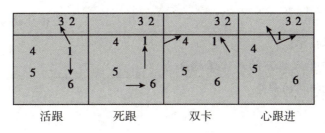

图4-73　边跟进与心跟进

①活跟。1号位队员根据判断来决定是"退守长线"还是"跟进防吊"的灵活布置，就是活跟。当前压跟进时，要求6号位队员及时补直线，4、5号位队员积极策应，前排拦网则要拦住中区。

②死跟。对方进攻无论是扣球还是吊球，1或4号位防守直线的队员皆固定跟进防吊球，6号位固定防守直线，这就是死跟，其在对方吊球多、直线进攻少时运用较多。

③双卡。当对手攻击力不强、吊球多时，采取4或2号位前排队员向内后撤，1或5号位队员直线半跟的方式，形成"双卡"防守阵式。

（2）"心跟进"防守阵形：在本方拦网好、对方运用吊球多的情况下采用，除心跟进队员外，其他队员扼守各自的位置。但因后场只有两人防守，后场中央和两腰容易造成空当，如对方进攻多变、突破点多，则不宜采用这种防守形式。

> **思考与练习**

一、填空题

1.无球跑动中所设计的动作运用，可大致归为 _____、_____、_____、

_____、_____和_____。

2._____是传出准确的短距离地面球的最可靠技术。

3.脚内侧传弧线球的助跑方向为_____，这有助于加大踢球腿的摆幅，支撑脚的选位在球的侧方稍后一点，脚尖指向_____。

4.篮球运动基本站立姿势：两脚_____或_____开立，两脚之间距离与_____同宽，全脚掌着地，两膝_____，大小腿之间的角度约为_____，身体重心落在_____，上体略微前倾，两臂屈肘，自然下垂置于体侧，两眼平视，注视场上情况。

5.篮球运动中_____是指两名防守队员有目的地同时采取突然的行动，封堵和围夹持球者的一种配合方法。

6.篮球运动中_____是指进攻队员之间利用传球和切入技术所组成的简单配合。它包括_____和_____。

7._____、_____、_____、_____和_____是排球运动中5项完整的击球动作，又称有球技术。

8.排球运动中单人拦网的动作结构分为_____、_____、_____、_____和_____5个互相衔接的部分。

二、简答题

1.什么是足球运动中的强行突破技术？

2.足球运动中交叉掩护配合成功的要素是什么？

3.简述篮球运动中突分配合的基本战术。

4.篮球战术中区域联防的基本要求是什么？

5.排球运动中，什么是飘球？如何发飘球？

6.简述排球运动中正面扣球的技术。

项目五
三小球类运动

📝 学习目标

知识目标：

了解乒乓球、羽毛球、网球运动的起源与发展，乒乓球、羽毛球、网球运动的特点；掌握乒乓球、羽毛球、网球运动的基本技术与基本战术。

能力目标：

能够熟练掌握乒乓球、羽毛球、网球运动的基本技术，积极参与体育活动；提高心肺功能、增强肌肉力量和耐力，促进身体健康发展。

素质目标：

培养学生的体育道德和品质，使他们在日常生活中也能够遵循这些原则，成为有道德、有责任感的人。

任务一　乒乓球运动

一、乒乓球运动的起源与发展

乒乓球也被称为我国的"国球"，是一种世界流行的球类体育项目。它的英语官方名称是"table tennis"，即"桌上网球"。"乒乓球"一名起源于 1900 年，因其打击时发出"Ping Pong"的声音而得名，在中国内地就以"乒乓球"作为它的官方名称，中国香港及澳门等地区也同时使用。然而，中国台湾和日本则称其为桌球，意指球桌上的球类运动。

乒乓球单人比赛原来一般采取三局两胜或五局三胜制（每局 21 分），2001 年改为七局四胜制或五局三胜制（每局 11 分），所谓"局"，英文是"set"。发球叫"serve"。

乒乓球起源于英国，欧洲人至今把乒乓球称为"桌上网球"，由此可知，乒乓球是由

117

网球发展而来的。19世纪末，欧洲盛行网球运动，但由于受到场地和天气的限制，英国有些大学生便把网球移到室内，以餐桌为球台，以书为球网，用羊皮纸作为球拍，在餐桌上打来打去。

20世纪初，乒乓球运动在欧洲和亚洲蓬勃发展起来。1926年，在德国柏林举行了国际乒乓球邀请赛，后被追认为第一届世界乒乓球锦标赛，同时成立了国际乒乓球联合会。

1904年，上海一家文具店的老板王道午从日本买回10套乒乓球器材。从此，乒乓球运动传入中国。

1959年，容国团获得了第二十五届世界乒乓球锦标赛男子单打冠军后，中国运动员开始登上了国际乒坛，逐渐形成了以"快、准、狠、变"为技术风格的直拍近台快攻打法。

现在，乒乓球已发展成为各国人民喜爱的运动项目之一。国际乒乓球联合会也已拥有127个会员协会，是世界上较大的体育组织之一。由国际乒乓联合会和各大洲乒乓联合会举办的世界锦标赛、世界杯赛、洲际比赛及各种规模和形式的国际比赛不胜枚举。1982年，国际奥委会关于从1988年起把乒乓球列为奥运会正式比赛项目的决定，激起世界各国对乒乓球运动的进一步重视，推动了乒乓球运动的更快发展。

二、乒乓球运动的特点

1. 球小、速度快、旋转性强、变化多

乒乓球运动的设备比较简单，在室内室外都可以进行。从事乒乓球运动的运动负荷可大可小，不同年龄、不同性别、不同身体条件的人均可根据自身的身体情况参加此项活动。它可由两人组成单打比赛，四人组成双打比赛，也可由不同性别组成男女混合双打比赛。因此，乒乓球运动是深受人们喜爱的体育项目之一。

2. 经常参加乒乓球运动，可增强体质，促进身体的全面发展

打乒乓球时，因球在空中的飞行速度快，所以要求参与者对来球的方向、速度、旋转、落点等进行的全面观察和判断，并立即移动步法，调整击球的位置与拍面角度，进行挥拍击球。在各种复杂、激烈的竞赛中，高水平运动员还必须从一个动作、战术转变到另一个动作、战术。乒乓球比赛要求参与者思想集中、反应快，神经系统特别是视觉神经系统要处于良好的兴奋状态。因此，经常参加乒乓球运动，能有效地提高中枢神经系统的反应能力，以及人机智灵活、动作迅速的反应能力，并发展人体各方面的协调性和灵敏性。

据有关资料，在紧张的乒乓球比赛中，优秀的运动员一天挥拍击球的次数可达万次以上，两腿移动距离可达千米，而且心脏跳动的次数也会增加。因此，经常参加乒乓球运动可以增强参与者的上下肢、腰腹部的肌肉力量，还可以增强内脏器官和心血管的功能，促进身体的全面发展。

3. 具有很强的对抗性

乒乓球运动既是一项对抗性很强的竞赛项目，同时也对培养参与者的团结友爱、互相配合、互相帮助、机智果断、沉着冷静、勇敢顽强等优良品质有着积极的作用。

◀)) 延伸阅读

乒乓球运动的锻炼价值

（1）可以有效地提高人的身体素质。长期参加乒乓球运动，随着水平的不断提高，活动范围的加大，运动量的加大，不仅使速度素质、力量素质和身体的灵敏性、协调性得到相应提高，而且使肌肉发达、结实、健壮，关节更加灵活、稳固。

（2）可以调节、改善神经系统灵活性。增强中枢神经系统对其他系统与器官的调节能力，提高反应速度。打乒乓球时，球在空中飞行的速度是很快的，正手攻球只需0.15秒就可到达对方台面。在这样短暂的时间内，要求运动员对高速运动来球的方向、旋转、力量、落点等全面进行观察，迅速作出判断，并及时采取对策，迅速移动步法，调整击球的位置与拍面角度，进行合理的还击。而这一切活动都是在大脑指挥下进行的。经常从事乒乓球练习，可大大提高神经系统的反应速度。

（3）可以改善心血管系统和呼吸系统的功能。经常参加乒乓球运动，能使心血管系统的结构和机能得到改善，心肌变得发达、有力，心容量加大，每搏输出量增多。一般健康成年男子安静时心率为 65～75 次/秒，成年女子为 75～85 次/秒；而受过乒乓球训练的运动员，安静时，男子心率为 55～65 次/秒，女子为 70 次/秒左右。能使心搏徐缓、血压降低，可以提高心脏的工作效率，有利于身体的新陈代谢，提高整个身体机能水平。

（4）可以提高心理素质。乒乓球是竞技运动。由于竞争激烈，成功和失败的条件经常转换，参赛者情绪状态也非常复杂。参赛者经受这些变幻莫测、胜负难料的激烈竞争的锻炼，体验了种种情绪。同时，在比赛中要对对方的战术意图进行揣摩，把握自己的战术应用，因此使练习者的心理素质得到了很好的锻炼。

（5）可以促进交流，增加友谊。通过参加乒乓球运动，可以相互交流经验，切磋球技，达到相互学习、共同提高、建立良好人际关系的目的。

（6）可以使人心情舒畅、精神愉快。乒乓球运动是一种高尚的文化娱乐活动，能使人们在精神上得到一种乐趣和享受，具有锻炼意志、调节感情的功效。

三、乒乓球运动的基本技术

（一）握拍法

（1）直式握拍法。直式握拍法的特点是正反手都用球拍的同一面击球，一般情况下，不需要两面转换，出手较快；正手攻球快速有力，攻斜、直线球时拍形变化不大，对手不易判断，便于从速度、球路和力量上取得主动；手腕动作灵活，发球可有较多变化。但反手攻球时，因受身体阻碍较难掌握，不易起重板；攻削交替时手法变化大，影响击球速度和准确性；防守时照顾面积较小。直式握拍法的手势如图 5-1 所示。

背面图　　　　　标准握法　　　　　正面图

图 5-1　直式握拍法手势

（2）横式握拍法。横式握拍法的特点是照顾的面积比直式握拍法大，攻球和削球时握拍的手法变化不大；反手攻球不受身体阻碍，便于发力；削球时用力方便，便于发挥手臂的力量和掌握旋转变化。但在不定期击左右两面来球时，需要转动拍面，动作大，影响摆臂速度；攻直线球时，动作明显被对方识破；台内正手攻球较难掌握。横式握拍法的手势如图 5-2 所示。

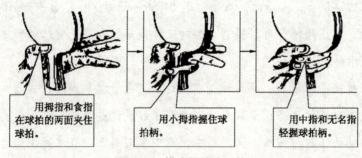

用拇指和食指在球拍的两面夹住球拍。　　　用小拇指握住球拍柄。　　　用中指和无名指轻握球拍柄。

图 5-2　横式握拍法手势

（二）准备姿势

准备姿势是指击球员准备击球或还击球时的身体各部位姿势（图 5-3）。合理的姿势，有利于脚、腿用力蹬地和腰、躯干各部位的协调配合与迅速起动，保持正确的击球姿势，可提高击球的命中率，制造出最大的击球力。

准备姿势动作要点说明如下。

（1）下肢：两脚左右开立，约与肩同宽，身体稍向右侧，面向球台，两膝自然弯曲，提踵，重心置于两脚之间。

（2）躯干：含胸收腹，上体略前倾，下额微收，两眼注视来球。

（3）上肢：持拍手和非持拍手均应自然弯曲置身体前侧方，保持相对的平衡状态。

（4）易犯错误：全脚掌着地，上体过直，重心偏高。

（5）纠正方法：提踵屈膝略内靠，上体前倾。

图 5-3　准备姿势

（三）站位

根据各种不同类型打法的技术特点、身体的高度和能照顾全台的要求来决定站位。

（1）快攻类站位。

① 左推右攻打法基本站位在近台 30～40 厘米，偏左站位。

② 两面攻打法基本站位在近台 40～50 厘米，中间略偏左站位。

（2）弧圈类站位。以弧圈球为主打法的基本站位在中台，离台 50 厘米左右，偏左站位。两面拉打法在中间略偏左站位。

（3）削球类站位。横拍攻削结合打法基本站位在中台附近；以削为主配合反攻打法基本站位在中远台附近，离台 100 厘米左右。

（四）基本步法

乒乓球运动常用的基本步法有单步、跨步、跳步、并步、交叉步等。

（1）单步。以一脚为轴心，另一脚向前或向后、向左、向右移动一步，身体重心随之落到移动的脚上，挥拍击球。其特点是移动简单，范围小，身体重心平稳。当来球离身体较近时采用。

（2）跨步。来球方向的异侧脚蹬地，同侧脚向来球方向跨出一大步，身体重心随即移到同侧脚，异侧脚迅速跟上。特点是移动范围比单步大。当来球离身体较远时采用。移动速度快，多用于借力回击。

（3）跳步。以来球方向的异侧脚蹬地为主，两脚发力同时离地，异侧脚先落地，另一脚随即着地，立即挥拍击球。跳移过程中，身体重心起伏不宜过大，落地要稳。特点是移动范围比单步和跨步大，移动速度快，一般在来球离身体较远、较急时采用。

（4）并步。由来球方向的异侧脚向同侧脚并一步，然后同侧脚再向来球方向迈一步，挥拍击球。特点是移动时脚步不腾空，身体重心平稳，移动范围不如跳步大。

（5）交叉步。来球方向的同侧脚发力，异侧脚迅速从体前做平行交叉，横跨一大步，同侧脚迅速跟上，落地还原，挥拍击球。特点是移动范围比其他步法大，适用于主动发力进攻，一般在来球距身体较远时采用。

（五）发球

发球技术是乒乓球的重要技术，是乒乓球前三板技术之首，是唯一的由运动员完全根据自己意志，以任何适合的力量、速度、旋转、线路、角度击到对方台面任何合法位置的技术。发球技术的总体要求如下。

（1）出手突然，而且能用相似的手法发出不同落点、不同旋转的球。

（2）落点准确，并将速度快、旋转强很好地结合起来。

（3）要配套，发球要与自己的打法特点和抢攻紧密结合起来。

1. 反手平击发球

站位左半台，离台 30 厘米，右脚稍前，身体略向左转，左手掌心托球，右手持拍于身体左侧。持球手轻轻向上抛球，同时持拍手向后引拍，上臂自然靠近身体右侧，待球下落低于球网时，持拍手以肘关节发力，由左后向右前挥拍击球中部，拍面稍前倾，第一落点在本台中区。

2. 正手平击发球

站位中近台偏右，左脚稍前，身体稍右转，球向上抛起，持拍手由右后向前挥动。其余同反手平击发球。

3. 反手发急球

准备姿势同反手平击发球。抛球的同时，持拍手向左后方引拍，待球下落到网高时，持拍手由左后向右前加速挥拍，拍面稍前倾，以前臂和手腕发力为主击球中上部，第一落点靠近本方端线，第二落点在对方端线附近。

4. 反手发右侧上（下）旋球

站位及准备姿势同反手平击发球。抛球的同时，持拍手向左后引拍，用前臂带动手腕向右前上方挥动，拍面逐渐向左稍前倾，拇指压拍，手腕内转，从球的中部向右侧上摩擦，第一落点在本方端线，第二落点在对方左角。若发落点短的球，减小前臂向前力量而增强手腕摩擦力量，第一落点在本方中区；若发下旋球，击球时拇指加力压拍，使拍面略后仰，从球的中部向侧下摩擦。

5. 正手发左侧上（下）旋球

站位左半台，抛球，同时持拍手迅速向右上方引拍，身体随即向右转，手臂自右上方向左下方挥摆，球拍从球的右侧中下部向左侧面摩擦。若发左侧下旋球，手臂自右上方向左前下方挥摆，球拍从球的右侧中部向左侧下部摩擦，第一落点在本方端线附近。

6. 正手发奔球

站位近台，左脚稍前，身体略向右转，两膝微屈，上体稍前倾，持拍手自然放于身前。抛球同时，持拍手向右后上方引拍，手腕放松，拍面较垂直。待球下落至与网同高时，上臂带动前臂由右后方向左前方挥摆，腰同时向左扭转。在击球的一刹那，拇指压拍的左侧，手腕同时从后向前使劲抖动，球拍沿球的右侧中部向侧上方摩擦，第一落点在本方端线，第二落点在对方右角。

7. 正手发短球

站位及准备姿势同正手发奔球，其区别是触球一刹那突然减力并向左下切球，第一落点在本方中区，第二落点在对方近网处。

(六) 接发球

在比赛中，接发球具有被动转主动、技术难度大、判断反应快、心理素质要稳定的特点。第一板回接球是由被动转入主动进攻的第一步。回接球的质量，直接影响自己技术、战术的发挥以及是否能将对手控制在被动状态。同时也直接影响到自己的心理状态。接发球好，可直接得分，或为抢攻创造有利条件。

采用哪一种方法接发球，都应根据对方发球的旋转、落点及双方打法特点等因素而定。首先是站位的选择：站在球台左半台，离球台端线的远近距离视来球的落点而定，便于前后移动接长、短球，离台30～40厘米。其次是对来球的判断：判断是接好发球的前提。要准确、无误地判断出对方发球的旋转性质、旋转程度或缓、急、落点变化，主要应依据对方球拍在接触球的瞬间的挥动方向，掌握击球的部位与用力方向，以此来判断球的旋转性能。下面介绍几种基本的接发球技术（以右手为例）。

1. 回接对方左侧下旋球

球触拍后，从自己的右侧下方弹出。接这种球一般采用推、挤、搓、削的方式为宜。搓球回接时，拍面稍后仰，并略向左偏斜以抵消来球的左侧旋；若采用攻球方法回接，宜用拉抽（拉攻），拍触球时向上、向前摩擦球。

2. 回接对方左侧上旋球

球触拍后，从自己的右侧上方弹出。接这种球一般采用推、攻回接为宜。回接时，拍面触球的中上部，适当下压，拍面向左偏斜以抵消来球的左侧旋；要调节好拍面方向和用力方向。采用攻、拉球方法回接时，根据同样的道理，应向对方挥拍方向相反的方向回接，以抵消来球的侧旋性能；同时，也应调节拍形，适当下压，防止球飞出界外。

3. 回接对方右侧下旋球

球触拍后，向自己的左侧下方弹出。回接时，拍面略向右偏斜。可采用搓、拉、点、削等方法。

4. 回接对方右侧上旋球

球触拍后，向自己的左侧上方弹出。拍面也应根据来球旋转程度适当向右偏斜，用

推、拨、攻、拉、削等手段回接。触球时，调节拍面，使拍形前倾击球中上部。

5. 回接对方低（高）抛发的急下旋球

采用推、拦、拉的方法回接。若用推接，拍面应略后仰，触球瞬间前臂旋外压球；用下旋推挡直接切球中下部，用前臂和手腕力量向前上方摩擦球。若用搓球、向后移动步法，击来球下降期，引拍比接一般下旋球稍高些，加长球在拍面上的摩擦时间。用攻球回球，应注意适当向上用力提拉，又要调节拍形前倾角度。

（七）挡球与推挡球

（1）挡球：近台中偏左站位，左脚稍前，屈膝提踵，含胸收腹，重心在前脚掌上，持拍手置于腹前，上臂靠近身体右侧，球拍半横状。前臂和手腕顺来球路线向前伸出，主动迎球，上升期击球中部，拍面与台面几乎垂直，拍触球后立即停止，迅速还原成准备姿势。

（2）推挡球：近台中偏左站位，右脚稍前，击球时提起前臂，上臂后收，肘部贴近身体，在上升时期或高点期击球中上部。击球时适当用伸髋转腰动作加大手腕发力，并用中指顶住拍背向前用力。

挡球与推挡球的重点、难点是正确的拍面、身体的协调配合和准确的线路落点。

（八）攻球

攻球技术是乒乓球的一项重要技术，也是得分的重要手段。它包括正手攻球、反手攻球和侧身攻球三大类。下面主要介绍几种常用的攻球技术。

（1）正手快攻。正手快攻具有站位近、动作小、速度快、攻击性强的特点。动作时左脚稍前，身体离球台40～50厘米，呈基本姿势站立。以前臂为主引拍至身体右侧方。球拍呈半横状。击球时，在上臂带动下前臂和手腕由右侧方向左前上方挥动，拇指压拍，食指放松，拍面稍前倾，在来球弹起上升期，击球的中上部。击球后，手臂随势向前挥摆，迅速还原成击球前的准备姿势。

（2）正手台内攻。正手台内攻具有站位近、动作小、速度快、突然性强等特点，动作时站位近台，右方大角度来球时右脚上步，中间或偏左方向来球时左脚上步。上步时同时上臂和肘部前移，前臂伸进台内迎球。当来球跳至高点期，下旋强时，拍面稍后仰，前臂和手腕向前上方发力，击球的中下部；下旋弱时，拍面接近垂直，前臂和手腕以向前发力为主击球的中部；上旋球时，拍面稍前倾，前臂和手腕向前发力击球的中上部。

（3）正手中远台攻。正手中远台攻具有站位远、动作大、力量重的特点。动作时，左脚稍前，身体离球台1米左右。持拍手臂较大幅度地向右后方引拍，拍面接近垂直。击球时，右脚蹬地、向左转体的同时，上臂带动前臂由右后方加速向左前上方发力挥动，手腕边挥边转使拍面逐渐前倾，在来球弹起至下降前期，击球中部或中上部。

（4）正手扣杀。正手扣杀具有力量重、速度快、攻击性强的特点。动作时前臂内旋，使拍面稍前倾，在身体向右转动的同时，持拍手臂引拍于身体右后方。随着右脚蹬地，身体左转的同时，持拍手上臂带动前臂加速向左前上方发力挥动，拍面稍前倾，在来球弹起至高点期时，击球的中上部。一般击球点在胸前 50 厘米为宜。

（5）反手快攻。左脚稍后，身体离球台 40～50 厘米。持拍手臂自然弯曲并外旋，使拍面前倾，上臂与肘关节自然靠近身体，引拍至腹前偏左的位置。击球时，在上臂带动下前臂和手腕向右前上方挥动，同时配合外旋转腕动作，使拍面稍前倾，在来球弹起上升期，击球中上部。

（6）反手中远台攻。右脚稍前，身体离球台 0.7～1 米。身体左转的同时，持拍手的上臂和肘关节靠近身体，前臂向左下方移动，引拍至身体左侧下方，拍面稍前倾。击球时，身体右转的同时，手臂由左后向前挥动，前臂在上臂带动下，向前上方用力，并配合向外转腕，使拍面稍倾，在来球弹起下降期，击球中下部。

（九）搓球

搓球是近台还击下旋球的一种基本技术，特点是站位近、动作小、回球多在台内进行；也是初学削球必须掌握的入门技术。

（1）慢搓：近台站位，右脚稍前，持拍手臂自然弯曲。击球时，用前臂和手腕向前下方用力，拍面后仰，在下降期击球中下部。

（2）快搓：站位及击球方法与慢搓相同，击球时拍面稍横立，避免出界或回球过高。

（十）削球

削球是我国乒乓球传统打法之一，也是乒乓球防守技术之一，削球技术正在向转、稳、低、攻方向发展（以右手为例）。

（1）正手远削：站位中台，左脚稍前，上体稍向右转，重心落于右脚，持拍手臂自然弯曲于腹前。顺来球方向向右上方引拍与肩同高，拍面后仰。当球从台上弹起时，持拍手上臂带动前臂由右上向左前下方加速切削，手腕向下转动用力，在右侧离身体 40 厘米处击准下降期球的中下部，并顺势前送。

（2）反手远削：中台站位，右脚稍前，上体左转，重心落于左脚，持拍手自然弯曲放松，置于胸前。顺来球路线向左上方引拍约与肩高，拍柄向下。当球弹起时，持拍手从左上方向右前下方挥动，拍面后仰，用前臂和手腕加速用力切削，球拍在胸前偏左 30 厘米处击准下降期球的中下部，并顺势挥至右侧下。

（十一）弧圈球

1. 正手前冲弧圈球

（1）特点与运用。飞行弧线低、速度快、前冲力强，落点后弹起不高，但急前冲并向下滑落，能起到与扣杀同样的作用。常用于对付发球、推挡球、搓球及中等力量的攻球。

远台相持时，也可以利用它进行反攻。在实际运用中，步法移动的速度快、范围广。

（2）动作要点。

①引拍的幅度大，尽可能增大挥拍的动作、半径。

②加快挥拍速度，在球拍达到最大速度时触球。

③如果单纯用上肢发力，则前冲力不强，因此腿、髋、腰的配合不可缺少。

④摩擦力大于撞击力。

⑤球拍与球的吻合面要合适，防止打滑。

2. 正手加转弧圈球

（1）特点与运用。飞行弧线高、上旋很强、速度较慢，但着台后向下滑落较快，对方回击容易出高球，甚至出界，可以直接得分或为扣杀争取机会。它是对付削球、搓球和接出台发球的重要技术。

另外，由于球出手弧线的弯曲度较大，落到对方台面后迅速下滑，还可起到变化击球节奏的作用。

（2）动作要点。

①引拍时，球拍必须低于来球，但不要下沉太多。

②拉球时，持拍手臂由下向上发力，前臂快速收缩，触球瞬间，尽量加长摩擦球体的时间。

③身体重心随右脚蹬地、转腰、挥臂提高。

3. 反手拉弧圈球

（1）特点与运用。反手拉弧圈球是横拍握法的优势之一。拉球的速度比正手稍快，但力量和旋转略逊于正手。它可用于发球抢冲、接发球、搓中转拉，以及一般的对攻和中台对拉。若运用得当，可以直接得分，而且能为正手的冲杀创造机会。

（2）动作要点。

①击球点不宜离身体太近。

②充分利用肘关节的杠杆作用：先支肘，再收肘，借以增大前臂的挥摆幅度和力量。

③近台快拉的击球时间为上升后期或高点期；中远台发力拉的击球时间为下降期，但不可过分低于台面。

四、乒乓球运动的基本战术

（一）发球、接发球抢攻战术

1. 发球抢攻战术

发球抢攻战术是我国乒乓球运动员的重要战术之一。近年来，世界各种类型打法的运动员都越来越重视这一战术，并有了较大的发展。

发球抢攻战术的意义：首先是尽量争取发球直接得分；其次是迫使对方回球质量不高，从而赢得有力的进攻机会；最后是迫使对方接发球不具备杀伤力，从而自己进行抢攻。

2. 接发球抢攻战术

接发球抢攻战术的特点：由某一单项攻（冲）球技术所形成，进攻性强，可变接发球的被动地位为主动地位，也可直接得分；是乒乓球运动各种打法特别是进攻型打法的主要战术。常用的接发球战术主要有以下几种。

（1）用快拨、快推或拉球回击，争取形成对攻的相持局面。

（2）用快搓摆短回接，使对方难以发力抢攻或抢位。

（3）对各种侧旋、上旋或不强烈的下旋短球，可用"快点"技术回接。"快点"突然性强，回球速度快且路线变化多，对付欧洲的弧圈型打法选手，往往效果明显。

（4）接发球抢攻或抢位。

以上4种接发球抢攻战术，在比赛中可与场上具体情况结合起来运用。采用多种回接方法，给对方制造出各种困难，使其无法适应，从而破坏其发球抢攻或抢位的站位意图。

（二）对攻战术

对攻战术是进攻型打法选手互相对垒时常采用的一项重要战术。快攻类打法，主要是依靠正手攻球、反手攻球、反手推挡或快拨技术，充分发挥快速多变的特点，以达到调动对方、有效攻球的目的；弧圈类打法，主要依靠正、反手两面弧圈球技术，充分发挥旋转的威力，以达到牵制对方、增加攻击效力的目的。

常用的战术：攻对方两角；侧身攻；攻追身；轻与重的结合；攻防结合。

（三）拉攻战术

拉攻战术特点：连续正手快拉以创造进攻机会，机会出现后，采用突击和扣杀的手段来得分。拉攻战术是快攻打法对付削球类打法的主要战术之一。

拉攻战术方法描述如下。

（1）正手拉球后过渡为扣杀。

（2）反手拉球后过渡为扣杀（一般为两面进攻型运动员遇到反手位大角度的削球时所采用）。

（四）搓攻战术

搓攻战术是进攻型打法的辅助战术之一，主要利用搓球旋转的变化和落点的变化为抢攻创造机会。常用的搓攻战术如下。

（1）慢搓与快搓结合。

（2）转与不转结合。

（3）搓球变线。

（4）搓球控制落点。

（5）搓中突击。

（五）削中反攻战术

削中反攻战术主要靠稳健的削球，限制对方的进攻能力，为自己的反攻创造有利条件。它不仅增强了削球技术的生命力，也促进了攻防之间的积极转化。常用的削中反攻战术如下。

（1）削转与不转球，伺机反攻。

（2）削长短球，伺机反攻。

（3）逼两大角，伺机反攻。

（4）交叉削两大角，突击对方弱点。

（5）削、挡、攻结合，伺机强攻。

知识拓展：乒乓球运动竞赛规则简介

（六）弧圈球战术

由于弧圈球战术把速度和旋转有效地结合起来，稳健性好，适应性强，许多著名选手已用它替代攻球或扣杀。常用的弧圈球战术如下。

（1）发球抢攻。

（2）接发球果断上手。

（3）相持中的战术运用。

知识拓展：乒乓球专项素质练习

任务二　羽毛球运动

一、羽毛球的起源与发展

早在 2 000 多年前，一种类似羽毛球运动的游戏就在中国、印度等地出现。在中国叫打手毽，在印度叫作浦那，在西欧各国则叫作毽子板球。19 世纪 70 年代，英国军人将在印度学到的浦那游戏带回国，作为茶余饭后的消遣娱乐活动。

据传，在 14 世纪末，日本出现了把樱桃核插上美丽的羽毛当球，两人用木板来回对打的运动。这也是羽毛球的原型之一。

18世纪时，印度的浦那城出现了类似今日羽毛球活动的游戏，以绒线编织成球形，上插羽毛，人们手持木拍，隔网将球在空中来回对击。这种游戏流行的时间不长，不久便消失了。

现代羽毛球运动诞生于英国。1873年，英国格拉斯哥郡的伯明顿镇有一位鲍弗特公爵，在他的领地开游园会，有几个从印度回来的退役军官就向大家介绍了这种隔网用拍子来回击打毽球的游戏，人们对此产生了很大的兴趣。因这项活动极富趣味性，很快就在上层社会社交场上风行开来。"伯明顿"（Badminton）即成为英文羽毛球的名字。1893年，英国14个羽毛球俱乐部组成了羽毛球协会。

羽毛球运动约于1920年传入我国，从20世纪50年代开始得到迅速发展。20世纪70年代，我国羽毛球队已跻身于世界强队之列。

20世纪70年代，国际羽毛球坛上是印度尼西亚与我国平分秋色。20世纪80年代，优势已转向我国，说明我国羽毛球运动已达到世界领先水平。羽毛球在1992年巴塞罗那奥运会上被列为正式比赛项目，设男女单打和男女双打及混合双打共5项比赛。

二、羽毛球运动的特点

1. 羽毛球是一种全身运动项目

羽毛球运动要求在场地上不停地进行脚步移动、跳跃、转体、挥拍，合理地运用各种击球技术，将球在场上往返对击，从而增加了上肢、下肢和腰部肌肉的力量，加快了锻炼者全身血液循环，增强了心血管系统和呼吸系统的功能。据统计，大强度羽毛球运动者的心率可达到160～180次/分钟，中强度运动者的心率可达到140～150次/分钟，低强度运动者的心率也可达到100～130次/分钟。长期进行羽毛球锻炼，可使心跳强而有力，肺活量加大，耐久力提高。此外，羽毛球运动要求练习者在短时间内对瞬息万变的球路作出判断，果断地进行反击，因此，它能提高人体神经系统的灵敏性和协调性。

2. 可调节运动量

羽毛球运动适合男女老幼，运动量可根据个人年龄、体质、运动水平和场地环境的特点而定。青少年可将其作为促进生长发育、提高身体机能的有效手段，运动量宜为中强度，活动时间以40～50分钟为宜。适量的羽毛球运动能促进青少年身高增长，培养青少年自信、勇敢、果断等优良的心理素质。老年人和体弱者可将羽毛球运动作为保健康复的手段，运动量宜较小，活动时间以20～30分钟为宜，达到出出汗、弯弯腰、舒展关节的目的，从而增强心血管系统和神经系统的功能，预防和治疗老年心血管系统和神经系统方面的疾病。儿童可将羽毛球运动作为活动性游戏方法，让他们在阳光下奔跑跳跃，并要求他们能击到球，培养他们不畏困难、不怕吃苦、不甘落后的品质。

3. 具有简便性

（1）不受场地的限制。羽毛球活动对设备的基本要求比较简单，只需两个球拍、一

个球和一条绳索即可，平时进行羽毛球活动只要有平整的空地就可以了。在风不大的情况下，可以在户外进行活动，只要把球网架起来，就可以双方对练。因此，它不仅可以在正规的室内运动场进行，也可以在公园、生活小区等处广泛地开展。当它作为户外运动时，还可使锻炼者吸入新鲜空气，受到阳光照射，改善人体的血液循环和新陈代谢，同时感受大自然的美丽，在运动中怡心健体。

（2）集体、个人皆宜。羽毛球运动既可单兵作战（两人对练），又可集体会战（双打练习或三人对三人对练）。单人对练时，练习者可以随心所欲地打出不同弧线、不同远度、不同力量、不同速度及任何落点的球，集体会战则可以培养集体主义精神。

（3）不受年龄、性别的限制。羽毛球运动游戏性较强，运动量可大可小。身强力壮的年轻人可以将球打得又刁又重，拼尽全力扑救任何来球，尽情发挥自己的能力。年老体弱的练习者可以把球轻轻地击来打去，根据自己的要求来变换击球节奏，从而达到锻炼身体、延年益寿的功效，既活动了身体，又娱乐了心情。不同年龄、不同性别及不同体质的人都能在羽毛球运动中找到乐趣。

◄)) 延伸阅读

羽毛球运动的锻炼价值

羽毛球运动是一种深受广大学生喜爱的体育运动项目。它具有球小、速度快、变化多等特点。不仅运动器材设备比较简单，在室内外都可以进行，而且基本技术容易掌握，参与性强，运动量可大可小，不同年龄、性别和身体条件的人都可以参加，因此非常易于开展和普及。

经常参加羽毛球运动可以发展人的灵敏性和协调性，提高动作的速度和上下肢的活动能力，改善心血管系统的机能，提高身体素质，使身体得到全面发展，达到增强体质的目的。

同时，经常打羽毛球，还可以培养人们勇敢顽强、敢于胜利、机智灵活、沉着果断等优良品质和作风。

三、羽毛球运动的基本技术

（一）握拍法

最基本的握拍法有正手握拍法和反手握拍法两种，下面以右手握拍为例进行介绍。

1. 正手握拍法

凡从身体右侧来球至头顶，运用正手握拍法击球，如图5-4所示。虎口对准拍柄上方侧内沿，小指、无名指和中指并握，食指稍

知识拓展：远离运动损伤，打羽毛球也要讲科学

分开，拇指与中指靠近。

2.反手握拍法

凡从身体左侧的来球，运动员应先转身（背对网），后击球，用反手握拍法，即在正手握拍的基础上，拇指和食指将拍柄稍外转，拇指顶贴在拍柄内侧的宽面上，如图5-5所示。

图 5-4　正手握拍法　　　　　图 5-5　反手握拍法

（二）发球

1.发球的基本姿势

按发球时的基本姿势不同，发球可分为正手发球和反手发球两种，如图5-6所示。

（a）　　　　　（b）

图 5-6　发球

（a）正手发球；（b）反手发球

（1）正手发球。

①站位：单打时，一般站在发球区内离前发球线1米左右的中线附近。双打时可站前一些。

②姿势：左脚在前（脚尖对网），右脚在后（脚尖斜向侧方），两脚距离与肩同宽，上身自然伸直，身体重心放在右脚上，呈左肩斜对球网之势。右手手握拍向右后侧举起，肘部稍屈。左手用拇指、食指、中指夹持羽毛球的中间部位，举在身前，两眼注视对方准备接球的动向。

（2）反手发球。

①站位：站在发球区内较靠近前发球线的位置上。

②姿势：右脚在前，左脚在后，上身自然伸直，重心放在右脚上，面对球网。左手以拇指、食指和中指捏住羽毛，置于腹前腰下。右手反手握拍，肘部略抬起，使拍框下垂于左腰侧。两眼注视对方准备接球的动向，主要靠挥动前臂和伸腕"闪动"发力，动作小，力量也较小，但速度较快，动作一致性好。

2. 发各种飞行弧线的球

发球按球在空中飞行的弧线可分为高远球、平高球、平快球和网前球4种（图5-7）。

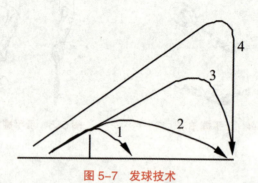

图 5-7 发球技术

1—网前球；2—平快球；3—平高球；4—高远球

（1）发高远球。把球发得既高又远，使球近乎垂直地落在对方后发球线附近的发球区内，称为发高远球。它可以迫使对方退到端线接发球而减小进攻力，是单打的主要发球手段。

方法：左手松开使球下落，右手沿自下而上的弧线朝前上方加速挥摆，拍面后仰，手腕外展，触球时，前臂带动手腕向前上方"闪动"，使击球时产生爆发力。击球点在右侧前下方。击球后，随势向前上方挥摆，重心移至左脚。

（2）发平高球。发出球的弧线以比高远球低，但又以对方不能拦截的高度飞向后发球线附近的发球区内下落，称为发平高球。

①正手发平高球的方法：其方法与正手发高远球的方法基本一致。因为平高球飞行弧线比高远球低，所以，挥拍击球时多运用前臂带动手腕发力。球与球拍接触时，球拍后仰的程度比发高远球时小（球拍与地面形成的仰角一般为120°～130°），拍面略微向前推送击球。

②反手发平高球的方法：发球时，主要以前臂带动手腕从左下方向右上方快速挥拍，拍将要击到球之前，左手自然撒手放球，在拍面与地面形成的仰角为120°～130°时，用反拍面将球击出。

（3）发平快球。发出的球又平又快，径直飞向对方后发球线附近的发球区，称为发平快球。由于它弧线平直，飞行急速，向对方接球能力最薄弱的部位或空当发去，往往能使对方措手不及，获得出其不意的战术效果，是发球抢攻的主要发球技术。

①正手发平快球的方法：其挥拍的前一段动作与发高远球相似。区别在于，在击球前的瞬间，应在前臂的快速带动下，靠手腕和手指突然向前发力将球击出。击球时，拍面稍

微后仰（球拍面与地面形成的仰角一般为110°左右），在不"过腰""过手"的限度内尽量提高击球点。

②反手发平快球的方法：其方法与反手发平高球的方法基本一致。区别在于，击球时，拍面与地面形成的仰角一般在110°左右，击球时力的方向应更平直一些。

（4）发网前球。发出的球贴网而过，落在对方前发球线附近的发球区内，称为发网前球。发网前球技术要求较高，如果球飞行弧线太低，会不过网；若球飞行弧线过高，易遭扑击。它是双打发球的主要手段。

①正手发网前球的方法：击球时，挥拍幅度较小，力量较轻，拍面稍后仰，触球时利用手腕和手指的力量从右向左横切推送，使球贴网而过，正好落在前发球线附近的发球区内。

②反手发网前球的方法：发球时，前臂带动手腕，使球拍从左下方向右前上方做划半弧形挥动。在球拍将要击到球时，左手自然撒手放球，用球拍对球做横切推送动作，使球贴网而过，正好落在前发球线附近的发球区内。

（三）接发球

1. 接发球的站位姿势

单打站位一般距前发球线1.5米处。在右发球区站在靠近中线的位置，在左发球区则站在中间的位置，这样站的主要目的是防备对方直接进攻反手部位。一般左脚在前，右脚在后，双脚微屈，收腹含胸，身体重心放在前脚上，后脚脚跟稍抬起。身体半侧向球网，球拍举在身前，双眼注视对方。

双打站位时，由于双打发球区比单打发球区短0.76米，发高远球易被对方扣杀。所以双打发球多以发网前球为主，接发球时要站在靠近前发球线的地方。双打接发球准备姿势和单打接发球准备姿势基本相同。只是身体前倾幅度较大，身体重心可前可后，球拍举得高些，在球飞行到网上最高点时击球，争取主动，但是要注意对方在右场区发平快球突袭反手部位。

2. 接发各种来球

对方发高远球或平高球时，可用平高球、吊球或扣杀球还击；对方发网前球时，可用放网前球、平高球、高远球、平推还击；如果对方发球质量不好，也可用扣杀球或扑球还击。

接发球时一定要冷静沉着，以快制快。同时可以高远球还击，以逸待劳。不能仓促还击网前球，因为如果击球质量稍差，就有可能遭受对方的进攻。

（四）击球法

1. 高远球

高远球可以逼迫对方退离中心位置，到底线处去击球，削弱对方进攻威力，消耗对

方的体力。高远球的滞空时间长，易于争取时间，可摆脱被动局面。击高远球的动作如图 5-8 所示。

图 5-8　高远球

2. 吊球

吊球是调动对方、打乱对方阵脚、配合战术的一种击球技术。在后场进攻中，常和高远球、杀球结合运用。如能做到这三种击球的前期动作一致，就能造成对方判断上的失误，以巧取胜。击吊球的动作如图 5-9 所示。

图 5-9　吊球

3. 杀球

杀球技术有正手、反手和绕头顶杀球 3 种。杀球动作如图 5-10 所示。

图 5-10　杀球

4. 放网前球

放网前球是将对方的吊球或网前球用球拍轻轻一托，使球一过网顶就朝下坠落，如图 5-11 所示。

图 5-11　放网前球

5. 搓球

搓球是放网前球技术的一种发展。它动作细腻，击球点较高，利用搓、切、挑的动作，摩擦球托底部，使球改变在空中的正常运行轨道，沿横轴翻转或沿纵轴旋转越过网顶，给对方回击造成困难，从而为自己创造进攻的机会，如图 5-12 所示。

图 5-12　搓球

6. 推球

推球与网前的假动作相配合，在引诱对手上网时，突然将球快速推到后场底角，如图 5-13 所示。利用这种进攻技术，常能直接得分。

图 5-13　推球

7. 勾球

在网前回击对角线球叫作勾球。它和搓球、推球结合起来运用，常能达到声东击西的作用，其动作如图 5-14 所示。

图 5-14　勾球

8. 扑球

扑球用力有轻有重，飞行的弧线较短，落地较快，常使对方挽救不及时，它是双打中常用的一种进攻技术。扑球动作如图 5-15 所示。

图 5-15 扑球

9. 挑高球

挑高球是把对方击来的吊球或网前球挑高，回击到对方的后场去，这是在比较被动的情况下采取的一种防守技术。挑高球动作如图 5-16 所示。

图 5-16 挑高球

10. 抽球

抽球是击球平飞过网的一种打法。抽球时，击球点在肩部以下的两侧，是下手击球速度较快的一项进攻技术，在双打中运用最多，其动作如图 5-17 所示。

图 5-17 抽球

11. 接杀球

接杀球是转守为攻的打法，分为挡网前球、抽后场球和挑高球，其动作如图5-18所示。

图5-18　接杀球

（五）步法

快速、灵活、正确的步法是技术的基础。羽毛球的步法包括起动、移动、到位配合击球和回动四个环节。

1. 起动

对来球有反应判断，即从中心位置上的准备接球姿势转为向击球的位置上出发，称为起动。

2. 移动

移动主要是指从中心位置起动后到击球位置的移动方法。影响移动速度的因素有步数的多少、步频的快慢和步幅的大小。移动时通常采用垫步、交叉步、小碎步、并步、蹬转步、蹬跨步、腾跳步等方法。运用这些步法，构成从中心位置到场区不同方位击球的组合步法，即上网步法、两侧移动步法和后退步法。

（1）上网步法。无论正手和反手，根据来球的远近，均可采用一步、两步、三步上网。

①一步上网：来球距离较近时，右脚跨出一大步即可，正反手相同。

②两步上网：来球距离稍远时，以左脚先向来球方向迈一小步，然后右脚跨出一大步（图5-19）。

③三步上网：来球距离稍远时，右脚向前一小步，左脚向右迈一步，右脚再跨一大步（图5-20）。

（2）两侧移动步法。

①向右移动：左脚蹬地，右脚向右跨一大步。来球较远时，可用左脚先向右垫一小步，右脚再向右跨一大步。

②向左移动：右脚蹬地，左脚向左跨一大步。来球较远时，左脚先向左移半步，右脚再向左跨一大步。

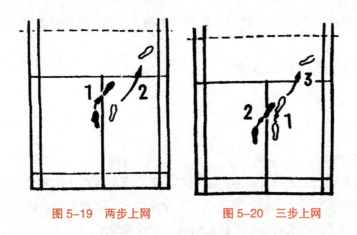

图 5-19　两步上网　　　　图 5-20　三步上网

（3）后退步法。

①正手后退。有侧身并步后退和交叉步后退两种。

a. 侧身并步后退：右脚向右手撤一小步，转身侧对网，左脚并步靠近右脚，右脚再向后移至来球位置。

b. 交叉步后退：右脚撤后一小步，左脚从体后交叉后退一步，右脚再后移至来球位置（图 5-21）。

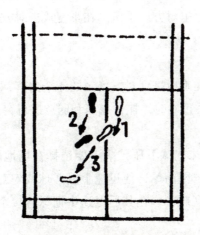

图 5-21　交叉步后退步法

②反手后退。右脚先后撤一步（或垫一步），身体左转，左脚向左后退一步，右脚再跨出一步。如站位较靠后，可左脚向左后撤一步，上体左后转，右脚再向左后跨一大步。

3. 到位配合击球

移动本身不是目的，它是为击球服务的。所谓"步法到位"，就是指根据不同的击球方式，运动员应站到最适合这种击球的、最有利的位置上。

4. 回动（回中心位置）

击球后，应尽力保持（或尽快恢复）身体平衡，并即刻向中心位置移动，以便在中心位置上做好迎击下一个来球的准备，称为回动。所谓"中心位置"，一般是指场区的中心

略靠后的位置（单打）。因为这个位置最有利于平衡、兼顾，向场区各个方向去迎击球。

四、羽毛球运动的基本战术

（一）单打战术

1. 发球抢攻战术

发球不受对方干扰，发球者可以根据规则，随心所欲地以任何方式将球发到对方接球区的任意一点。善于利用多变的发球战术，能先发制人，取得主动。以发平快球和网前球配合，争取创造第三拍的主动进攻机会，组成发球抢攻战术。

2. 攻后场战术

采用重复打高远球或平高球的技术，压对方后场两角，迫使对方处于被动状态，一旦其回球质量不高，便伺机杀、吊对方的空当。

3. 逼反手战术

后场反手击球用来对后场反手较差的对手加以攻击。先拉开对方位置，使对方反手区露出空当，然后把球打到反手区，迫使对方使用反拍击球。例如，先吊对方正手网前，对方挑高球，则方便以平高球攻击对方反手区。在重复攻击对方反手区迫使其远离中心位置时，突然吊对角网前。

4. 打四点球突击战术

以快速的平高球、吊球准确地打到对方场区的 4 个角落，迫使对方前后左右奔跑，当对方来不及回中心位置或失去重心时，抓住空当和弱点进行突击。

5. 吊、杀上网战术

先在后场以轻杀配合吊球把球下压，落点要选择在场地两边，使对方被动回球。若对方还击网前球，便迅速上网搓球或勾对角快速平推球；若对方在网前挑高球，可在其后退途中把球直接杀到对方身上。

知识拓展：羽毛球运动竞赛规则简介

（二）双打战术

1. 攻人战术

攻人战术是双打比赛中常用的一种战术。在对方两名队员技术水平不平衡时，一般采用这种战术，即使对付两名技术水平相差不大的对手时，也可灵活运用。先通过将球下压或控制前场取得进攻机会，然后集中力量"二打一"，避其所长，攻其所短。

2. 攻中路战术

攻中路战术是将球击到对方两名队员站位之间的空隙，从而造

知识拓展：羽毛球运动体能练习方法

成对方经常出现争抢回击或相互让球漏接等错误，尤其针对一些配合不够默契的对手，这一战术行之有效。当对方前后站位时，可将球击到对方中场两侧边线处。而在对方分边左右站位防守时，则可利用扣杀球、吊球等技术攻击对方的中路。

任务三　网球运动

一、网球的起源和发展

网球作为世界上最流行的体育项目之一，一向被称为"贵族运动""高雅运动""文明运动"。同时，网球运动是最时尚的运动之一。网球运动的由来和发展可以用四句话来概括：孕育在法国，诞生在英国，开始普及和形成高潮在美国，现在盛行于全世界。网球被称为世界第二大球类运动。

12—13世纪的法国，在传教士中流传着一种用手掌击球的游戏，方法是在教堂的回廊里，两人隔一条绳子，用手掌将用布包着头发制成的球打来打去。后来此种游戏逐步发展成了现在这样的网球运动。英语中的网球名称"tennis"是从法语"tenez"（运动员发球时提醒对方注意的感叹词）演变而来的。14世纪中叶，这种供贵族消遣的室内活动从法国传入英国。16—17世纪，是法国和英国宫廷从事网球活动的兴盛时期，平民百姓无缘涉足，网球运动被称为"贵族运动"。

1873年，英国人M.温菲尔德改进早期的网球打法，变成夏天在草坪上的娱乐，名为草地网球。1875年，英国的板球俱乐部制订了网球比赛规则。1877年7月，在温布尔顿由全英板球俱乐部举办了第一次草地网球冠军赛。后来这个组织把网球场地改为长方形（23.77米×8.23米），每局采用15、30、40等记分法，球网中央的高度为99厘米。1884年，英国伦敦玛丽勒本板球俱乐部把球网中央高度改定为91.40厘米。从此，网球运动走向大众。

1912年3月1日，澳大利亚、英国、法国等12国的网协代表，在巴黎召开会议，成立了国际网球联合会，总部设在伦敦。1980年，中国网球协会被接纳为该会正式会员。

二、网球运动特点

1. 比赛的商业化、职业化刺激网球运动高速发展

过去网球运动的重大比赛一直不允许职业球员参加，直至1968年国际网联取消了这一禁令，世界各大赛事便充满了商业色彩，当今四大比赛和不同级别的大奖赛、巡回赛、

大满贯和独资赞助的大赛奖金都高得惊人。在高额奖金的刺激下，优秀网球选手的职业化、早期专项训练、早期参赛等，推动了网球训练的变革和技术水平的提高。

2. 比赛场地的多样化促进运动员的技术更加全面

沥青混凝土涂塑硬场地，球速快，适合进攻型打法，它广泛适用于各大赛事。英国温布尔登比赛场地是草地，球速和弹跳规律不同，跑动步法和调整方式也不同，要求运动员具有广泛的适应能力，使运动员的技术更加全面。

3. 各项攻防技术、战术不断创新和发展

在技术上，双手握拍大大加强了反拍的攻击力，攻击性上旋高球现已发展为反拍攻击性上旋高球，提高了防反能力。鱼跃截击球技术、双打中的抢网技术、用快速起跳高压来对付攻击性上旋高球等高难度技术不断出现。发球上网技术在场地上的快速运用，推动着接发球破网技术、战术的发展。双打接发球方的抢网战术不仅在男双比赛中使用，而且在女双和混双比赛中使用，这使各项攻防技术、战术达到空前水平。

4. 更多的青少年跨入世界水平行列，运动员有早期成熟的趋势

1985年，17岁的德国小将贝克尔夺得温布尔登男子单打冠军；德国姑娘格拉芙16岁就跻身世界前列，1987年积分超过老将纳芙拉蒂洛娃而成为新的"网球女皇"；1989年，美籍华人16岁小将张德培夺得法国公开赛男子单打冠军，震动了世界网坛；接着南斯拉夫16岁姑娘塞莱斯脱颖而出，击败各国对手，荣获1990年法国公开赛冠军，1991年又获得澳大利亚公开赛和美国公开赛冠军，并蝉联法国公开赛冠军，跃居世界女子排名第一位；1997年17岁的"网球天才少女"——瑞士的辛吉斯，不仅登上世界女子排名第一的宝座，还一人独揽三项"大满贯"。

三、网球运动的基本技术

（一）握拍

知识拓展：与大运会"童"行，网球球童成就梦想

目前，网球基本的握拍法可分为三种：东方式握拍法、西方式握拍法、大陆式握拍法。

（1）东方式握拍法。东方式握拍法分为正手握拍法和反手握拍法。

①正手握拍法。如图5-22所示，握拍手的虎口对正拍柄右上侧棱，手掌根与拍柄右上斜面紧贴，拇指垫握住拍柄的左垂直面，食指稍离中指，食指下关节压住拍柄右垂直面，五指紧握拍柄。拍面与地面垂直，手握拍柄好像与人握手一样，也称"握手式"握拍法。

②反手握拍法。在正手握拍法的基础上把手向左转动1/4（转动90°）或拍柄向右转动1/4（转动90°），虎口对正拍柄左侧棱面，即用手掌根压住拍柄的左上斜面，拇指直贴在拍柄的左垂直面上，食指下关节压住右上斜面。

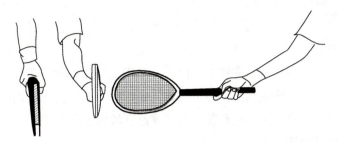

图 5-22　正手握拍法

（2）西方式握拍法。如图 5-23 所示，握拍时，球拍面与地面平行，拇指与食指几乎成直角，拇指直伸压住拍上平面，食指下关节握住右上斜面，与拍底平面对齐，手掌从上面握住拍柄。这是底线上旋攻击型打法的首选握拍方法。这种握拍法的优点在于能击出强有力的上旋球，且稳定性强。但是其技术难度相对较大，初学者在刚开始学习时较难掌握。

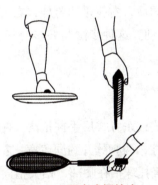

图 5-23　西方式握拍法

（3）大陆式握拍法。如图 5-24 所示，因为其形状像握着锤子的样子，所以又称为握锤式握拍法。由拇指与食指形成的"V"形虎口放在拍柄的上平面与左上斜面的交界线上，手掌根部贴住上平面，与拍柄底部平齐，拇指与食指不分开，食指与其余三个手指稍分开，食指下关节紧贴在右上斜面上。这种握拍法的优点在于无论是正、反手击球，都不需要转换握拍，简单灵活。但是底线击球时不容易发力，因此是底线的攻击性打法所不适合采用的握拍方法。

图 5-24　大陆式握拍法

（二）移动步法

1. 两侧蹬跨步法

向右侧蹬跨步时，身体重心先移至左脚上，随即左腿迅速用力蹬伸，在右腿向右侧跨出的同时，髋关节旋外，落地后呈侧弓箭步状。击球后，右腿随即旋内蹬伸回动。向左侧蹬跨步则相反而行。这种步法，通常在对方来球速度较快、落点比较偏内时运用较多。

2. 并步右侧移动步法

从起动开始，身体侧向右侧，身体重心移向右脚，左脚向右脚并步靠拢，并以前脚掌着地向右侧蹬伸，右脚在左脚并步未落地时，髋关节旋外后向右侧跨出一大步，落地时脚尖朝向右侧方向。击球后，右腿随即再旋内蹬伸回动。这种步法，通常在对方来球距边线较近时运用。

3. 左侧前交叉移动步法

起动时，左脚先向左侧迈一小步，随即以左脚为轴，身体左转，右脚向左侧跨一大步，呈背对球网姿势击球。击球后，右腿迅速蹬伸，右转体，还原成面对球网姿势，并利用左脚并步调整身体重心和回动。这种步法与并步一样，通常在对方来球距边线较近时运用。

（三）发球

（1）准备姿势：采用大陆式或东方式反手握拍法。侧身站立在端线外中场标记旁，左肩对着左边网柱，面向右边网柱，两脚分开约同肩宽，左脚与端线约成45°角，与端线平行，重心在左脚上。左手持球轻托球拍在腰部，拍头指向前方。

（2）抛球与后摆：抛球与后摆拉拍动作是同步开始的，持球手拇指、食指和中指三指轻轻托住球，掌心向上。当球拍从身后向头上方做大弧度摆动，身体做转体、屈膝、展肩时，持球手柔和地在身前左脚前上举，直至伸直，高及头顶。此时右肘向后外展，约同肩高，拍头指向天空，左侧腰、胯呈弓形，身体重心随着抛球开始先移向右脚，然后平稳地开始前移。此刻，肩与球网成直角。

（3）击球动作：当左手抛出球时，球拍继续向上摆起，这时持拍手的肘关节放松，可以使向前转动的身体和右肩自动地充分伸展。当身体向前上方伸展击球时，肩、手臂已经回转，双肩与球网平行。挥拍击球时，持拍手腕带动小臂有一个旋内的"鞭打"动作。

（4）随挥动作：球发出后，身体向体内倾斜，保持连续的向前上方伸展的随挥动作。球拍挥至身体的左侧（美式旋转发球球拍挥至身体的右侧），重心移向前方，做到完美、自然地跟进，并保持身体平衡。

练一练

（1）掌握正确的发球握拍法。

（2）抛球练习，好的发球都有一个准确而又稳定的抛球，因此要反复练习抛球。

（3）徒手做发球前的准备姿势，模仿抛球及发球的完整动作，多体会放松、准确、协调、完整、舒展的发球动作。

（4）在场地上用多球进行抛球与击球相结合的练习（抛打结合），边模仿、边练习、边体会。

（5）先练习发不定点球，后练习发定点球，逐步提高难度，即在发球区内不同的落点设立目标，将球发向规定的目标。

（6）在安排练发球时，可在规定的时间内发一定的命中数量或在规定的数量内要求一定的命中率，以此来提高发球的命中率和准确性。

（7）练习发各种不同性能的球，并熟练掌握。

（四）接发球

网球比赛首先是从发球和接发球开始的。比赛中，如果接发球不好，不仅会给对方较多的进攻机会，更严重的是会引起自己心理上的紧张和畏惧，并造成失误。反之，如果接发球技术好，不仅有时可以直接得分，而且还可以破坏对方的抢攻，为自己的进攻创造有利的条件。

（1）正确的握拍法。应根据运动员习惯的握拍法来决定。大陆式握拍的正、反拍击球无须换握拍；东方式或西方式或混合式握拍的正、反拍击球需要换握拍，球一离开对方的球拍，就应该决定是否要转变握拍。向后拉拍时改换握拍要做到迅速及时，才能还击好来球。

（2）准备姿势及站位。接发球的准备姿势只要能以最快的速度还击球就行。当对方发球前，可以两膝弯曲，两腿叉开；当对方抛球准备击球时，可以重心升起，两脚快速交替跳动，并判断来球准备回击。接第一发球时站位稍靠后些，接第二发球时站位稍靠前些。

（3）击球动作。接发球的关键在于：快速灵敏的判断、反应和充分的准备。当击球点在身体前面时，在判明来球的方向后，即向后转动双肩，马上向前迎击来球。迎上去顶击球时，要握紧球拍，手腕保持固定，使拍面正对着来球。

练一练

（1）多球接发球练习。练习者站于中场接发球者发来的球，应注意发球的落点、力量、旋转、速度等因素，尽量与实际发球相似。可规定接发球者用正手或是用反手回球。

（2）提高接发球准确性的练习。多人轮流发球，要求练习者把球回击到指定的区域内。

（五）击球

1. 正手击球

正手击球（图5-25）包括正手平击球、正手上旋球和正手下旋球等各种击球法，每种击球法的特点不同，所起的作用也不一样。

（a）　　　（b）　　　（c）　　　　　（d）　　　（e）　　　（f）　　　　（g）

图 5-25　正手击球（动作演示）

（1）正手平击球。东方式或东西方混合式握拍法，以腰的扭转带动拉拍，动作放松，手腕控制好拍面；充分利用转腰和腿部力量，整个手臂的挥动要快，用力要集中，球拍击球的中部；进攻击斜线时应击球的中右部，进攻击直线时应击球的中部；挥拍动作不应过于向上，应几乎平行地向前挥动击球。

（2）正手上旋球。握拍应是东西方混合式握拍法。击球时，借腰的扭转做到左肩和右肩的交互、交换，使身体呈开放姿势再出拍，手腕稳定，球拍由下向上方挥动；击球后，手腕放松，最后把球拍挥至内侧，靠近身体；击球部位在球的中部或中部偏上的位置。

（3）正手下旋球。判断来球，及早作出准备，在球的上升期击球；后摆动作要小，拍面略开，在击球瞬间，拍面几乎是垂直于地面的；击球点在身体的侧前方，击球时身体重心随挥拍动作一起向前，同时步法要跟上。若来球是上旋球，应击球的中部，向前向下推动用力；若来球是下旋球，应击球的中下部，向前并略向上推动。

2. 反手击球

反手击球的基本动作如图5-26所示。

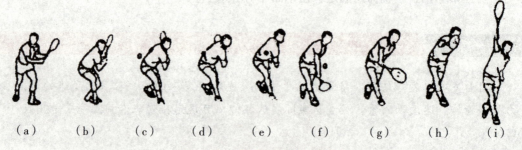

（a）　　（b）　　（c）　　（d）　　（e）　　（f）　　（g）　　（h）　　（i）

图 5-26　反手击球（动作演示）

（1）反手上旋球。向后拉拍要早，借助转体，右肩侧对左侧网柱，右脚向前方跨出，向后引足拉拍；当球落地弹起，借助腰的回转，球拍由后下方向前上方挥出，击球点在身体侧前方，击球时球拍垂直于地面，击球的中部偏下；击球后动作要向正前上方挥出，重心由左脚移至右脚，面对球网。

（2）反手下旋球。击球前的后摆动作与上旋球的后摆动作有所区别，即削球动作的后摆是持拍手借助转肩侧身向后上方摆拍，拍头约与头部同高。持拍手肘关节微屈并靠近身体，右脚向前上方跨出，重心在左脚；击球点在身体侧前方。要打斜线球，击球点要靠前一些；要打直线球，击球点要稍后一些。向前挥拍击球时，朝着球网回身转腰，肘关节外展，手腕锁紧，身体重心由左脚移到右脚，膝关节微屈；击球时拍面要微后仰，球拍由后上方向前下方挥动，做切削动作，击球点在球的中部或中部偏下。击球后，球拍的随挥动作应由下稍微向上，成弧形挥动到肩或头部的高度并面向球。

练一练

（1）熟悉球性练习。

① 用球拍向上颠球。可先用球拍的一面颠球，熟悉后用球拍正、反两面交替颠球。

② 用球拍向下拍球。先原地拍球，再移动拍球、转圈拍球。

③ 抛接球练习。将球抛起，用球拍接球，尽可能让球不要在球拍上弹起，多次反复练习。

（2）单人的练习方法。

① 徒手挥拍模仿练习。巩固、熟练正确的正、反手挥拍击球技术，体会挥拍时向后拉拍、转肩及腰部扭转和重心交换等动作要领。

② 原地对着挡网站立，自抛球，用正手打不落地球。一定次数后，再打落地反弹下降至腰高的球；原地对着挡网站立，进行反手的自抛球落地击球练习。

③ 站在底线后，用多个球练习。分别练习正手击打不落地球过网，然后击打落地球过网。

④ 对墙稍远站立，正手击打落地球上墙，反弹落地两次后，再正手击打，反复练习，然后交换练习反手击球。

⑤ 与墙保持一定距离，进行正手连续击球，争取最多的回合而不失误，再进行反手练习。

（3）两人（多人）练习方法。

① 一人面对挡网3米左右站立，另一个人背靠挡网正面抛球，让同伴进行正手击球练习。视掌握熟练程度，再逐渐拉长距离击球，反复练习，然后进行同样的反手击球练习。

② 一人站在底线中间，另一人站在网前用球拍喂送多球，让同伴依次正手多球练习，然后进行反手多球练习。在练习的过程中，喂送球的落点逐渐向两侧移动，加大难度。要求每次击球结束后，迅速回到底线中间，准备下一次击球。

③ 两人分别在底线练习多回合正手击球和多回合反手击球。先固定线路，逐渐加大难度到不定点线路。

④ 网前两人截击，底线一人正、反拍定点或不定点破网练习，以缩短回击球时间，增加练习的密度和难度。

（六）截击球

截击球是指凌空击对方来球的技术动作，即在球落地之前将来球击回对方场区，可以在网前截击，也可以在场内任何地方截击空中球。截击球以网前截击为主。截击球的特点是缩短击球距离，扩大击球的角度，加快回球速度，在网球比赛中成为一种主要打法和进攻手段。

（1）正手截击球（图5-27）。肩部稍做转动，球拍与肩平行，后拉要稳固，不得过肩。在挥拍的同时，左脚朝球飞行的方向迈出，保持手腕固定并在身体前方击球，保持拍头向上。随挥动作要短，以便快速回到准备下一个球的位置。

（a）　（b）　（c）　（d）　（e）　　（f）　　（g）　（h）　（i）　　（j）

图5-27　正手截击球

（2）反手截击球（图5-28）。肩部稍微转动，球拍与肩平行，球拍后引要小，拉拍要稳固；在向前挥拍时，右脚朝球飞行的方向迈出，保持手腕固定、绷紧；握紧球拍，拍面稍后仰，在身体斜前方用向下切削动作击球，随挥动作要短，以便快速回到准备下一个球的位置。

（a）　　（b）（c）　　（d）　　（e）　　　（f）　　（g）　　（h）

图5-28　反手截击球

（1）对墙距离2米左右，用球拍颠球5次，然后正手将球推送上墙，再用球拍接住球颠5次。连续10个回合后，改颠球4次，再连续10个回合，改颠球3次，依此类推，直到直接与墙进行不颠球连续正手截击球练习为止。

（2）分别进行正反手依次对墙截击球练习。随着对墙练习的熟练程度的提高，逐渐与墙拉开距离，进行正反手截击球练习。

（3）网前正、反手截击球练习。一人送球，练习者在网前连续截击正手球或反手球，随着技术的熟练，提高控制球的线路和落点。

（4）两人在网前相距3米左右，进行直线的连续正手截击球练习，然后再进行反拍直线截击球练习，可适当拉开距离。

（5）在网前中场或近网对底线进行截击球练习。先单线定点，后可加大难度，进行左右移动截击或不定点截击。

（七）高压球

高压球（图5-29）动作与发球的动作相似，握拍也和发球握拍相同；准备击球时，非持拍手上举，指向来球的方向；击高压球和发球时的击球一样，击球点在右眼前上方，近网高压球的击球点可偏前，便于下扣动作的完成，远网后场的击球点可稍后些；击球动作向前下方挥击以防下网，击球后跟进动作应尽量像发球动作那样完整，起跳高压时要保持身体的平衡。

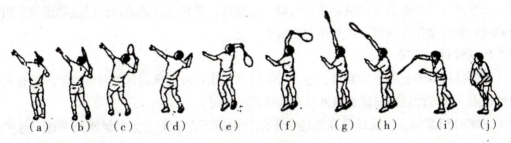

（a）　（b）　（c）　（d）　（e）　（f）　（g）　（h）　（i）　（j）

图5-29　高压球

（1）原地持拍进行模仿练习，结合步法进行挥拍练习。

（2）用多球进行各种高压球练习，从网前过渡到中场、后场，逐渐加大难度。先用手抛，后用拍送抛球；先定点，后不定点。

（3）一人底线挑高球，一人在网前高压球。

（八）挑高球

挑高球（图5-30）指一方上网截击，占据有利位置，另一方打出弧度很高的球，将球挑过上网方的头顶，并落在界内。挑高球不仅是被迫使用的一项防御技术，而且可以破坏对方的进攻节奏，改变对方回球的速度，削弱对方的网前优势，使自己从被动转变为主动。挑高球可分为进攻性挑高球和防守性挑高球两种。

（a）　（b）　（c）　　（d）　　（e）　　（f）　　（g）　（h）　（i）　　（j）

图 5-30　挑高球（动作演示）

1. 进攻性挑高球

进攻性挑高球又叫上旋高球，它能打乱对手的网前战术；这种球能强劲飞越网前对手，迅速落在后场，给破网得分创造机会。

挑高球动作要尽可能和底线正、反拍上旋抽击球动作一样。完成拉拍动作时，要使手腕保持后屈。在挥拍击球时，拍面垂直，拍头低于手腕的位置，采用手腕与前臂的滚翻动作，由后下向前上挥拍，做弧线鞭击球动作，使球拍在击球瞬间进行擦击，以产生强力上旋，击球点在身体侧前方，重心落在后脚。击球后，球拍必须朝着自己设想的出球方向充分跟进，随挥动作要放松并在身体左侧结束。

2. 防守性挑高球

防守性挑高球也叫下旋高球，它飞行弧线高，比进攻性挑高球更容易控制，具有失误少的优点。防守性挑高球能赢得回到有利位置的时间。

击球时拍面朝上，触球是在球的中下部，由后下方向前上方平缓挥拍击球。这种似"铲送"动作的击球法，是为了更好地控制球的高度和深度，尽量使球在球拍上停留时间长一些，动作要柔和。随挥动作与底线正、反拍击下旋球一样，跟进动作应充分，结束动作高于上旋高球结束动作，面对球网，重心稍后。

> **练一练**

（1）利用多球进行练习。练习者在端线后，反复向对方端线挑高球，先定点练，然后在跑动中不定点练习，逐渐加大难度。

（2）网前一人进行高压，一人在底线练习挑高球。

（九）放小球

放小球（图5-31）的目的是当对手前后移动慢、网前技术差时，把对手从后场引到前场，创造得分的机会；当对手站在后场或大角度跑出场外时，突然放小球，使对手来不及到位而得分。掌握放小球这样细腻的球感，需要长时间的练习和经验。

小球击球的准备动作与正、反拍击球动作相同，球拍后引，侧身对网，拍头高于设想的击球点；击球时拍面稍开，动作柔和，触球点在球的下部，使球产生下旋，并以适当的前推或上托动作把球击出，使球以适当的弧线落在对方球场近网处。击球后身体重心向击球方向跟进，自然地完成随挥动作。

（a） （b） （c） （d） （e） （f） （g） （h） （i）

图5-31 放小球（动作演示）

练一练

（1）连续对墙练习放小球。

（2）一次对墙抽击球，一次对墙放小球练习，依次反复练习。

（3）多球练习。一人底线送球，一人网前放小球。

（4）两人底线抽击球中，练习突然放小球。

（十）反弹球

反弹球（图5-32）主要用来回击对着脚下打来的球，或者是在上网途中，来不及到位打截击球而被迫还击刚从地面弹起的低球。它的击球特点是固定球拍角度，借助球弹起一瞬间的力量进行还击。反弹球的正、反拍握拍采用东方式反手握拍法或大陆式握拍法；当判断来球需要打反弹球时，迅速降低重心，身体前倾，保持平衡，后摆动作视球速和准备时间的快慢而定，一般是转体时已经完成了后摆动作；击球时眼睛必须看球，手腕与手臂紧固，拍面略开，随身体重心前移，拍子由上向下反弹击球，使球略带上旋；随挥动作不宜太长，能达到引导出球方向的作用即可。

（a）　　（b）　　（c）　　（d）　　（e）　　（f）

图 5-32　反弹球（动作演示）

四、网球运动的基本战术

（一）单打战术

1. 发球上网

发球时发出质量较高的球，使对方的回球不至于力量太凶猛或落点刁钻。自己应果断上网，移动到发球线与网之间，这样有利于发球速度和角度，造成对方失误。

2. 底线打法

底线打法首先要将球打深，球落在端线前面，而不是发球线附近。同时利用落点调动对方，或者抓住对方的弱点作为突破。在有机会的情况下也可上网截击。

3. 综合打法

根据对手的情况，采用不同的打法。如对方频频上网，可采用挑高球迫使对方退回去；如对方底线技术很好，可适当放一些小球诱使对方上前，再用力将球打深来调动对方。综合打法就是将底线打法和上网打给法两种打法结合起来，根据场上情况，随机应变。

（二）双打战术

1. 协作配合战术

双打要求两个队员配合得像一个人；能做到瞬间的默契配合，是双打战术成功与取胜的关键。双打中两个人相互间的距离不能拉开 3.5 米以上，可以想象为两个人被一根松弛的绳子相连接，这根绳子使两人一起向前、向后、向左和向右移动。

2. 协同防守

当自己的同伴回到端线去救高球时，自己不应当继续留在网前，因为这样会使两人之间出现漏洞，让对方打出落点很好的"破网"球来。所以，当同伴退回去时，自己也要跟着退，使自己一方处于最佳的防守位置。退回端线后虽然被动了，但一旦出现浅球，两人还可立即一起向前，回到网前。

3. 抢网战术

（1）在发球前作出抢网决定。抢网是人在网前横向移动，拦截对方接球员打过来的斜线球。很重要的是，两人要在事先商定妥当，如果对方打斜线球，网前人则要去抢网。而且一旦作出决定，便必须坚决执行。

（2）防住空出的场地。当网前人扑出去拦截接发球时，空出的半个球场便无人防守，所以发球员发球之后，应向同伴留下的那半场跑去，并继续向网前移动。抢网的人在拦截之后，应当继续进入发球员的场区。两人交叉移动，可以防住对方可能回击的直线球，以及抢网人第一次截击没能得分后的回击。

（3）起动要早。抢网时，需要在对方接球员击球的一瞬间起动，而不要在接球员击球之前移动，把自己的行动意识暴露给对方。

（4）退在后场对付抢网的队员。当对方网前队员抢网时，接球员和同伴要掌握好站位。如果退在后场，就有时间移动到位，或者挑高球。

（5）打直线球。如果接发球时始终打斜线球，对方就会判断出来并积极抢网。所以，一旦对方开始抢网，就要打斜线球，使对方网前人不敢随意抢网，也可以尝试采用攻击性挑高球过头顶的方法。

知识拓展：网球运动
竞赛规则简介

（6）抢网时向下击球。要抢网成功，必须在球比网高时击球，就是说要向前移动，靠近球。越靠近网，球就越高，也就越容易截击。

4.发球的配合

双打球经常比单打球更具有强烈的攻击性。发球员的同伴首先占据了网前制高点的位置，随时准备截击接发球员的第一还击球，因此给对方的压力很大，迫使接发球员不得不向发球员还击大角度的球；而且还要有一定的球速，否则便有可能被抢截，所以难度很大。如果用随发球上网形成双上网，那么威胁性更大了，一旦对方打直线球，就会一举得分。然而，对手必须百分之百地控制好还击的反手直线球，否则，那将会为对方创造出一个成功的"破网"球。

在双打的每盘比赛中，发球技术最好的球员应该是第一发球员。而在每次发球时，发好第一次球更为重要，因为这可使网前的同伴能够较有效地进行偷袭。

◆ 思考与练习

一、填空题

1.乒乓球运动常用的基本步法有_____、_____、_____、_____、_____、_____等。

2.乒乓球攻球技术中正手快攻具有_____、_____、_____、_____的特点；正手中远台攻具有_____、_____、_____的特点。

3.羽毛球运动最基本的握拍法有_____和_____两种。

4. 羽毛球运动中接来球时，若对方发高远球或平高球，可用＿＿＿＿＿、＿＿＿＿＿或＿＿＿＿＿还击；若对方发网前球，可用＿＿＿＿＿、＿＿＿＿＿、＿＿＿＿＿、＿＿＿＿＿还击；若对方发球质量不好，也可用＿＿＿＿＿或＿＿＿＿＿还击。

5. 羽毛球的步法包括＿＿＿＿＿、＿＿＿＿＿、＿＿＿＿＿和＿＿＿＿＿四个环节。

6. 网球基本的握拍法可分为＿＿＿＿＿、＿＿＿＿＿、＿＿＿＿＿三种。

二、简答题

1. 乒乓球握拍法有哪几种？各有什么特点？

2. 乒乓球运动站位有哪些要求？

3. 简述羽毛球单打中吊、杀上网战术。

4. 简述羽毛球双打中攻中路战术。

5. 简述网球运动左侧前交叉移动步法的技术要点。

6. 网球运动中什么是放小球？其技术要点是什么？

项目六
游泳运动

📑 学习目标

知识目标：

了解游泳的起源与发展，游泳运动的分项和比赛项目设置；掌握游泳的基本技术以及爬泳、蛙泳技术。

能力目标：

能够熟练掌握游泳运动的基本技术，积极参与体育活动；锻炼身体协调性，提高运动表现；提高心肺功能，增强肌肉力量和耐力，促进身体健康发展。

素质目标：

提高身体的协调性、平衡感，增强学生的自信心。

任务一 游泳运动基础

一、游泳的起源与发展

现代游泳运动起源于英国，早在 17 世纪 60 年代，英国不少地区的游泳活动就开展得相当活跃。随着游泳运动的日益普及，1828 年，英国利物浦乔治码头出现了第一个室内游泳池，到 19 世纪 30 年代，这种游泳池在英国各地相继出现。

第 1 届现代奥林匹克运动会时，就把游泳列为竞赛项目之一。1908 年，在英国伦敦举办第 4 届奥运会时，成立了国际业余游泳联合会（简称国际游联），审定了游泳各项目的世界纪录，并制订了国际游泳比赛规则，规定比赛距离单位为"米"。自由泳设 100 米、400 米、1 500 米和 4×200 米接力项目；仰泳设 100 米项目；增设 200 米蛙泳项目。

1912 年，在瑞典斯德哥尔摩举行的第 5 届奥运会上，首次把女子游泳列入比赛项目，

设女子 100 米自由泳和 4×100 米自由泳接力项目。

在 1952 年第 15 届奥运会上，国际游联决定把蛙泳和蝶泳分为两个项目比赛。从此，竞技游泳发展成四种泳式。之后，为寻求快速度，蛙泳技术逐渐演变为潜水蛙泳，成绩提高很快。

我国近代游泳运动是 19 世纪中叶，由欧、美传入并逐渐流行起来的，开始时在香港及其他沿海各地，如广东、福建、上海、青岛等地普及，而后传及内陆各地。1920 年，国内游泳比赛开始增设女子项目。1924 年，成立了"中国游泳研究会"。

二、游泳运动的分项和比赛项目的设置

游泳运动包括游泳、花样游泳、跳水和水球 4 个项目，这 4 个项目统归在国际游泳联合会的管理之下。所以，中国游泳协会也分管这几个运动项目。

1. 游泳

游泳包括多种花样的姿势，如模仿动物动作的蛙泳、海豚泳或蝶泳；按人体浮游水上的姿势，可分为仰泳、侧泳、爬泳。竞技游泳包括蛙泳、仰泳、蝶泳和自由泳 4 种姿势。

2. 花样游泳

花样游泳又被称为"水上芭蕾"，是集游泳、体操、舞蹈等项目于一身的竞技体育项目。花样游泳对运动员的身材、泳装、头饰、音乐及动作编排都有较高的要求。花样游泳利用运动员肢体在水面上的运动配合以音乐，展现了美与技巧。花样游泳分为单人、双人、集体 3 个比赛项目，它虽然没有激烈的竞赛场面，但带给观众的美好享受是其他体育运动难以替代的。

3. 跳水

跳水是从不同高度的跳板和跳台上做各种跳跃、翻腾、转体等入水动作的运动项目。比赛时根据每个人的助跑、起跳、空中技巧、入水动作的正确性和熟练程度评定成绩。这项运动对发展灵敏素质和培养勇敢、果断的意志品质有很大的作用。

4. 水球

水球是在水中进行的一项球类运动，比赛时每队有 7 人出场，在设有球门的泳池内进行。这项运动要求运动员掌握各项专门游泳技术及各种控球技术、战术，并具有良好的身体素质和意志品质。

5. 蹼泳

蹼泳运动是运动员穿戴特制的装具在游泳池中进行竞赛，项目有蹼泳、屏气潜泳、器泳、水中狩猎、水下定向、水下橄榄球和水下曲棍球等，蹼泳不归属中国游泳协会管辖。

6. 游泳比赛项目设置

根据国家体委颁布的游泳竞赛规则，竞技游泳的竞赛项目见表 6-1。

表 6-1　竞技游泳的竞赛项目

项目	距离 /m（50 m 池）	距离 /m（25 m 池，即短池）
自由泳	50、100、200、400、800、1 500	50、100、200、400、800、1 500
仰泳	50、100、200	50、100、200
蛙泳	50、100、200	50、100、200
蝶泳	50、100、200	50、100、200
个人混合泳	200、400	100、200、400
自由泳接力	4×100、4×200	4×50、4×100、4×200
混合泳接力	4×100	4×50、4×100
备注	男女比赛项目相同	

任务二　基本游泳动作

学习各种游泳姿势前先要熟悉水性，进行游泳基本技术的训练，其目的是让初学者通过身体的感官来感知水的浮力、压力和阻力等，逐步适应水的特性和环境，消除对水的恐惧，并掌握水中行走、呼吸、漂浮、滑行等一些基本的游泳动作，为今后学习和掌握各种游泳技术打下良好的基础。

一、水中行走

一般在齐腰深的水中进行，做各个方向的行走、跳跃练习。开始时动作不宜过大，速度不宜过快，要保持身体协调，维持身体平衡，最好按练习方法依次进行。

水中行走可以使初学者了解水环境中的浮力、阻力等特性，以便在水中站立或行走时维持身体平衡，消除怕水的心理。

二、水中呼吸

水中呼吸练习是游泳教学的难点，也是熟悉水性阶段的关键内容，应贯穿于整个练习的始终。该练习可使初学者基本掌握游泳的呼吸方法、呼吸过程、呼吸节奏，以适应头部入水的刺激，消除怕水的心理。

游泳主要用口吸气，用鼻或口鼻一齐呼气。练习主要是单人、扶边或在同伴帮助下进行的，用口吸气后闭气，慢慢下蹲把头全部浸入水中，停留片刻后抬头，同时用嘴和鼻子呼气后再吸气，这样就不易呛水，如图6-1所示。

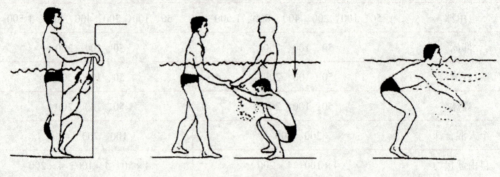

图6-1 呼吸练习

在水中练习呼吸，可以通过水中憋气、水中呼气和韵律呼吸等方式进行。

三、水中漂浮

练习水中漂浮时，要尽量深吸一口气，在水中闭气的时间应尽量长，并且要求身体放松。

1. 扶固定物团身漂浮练习

在水中两手扶住池边、水线或抓住同伴的手，先深吸一口气，然后把头没入水中憋气，同时团身，使身体尽量放松，自然地漂浮于水中。呼气后，站立用嘴吸气。在此基础上，两人或多人手拉手可同时做团身漂浮练习。

2. 扶固定物展体漂浮练习

在水中两手扶住池边、水线或同伴的手，先吸气，然后把头没入水中憋气，同时团身，全身放松，使身体自然漂浮于水上，再展开身体；呼气后，站立用嘴吸气。在此基础上，两人或多人手拉手可同时做团身再展开漂浮练习。

3. 抱膝漂浮练习

站立水中，深吸气后，下蹲憋气，低头抱膝，大腿尽量靠近胸部，呈低头抱膝团身姿势，身体要尽量放松，自然地漂浮于水中；呼气后，两臂前伸向下按水并抬头，同时两腿伸直，向下踩，呈站立姿势，如图6-2（a）所示。

4. 展体漂浮练习

站立水中，深吸气后，下蹲憋气低头抱膝，放松漂浮于水中后，展开身体；或两臂放松向前伸直，深吸气后身体前倒并低头，两脚轻轻蹬离水底，呈俯卧姿势漂浮于水面，臂、腿自然分开，全身放松，身体充分展开。呼气后，两臂前伸向下按水并抬头，同时两腿伸直，向下踩，呈站立姿势，如图6-2（b）所示。

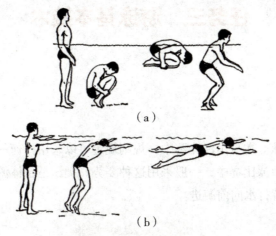

（a）

（b）

图6-2　水中漂浮练习

四、水中滑行

在水中滑行时，臂和腿自然伸直，身体放松呈流线型，要尽量延长闭气时间和滑行距离。

1. 同伴扶手滑行练习

手臂放松扶住同伴的手，没入水中憋气，身体展开漂浮在水面上，全身放松，同伴拉练习者的手倒退走，使其体会滑行动作。在此练习基础上，可放开练习者的手，使之自己滑行漂浮，但要注意保护。

2. 蹬池壁滑行练习

背向池壁，双臂伸直并拢贴近双耳，或一手扶池边缘，一臂前伸，一脚站立，另一脚抵池壁。深吸气后低头，上体前倾成俯卧，支撑腿迅速屈膝上提，将脚贴在池壁上，臀部尽量提高并靠近池壁，双脚用力蹬壁，全身充分伸展、放松，呈流线型向前滑行。在此基础上可做蹬池底滑行练习，体会在滑行中如何保持身体平衡，如图6-3所示。

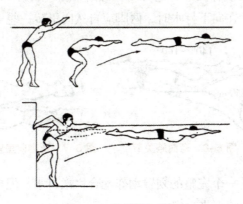

图6-3　水中滑行练习

任务三 游泳基本技术

一、爬泳

爬泳又称为自由泳。在自由泳比赛中，规则规定可以采用任何一种姿势，因为爬泳的速度最快，所以在自由泳比赛中，一般采用这种姿势。爬泳是身体俯卧水中，依靠两臂轮换划水，两腿上下交替打水向前游进。

(一) 爬泳技术

（1）身体姿势：游爬泳时，身体平直地俯卧在水中，身体的纵轴与水平面保持3°～5°角，微微抬起，其中平直的姿势能缩小前进时截面，有助于减少阻力，颈部自然后屈，与水平面成20°～30°角，两眼注视前下方（图6-4）。两臂轮换前伸向后划水，两腿上下交替打水。身体保持平直，既不要收腹提臀，也不要挺胸塌腰，但在游进过程中身体可以绕身体纵轴有节奏的转动，这种转动角度一般为35°～45°（图6-5）。

图6-4 平直俯卧　　　　　　图6-5 有节奏的转动

（2）腿部动作：爬泳的打腿，主要使身体保持平衡，有利于划水，在整个爬泳的配合技术中有着重要的作用。爬泳的打腿是指两腿不停地上下交替摆动。向下时，腿自然伸直，用髋关节发力，大腿带动小腿，打水的幅度，一般两腿间差距为30～45厘米。向下打水时，动作要快而有力，向上提腿时应放松一些。在向下打水时，由于惯性作用，此时小腿仍继续向上移动，而使膝关节有些弯曲，弯曲角度一般为140°～160°（图6-6）。在打水时，脚尖自然伸直，在向下打水时，两脚应自然向里转一些（图6-7）。

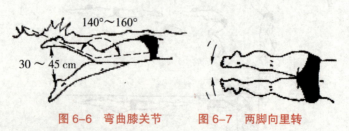

图6-6 弯曲膝关节　　　　　图6-7 两脚向里转

打水的次数，一般是一个完整的划臂动作配合六次打水，但也有人采用四次打水和两次打水，这要根据个人的特点来决定。

（3）臂部动作：爬泳的手臂动作是产生推进力的主要动力。整个手臂动作可分为入水、抱水、划水、出水和空中移臂五个不可分割的部分。但是它们之间并没有明显的界限，而是一个完整的动作。

①入水：在完成空中移臂后，手应向前，自然、放松地入水，入水点一般在身体纵轴和肩关节的前方延长线之间。入水时手指自然伸直并拢，通过臂内旋使肘关节抬高，弯成130°～150°角，使肘关节处于最高点，掌心斜向外下方。这种姿势阻力较小。

②抱水：臂入水后，手掌从向斜外下方转向斜内后方，并开始屈腕、屈肘，并保持高抬肘姿势。抱水时，上臂和水平面约成30°角，前臂与水平面约成60°角，手掌接近垂直对水，肘关节屈成150°角左右，整个手臂如同抱着一个圆球。

③划水：划水是整个臂部动作产生推进力的主要环节。在抱水的基础上，划水时臂与水面成35°～45°角。开始划水时，屈肘成100°～120°角。此时前臂移动快于上臂，当划至肩下垂直面时，屈肘成90°～120°角。前臂迅速向后推水至侧腿旁，结束划水。在划水过程中，手掌微凹。

④出水：划水结束后，臂借助推水后的速度惯性，利用肩三角肌、肩带肌的收缩及身体沿纵轴的转动，将肘部向上方提起，并迅速将臂部提出水面，这时臂部和手腕应柔和放松。

⑤空中移臂：空中移臂阶段是臂部在一个划水周期中的休息放松阶段。移臂时，肘稍屈，保持比肩和手部都要高的位置，不要直臂侧向挥摆，也不要以手来带动臂完成屈肘移臂，这样动作紧张，而且也不正确，还达不到放松的目的。

⑥两臂配合：爬泳两臂是否协调配合，是前进速度均匀性与否的重要条件。

（4）呼吸与臂部动作的配合：爬泳的呼吸是利用头向左侧或右侧的转动，用嘴进行呼吸的。如以向右呼吸为例：右手入水以后，嘴和鼻开始慢慢地呼气，划至肩下向右侧转头，呼气量开始增加，当右臂推水即将结束时，呼气量进一步加大。右臂出水时，马上张嘴吸气。移臂到一半时，吸气就结束，并开始转头复原。此时，又闭气，继续转头和移臂，脸部转向前下方。头部姿势稳定时，右臂又入水开始下一次划水。如此反复循环进行呼吸。

（5）呼吸和完整动作的配合：爬泳时腿、臂、呼吸的配合动作，一般采用两手各划水一次、呼吸一次和两腿打水六次的配合方法。为了充分发挥手臂的作用，提高游进速度，也有采用两臂各划水一次、呼吸一次和打腿四次的配合方法。

（二）爬泳的练习方法

（1）腿部动作练习。

①陆上练习。

a. 坐姿打水：坐在岸边或桌椅边上，两手后撑，两腿伸直，脚尖相对，脚跟分开呈八字形。以髋关节为轴，大腿带动小腿，做上下交替打水动作。可以先做慢打水的练习，然

后做快打水的练习。

b. 坐池边，两脚放入水中打水，要求同上。

c. 俯卧在池边或长凳上，两臂前伸或弯曲抱住物体固定，两腿自然并拢伸直，做上下打水动作。

②水中练习。

a. 扶池槽打水：俯卧水面抓住水槽可采用快速打水或慢速打水的方法。要求打水时，脚不出水面。如图6-8所示。

图6-8　扶池槽打水

也可采用仰卧的方法，两手抓住水槽，身体仰卧水面，用仰泳腿部动作的练习，体会爬泳打水的方法，但必须注意膝盖不能露出水面。

b. 手扶浮板或救生圈打水。方法要领同前。

c. 脚蹬池臂滑行打水。打水方法按腿部动作要领做。

d. 练习者由同伴拉着，做原位或后退行走的打水练习。

（2）臂部动作练习。

①陆上练习。

a. 身体站立，上体前屈，两臂伸直平举，做单臂抱水、划水、出水、空中移臂、入水的模仿动作。

b. 双臂的配合：原地站立，上体前屈，两臂伸直平举做左（右）臂抱水、划水、出水、空中移臂、入水的模仿动作。

②水上练习。

a. 站立水中，上体前倾，做手臂的划水练习。动作按臂部动作要领做，如图6-9所示。

图6-9　臂部动作水中练习

b. 上体前倾入水，做水中走动的动作练习。

c. 水中两腿夹板，做臂的划水练习。

d. 自己蹬池臂滑行后，做手臂划水的练习。

（3）呼吸动作练习。

①陆上练习。

a. 臂腿配合：体前屈站立，两臂前伸，做脚尖不离地、两膝轮流前屈的踏步，并与二次划水配合。口令配合即 1～3 踏步，同时左臂划水一次；4～6 踏步，同时右臂划水一次。

b. 单臂与呼吸配合：体前屈站立，做抱水动作，同时慢呼气，并向后划水、转头、用力呼气和吸气，然后做出水、入水动作，头转正时闭气。

c. 双臂和呼吸配合：体前屈站立，口令配合即 1～3 踏步，右臂划水一次，并配合呼吸、闭气、吐气、还原；4～6 踏步，左臂划水一次，同时吸气、闭气、吐气、还原。

②水中练习。

a. 体前屈：面部入水，在水中做呼气动作；转头时，用力吐气；吸气时，下颌靠近肩部；闭气还原。

b. 站立水中，上体前屈呈水平姿势，头部放在水里。开始时，可以练习一臂划水与呼吸的配合；再练习两臂同时划水与呼吸的配合；还可以模仿向前游泳的姿势，两脚向前走动进行练习。

c. 练习者双脚由同伴扶住，身体俯卧在水中，做呼吸与两臂配合的动作，如图 6-10 所示。

图 6-10　呼吸动作水中练习

（4）爬泳的完整技术配合。

①滑行打腿，一臂前伸，一臂划水。划时不要太快，但划水路线要长，以推水为主。

②滑行打腿，两臂分解配合。

③滑行打腿，两臂轮流划水，做前交叉配合。

④臂与呼吸配合，滑行打腿，单臂划水，向同侧转头呼吸。掌握后再进行两侧呼吸。

⑤完整配合游。距离可以逐渐加长，在长游中改进和提高技术水平。

二、蛙泳

（一）蛙泳技术

1. 身体姿势

蛙泳技术比较复杂，同时技术也在不断发展。特别是近年来出现的"波浪式"蛙泳，身体位置更不稳定。在一个动作周期（一次蹬腿、一次划手）结束后，有一个短暂的相对稳定的滑行瞬间，此时臂腿并拢伸直，身体较水平地俯卧于水面，头略微抬起，身体纵轴与水平面成 5°～10° 角，身体保持一定的紧张度，以保持较好的流线型。当划水和抬头吸气时，头抬出水面，肩部上升，加上开始收腿，这时身体与水平面的夹角增大，约为 15°，如图 6-11 所示。初学蛙泳的人容易吸气时抬头过高而使身体下沉，这样会增大阻力。

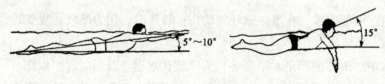

图 6-11　蛙泳

2. 腿的技术

蛙泳的腿部动作很重要，可产生较大的推进力，腿的动作可分为四部分，即收腿、翻脚、蹬腿和滑行。

（1）收腿。收腿动作不但不产生推进力，而且会给身体带来阻力，因此要考虑如何减小阻力。开始收腿时同时屈膝屈髋，两膝边慢慢分开，边向前收腿，小腿和脚应跟在大腿和臀部的后面，以较慢的速度和较小的力量使脚后跟向臀部靠拢，以减小阻力。收腿结束后，大腿与躯干之间成 130°～140° 角，大腿与小腿之间成 40°～50° 角。

（2）翻脚。翻脚对蛙泳蹬腿的效果起着重要的作用。但翻脚并不是一个独立的动作阶段，而是在收腿没有完全结束时就开始了。通过向外翻脚，使脚尖朝外，对水面积增大，并使脚和小腿内侧对准蹬水的方向。翻脚结束时，两脚之间的距离要大于两膝之间的距离，如图 6-12 所示。

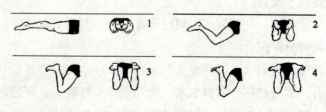

图 6-12　翻脚

（3）蹬腿。蹬腿，也叫"蹬夹水"或"鞭状蹬水"。先伸展髋关节，从大腿发力向后蹬水，小腿和脚掌做向下和向后的鞭水。腿在向后蹬的同时向中间夹紧，蹬腿结束时两腿应并拢伸直，踝关节伸直，如图6-13所示。

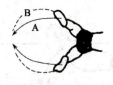

图6-13　蹬腿

由于蹬夹水能够产生较大的推进力，应用较大的力量和较快的速度完成。

（4）滑行。蹬腿结束后，由于蹬腿的惯性作用，两腿有一个短暂的滑行阶段。这时两腿应尽量伸直并拢，腿部肌肉和踝关节自然放松，为下一个动作周期做好准备。

蛙泳腿常见的错误技术主要有：大腿收得幅度太大（易使身体上下起伏）或太小（易使脚和小腿露出水面而蹬空）；蹬腿过宽或过窄；收腿结束时分膝过大；蹬腿未翻脚及滑行时两腿未并拢等。

3. 手臂技术

蛙泳臂划水技术可以产生较大的推进力，蛙泳的划水动作从水下看，像一个"倒心形"，如图6-14所示。

蛙泳臂部动作可分为开始姿势、滑下、划水、收手和移臂等几个部分。

（1）开始姿势。蹬腿结束时，两臂前伸，与水平面平行，掌心向下，身体保持流线型，如图6-15所示。

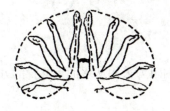

图6-14　手臂技术　　　　　图6-15　开始姿势

（2）滑下。两肩和手臂前伸，手腕向前、向外、向下方勾手，抓水结束时，两臂分开约成45°角，如图6-16所示。

图6-16　滑下

（3）划水。划水是产生推进力的主要运动。划水开始时，两手继续外分，手臂向外旋转，同时屈肘、屈腕，保持高肘划水。划水的前一部分手臂同时向外、向下和向后运动，如图 6-17 所示。

图 6-17　划水

划水的整个过程应加速并始终保持高肘姿势完成，肘关节弯曲的角度随划水的进行不断减小，到划水即将结束时，肘关节屈至约 90° 角，手位于肩的前下方。

蛙泳划水常见的错误技术主要有直臂划水、沉肘、划水过宽或过长等。

（4）收手。划水结束后，手臂向外旋转，手同时向内、向上和向前快速运动，开始了收手过程。收手时，两掌心相对。收手结束时，肘的位置低于手肘关节，弯曲成较小的锐角，如图 6-18 所示。

图 6-18　收手

（5）移臂。尽管目前有些运动员为了减小移臂的阻力采用从水面上移臂的方法，但这样做容易使腿下沉，所以并不流行。

移臂是在收手的基础上完成的。通过向前伸肩和伸肘，两臂前移至开始姿势。移臂时，掌心可以向下，也可以向内，在即将结束时再转为向下，如图 6-19 所示。

图 6-19　移臂

移臂时不产生推进力，但要注意减小阻力。

4. 呼吸及完整配合技术

蛙泳一般在一次动作周期中吸一次气。臂、腿、呼吸的配合多采用1：1：1的配合。蛙泳时利用抬头吸气，有早吸气和晚吸气两种配合形式。早吸气是在手臂刚开始划水时抬头吸气，吸气时间相对较长，收手和移臂时低头呼气。这种配合易于掌握，可以利用划水时的下压产生升力，有助于使上身浮起，抬头吸气。晚吸气是指划水结束、收手时吸气，吸气时间较短，移臂时低头呼气。这种技术有一定难度，但抬头时间短，身体重心和浮心推动平衡的时间短，因而阻力小，被高水平运动员采用，如图6-20所示。

早吸

晚吸

图6-20　呼吸及完整配合技术

蛙泳臂腿配合技术较为复杂。正确的配合技术是：手臂划水时，腿自然放松伸直；收手时腿自然屈膝；开始移臂时收腿，并快速蹬腿。

（二）蛙泳的练习方法

1. 腿部动作练习

动作要领：收腿要慢，翻腿要充分，使脚掌、小腿和大腿内侧形成最好的对水面，并向外、向内做弧形蹬夹水动作。

蛙泳腿部动作练习方法如下。

（1）陆上模仿练习。

①坐撑在地上或池边，做收腿、翻腿、蹬夹水、并腿分解练习。

②按上述动作做完整连贯动作练习。

③俯卧在凳子或出发台上做上述动作练习。

（2）水中练习。

①抓池边做蛙泳蹬腿练习。

②蹬边滑行做蛙泳连续蹬腿练习。

③扶打水板做上述练习。

2. 臂部动作练习

动作要领：划水时收手要快，移臂要慢，保持动作节奏，明确划水路线，整个臂部动作应同时对称进行。

蛙泳臂部动作练习方法如下。

（1）陆上模仿练习。

①两脚原地左右开立，上体前倾，做蛙泳臂划水练习。

②按上述动作配合呼吸进行蛙泳臂划水练习。

（2）水中练习。

①两脚前后开立，上体前倾，做蛙泳臂划水练习。可配合呼吸动作进行练习。

②由同伴抱住双腿，俯卧水中做上述练习。

③双腿夹打水板进行上述练习。

3. 完整动作配合技术练习

动作要领：臂的划水动作先于腿，即先臂后腿，收手抬头吸气、伸臂低头吐气，收腿要慢，蹬夹要快，保证动作节奏。

蛙泳完整动作配合技术练习方法如下。

（1）陆上模仿练习。

①两臂伸直上举，一脚站立，另一脚抬起，做腿、臂、呼吸完整配合模仿技术练习。

②两脚前后开立，前脚站立，后脚抬起，做蛙泳完整动作配合技术练习。

（2）水中练习。

①蹬边滑行俯卧做蛙泳腿臂连续配合技术练习。

②按上述动作，逐渐增加呼吸次数，最后，过渡到1∶1∶1完整动作配合技术练习。

③增加练习距离，熟练和巩固蛙泳技术。

知识拓展：游泳竞赛规则简介

知识拓展：游泳救护方法

◀))延伸阅读

国家游泳队学习党的二十大精神——凝聚共识 坚定信心 以昂扬斗志争创佳绩

2022年11月4日，国家游泳队在国家体育总局训练局进行党支部（扩大）集体学习。围绕学习宣传贯彻党的二十大精神，二十大代表、奥运冠军汪顺进行了二十大精神宣讲；崔登荣、王爱民、郑珊等教练，张雨霏、李冰洁、杨浚瑄等奥运冠军交流分享了学习二十大精神的心得体会。大家在交流分享中凝聚共识、坚定信心，一致表示，巴黎奥运会备战的集结号已经吹响，全队将以更加昂扬的斗志、更加扎实的作风，不断提升竞技水平，力争在国际赛场创造佳绩。

"参加党的二十大是光荣神圣的使命，是沉甸甸的责任，更收获了丰硕的成果。虽然已经过去了近半个月，但回忆起这段时光仍然心潮澎湃、备受鼓舞。"汪顺表示，这段时间他一直在反复学习领会党的二十大精神。他希望通过自己的分享能够更好地学习宣传贯彻党的二十大精神，特别是激励更多年轻运动员顽强拼搏、奋勇争先。他也将继续苦练本领，力争在国际赛场上升国旗、奏国歌，为体育强国建设贡献青春力量。

崔登荣说："作为党员和体育工作者，我将继续不忘初心、牢记使命，积极学习优秀的训练方式和理念，全心全意为运动队服务，砥砺前行，在自己的岗位上发光发热，为体育强国建设贡献力量。"

王爱民说："多年来，国家游泳队一直深耕队伍建设，打造队伍文化。我们要心怀热忱、脚踏实地做好本职工作，为国家培养政治素质过硬、业务能力强、有高超技能和本领的运动员。我们要持续深入学习宣传贯彻党的二十大精神。身为党员，我更要身体力行，全力以赴为体育事业发展、为体育强国建设贡献力量。"

郑珊表示："我们要通过学习宣传贯彻党的二十大精神找准体育的时代坐标和历史使命，在实现中国梦的生动实践中实现我们的体育理想和个人抱负。我们要不断精进自我，也许前途不一定顺利，但一定要坚定地走下去，要把学习党的二十大精神成果转化为提升训练比赛能力的成果，为体育强国建设做贡献。"

"我要向汪顺学习，力争在未来的几年中，继续在比赛中发挥自己的作用。在出征12月的墨尔本短池世锦赛前接受这样的一次精神洗礼，更加激励我要在比赛中争创佳绩，为祖国荣誉、为梦想顽强拼搏。"张雨霏表示，作为党员，自己深感责任重大、使命光荣。"我将不断学习，拿出韧劲，在实践中练就过硬本领，弘扬体育正能量，积极发挥党员带头作用，为队伍贡献力量。我也将更加坚定不移地听党话、跟党走，怀抱梦想又脚踏实地，敢想敢为又善作善成，立志做有理想、敢担当、能吃苦、肯奋斗的新时代好青年。"

"汪顺当选党的二十大代表，这对中国游泳来说是很大的激励，让我们这些预备党员备受鼓舞。希望自己能够在墨尔本短池世锦赛上实现突破。"李冰洁说，"想要实现梦想，不仅需要汗水和智慧，还要有战胜困难的力量。这个训练周期我在训练方面实现了自我突破，接下来我会更加严格要求自己，不断增强使命感、责任感、荣誉感，在日常的训练、学习、生活中保持积极向上的态度，做到团结协作、乐于助人、敢于拼搏，向队里的老党员学习，共同进步，共创辉煌。"

预备党员杨浚瑄说："促进竞技体育发展是我们一线运动员奋斗的目标。明年的杭州亚运会和2024年巴黎奥运会，是我们新时代中国体育健儿向世界展示中国青年的朝气、霸气和英雄气的最好时机。我们一定要牢记习近平总书记对新时代体育人的嘱托，不忘初心，在杭州亚运会和巴黎奥运会上奋勇拼搏、再创佳绩。"

❯ 思考与练习

一、填空题

1.竞技游泳包括＿＿＿＿＿＿、＿＿＿＿＿＿、＿＿＿＿＿＿和＿＿＿＿＿＿4种姿势。

2.游泳主要用＿＿＿＿＿＿吸气,用＿＿＿＿＿＿或＿＿＿＿＿＿呼气。

3.游爬泳时,身体平直地俯卧在水中,身体的纵轴与水平面保持＿＿＿＿＿＿角,微微抬起,颈部自然后屈与水平面成＿＿＿＿＿＿角,两眼注视前下方。

4.爬泳的整个手臂动作可分为＿＿＿＿＿＿、＿＿＿＿＿＿、＿＿＿＿＿＿、＿＿＿＿＿＿和＿＿＿＿＿＿五个不可分割的部分。

5.蛙泳的腿部动作可分为＿＿＿＿＿＿、＿＿＿＿＿＿、＿＿＿＿＿＿和＿＿＿＿＿＿四部分。

二、简答题

1.简述爬泳呼吸与臂部动作的配合技术要点。

2.简述蛙泳的呼吸。

项目七
形体运动

📝 **学习目标**

知识目标:

了解健美操、瑜伽、体育舞蹈的起源与发展;掌握健美操、瑜伽、体育舞蹈的基本技术。

能力目标:

能够熟练掌握形体运动的基本技术,积极参与形体运动;锻炼身体协调性,提高运动表现;增强身体柔韧性,进而减少运动损伤。

素质目标:

培养学生与人沟通交往及积极塑造良好体形的素养。

任务一　体育舞蹈

一、体育舞蹈简介

体育舞蹈也称"国际标准交谊舞"(简称国标舞),是集娱乐、运动、艺术于一身,以男女为伴作为特征的一种步行式双人舞。

体育舞蹈的发展经历了原始舞、公众舞、民间舞、宫廷舞、交际舞、新旧国际标准交谊舞等演变过程。早在殷商乐舞《韶》中,便有"相与连臂踏歌行"的集体舞之说。18世纪20年代后,英国皇家舞蹈教师协会对原有的"舞种""舞步""舞姿"等进行了规范整理,制订了比赛方法,形成了国际标准交谊舞。1847年,在德国柏林举行了第一届世界标准交谊舞锦标赛。1992年,国标舞曾被列为奥运会表演项目。

二、体育舞蹈的分类

从舞种起源来看，交谊舞可分为现代舞（摩登舞）和拉丁舞两大类。现代舞大部分起源于欧洲，舞种主要有华尔兹舞、维也纳华尔兹舞、快步舞、狐步舞、探戈舞，其特点是具有高贵典雅的绅士风度。拉丁舞起源于拉丁美洲，舞种有伦巴舞、恰恰舞、桑巴舞、斗牛舞、牛仔舞，其特点是热情奔放、充满浪漫的情调。

从严格的标准、规范的角度来看，交谊舞又可分为国际标准舞和舞厅舞两大类。国际标准舞要求舞步、舞姿、跳法具有系统化和规范化，舞种为现代舞和拉丁舞各五种，具有表演性、体育性和竞技性。舞厅舞要求即兴发挥、自由化，舞种除现代舞、拉丁舞各舞种外，还有迪斯科等，其具有自娱性和社交性。

体育舞蹈各舞种的基本动作各不相同。由于篇幅有限，本书仅介绍现代舞的探戈舞和拉丁舞的恰恰舞的基本技术。

◀》延伸阅读

体育舞蹈基本名词与动作术语

（1）舞程向：在一个舞池中，为避免互相碰撞而规定舞者必须按逆时针方向行进，这个行进方向叫作舞程向。

（2）舞程线：沿舞程向方向行进的路线叫作舞程线。

（3）舞姿：泛指舞者跳舞时的姿态。

（4）合对位舞姿（闭式舞姿）："合"指男女交手握抱，"对"指男女面对面，合对位泛指男女面对面双手扶握的身体位置。

（5）开对位舞姿（开式舞姿）：指男士的右侧与女士的左侧身体紧密贴靠，身体的另一侧略向外展开成"V"形的站立或行进的身体位置。

（6）升降动作（起与伏）：指在跳舞时身体的上升与下降。升降动作是在膝、踝、趾关节的屈和伸动作的转换中完成的。

三、体育舞蹈的锻炼价值

（一）音乐对调节精神的作用

体育舞蹈是一项"形动于外而情于内"的表演艺术。谈到艺术，人们自然想起音乐。音乐素来被人们称为舞蹈的灵魂，其强烈的感情色彩把人们带入一种无形的美的境界。音乐在听觉上显示出来的激情作用于人的器官，从而能激发出内心的灵感和冲动。在体育舞蹈的音乐中，优美悦耳的华尔兹舞曲可以使人振奋精神、陶冶情操；节奏强烈的探戈舞曲，可以使人智勇倍增，催人进取；音乐缠绵、柔美、抒情的伦巴舞曲可令人心神陶醉，体会到爱情和青春的温馨；雄壮激昂的斗牛舞曲，可使人精神振奋，一往无前。不同的音乐风格、不同的音乐享受，使人们在不知不觉中调畅胸怀，舒解忧闷，调节情绪，发生自然的喜、怒、忧、思、悲、恐、惊七情的情志波动，调心养性，达到愉悦身心的效果。

（二）体育舞蹈的健"心"效果

从艺术心理角度分析："肢体线条的律动正是心灵意识流动的轨迹，是人的心理情感的展现。"人们在翩翩起舞中，可以达到交流思想、抒发感情、增进友谊的目的。另外，通过跳舞可以消除人们日常工作学习和生活中的紧张精神和不安情绪。体育舞蹈活动为人们创造了一种良好的气氛。美妙动听的音乐、优美动人的舞姿、轻松愉悦的气氛感染着在场的每个人，使人们在和谐的韵律中获得精神享受，使由于工作和学习造成的紧张、疲劳和紊乱的情绪得到缓解和调节，并使心情开朗，再以更高的热情投入新的生活当中，从而达到健全心理的目的。

四、体育舞蹈的基本技术

（一）探戈舞

探戈舞（Tango）为现代舞的一种，是最早被英国皇家舞蹈教师协会肯定并加以规范的四个标准舞之一。探戈舞舞步独树一帜，斜行横进，步步为营，俗称"蟹行猫步"。动作刚劲锐利，欲进又退，欲退还前，动静快慢，错落有致，沉稳中见奔放，闪烁中显顿挫。探戈舞以其刚劲挺拔、潇洒豪放的风格和独有的魅力征服了舞坛，被誉为"舞中之王"。

知识拓展：国际体育舞蹈联合会竞赛规则

探戈舞曲为 2/4 拍，每分钟 33 小节，其基本节奏为：慢（S）、慢（S）、快（Q）、快（Q）（S 为 slow 的缩写，Q 为 quick 的缩写）。其风格特点是沉稳扎实、刚劲锐利、动作棱角分明、步法有停顿、头随身体有摆动等。

握抱姿势：合对位舞姿。

1. 常步

常步共分为两步（图 7-1）。

节奏：SS。

（1）男舞伴左足前进，女舞伴右足后退。男舞伴左足提起出步，左足落下以足跟先着地，紧接着左足全足着地。女舞伴右足提起退步，然后右足按 CBMP（反身位），向左足后方退步，右足落下时，足掌先着地，紧接着右足全足着地，完成第一步。

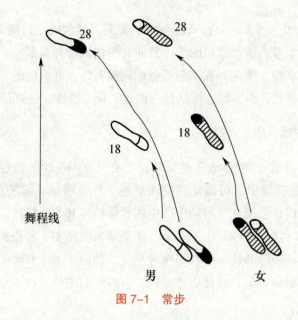

图 7-1 常步

（2）男舞伴右足前进，女舞伴左足后退。男舞伴右足提起准备出步，然后右足迈步，右足尖稍向左偏，以使舞者沿曲线向左行进。右足迈步时肩引导，即右肩向前，与右足运动方向相同。右足落下时足跟先落地，紧接着全足落地。女舞伴左足提起准备退步，肩引导，即左肩向后。然后左足向后退步，左足落下，以左足掌先着地，紧接着左足全足着地，完成第二步。

2. 行进连接步

行进连接步共有两步。

节奏：QQ。

准备姿势：合位或走步第二步。

（1）男：左足 CBMP，前进。女：右足 CBMP，后退。

（2）男：右足旁步稍靠后（全足内缘），左足虚步（掌内缘），内并进位，左膝弯曲内收，身体向右转正，迅速摆头面向中央线。女：左足虚步，右足虚步，成并进位，右膝弯曲内收，身体正对男伴，迅速摆头面向中央线。

3. 并进并合步

并进并合步共分四步（图 7-2）。

节奏：SQQS。

准备姿势：并进位。

（1）男：左足旁步。女：右足旁步。

（2）男：右足 CBMP，并进步。女：左足 CBMP，并进步，左转 1/4 至合位。

（3）男：左足旁步稍靠前（足内缘）。女：右足旁步稍靠后（掌内缘），头摆回面对壁斜线。

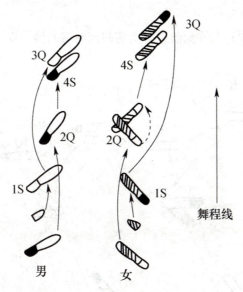

图 7-2 并进并合步

（4）男：右足向左足并步（全足），头摆回面对壁斜线。女：左足向右足并步（全足）。

4. 并进外侧步

并进外侧步共分为四步（图 7-3）。

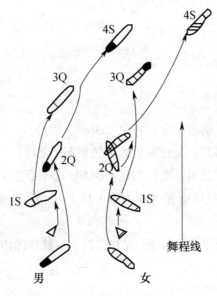

图 7-3 并进外侧步

节奏：SQQS。

（1）男：左足旁步。女：右足旁步。

（2）男：右足 CBMP，并进步。女：左足 CBMP，并进步。

（3）男：左足旁步稍靠前（足内缘）。女：右足旁步稍靠后（掌内缘），头摆回面对壁

斜线。

（4）男：右足 CBMP，右外侧前进，头摆回面对壁斜线。女：左足 CBMP，后退。

5. 四快步

四快步的四步均为一拍一步（图 7-4）。

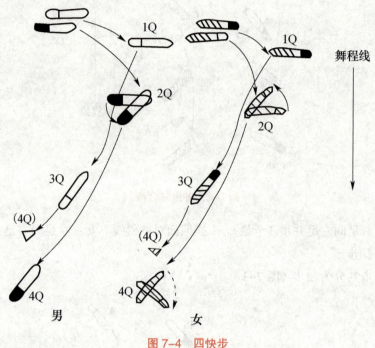

图 7-4　四快步

节奏：QQQQ。

准备姿势：合位。

（1）男：左足 CBMP，前进。女：右足 CBMP，后退。

（2）男：右足旁步稍靠后。女：左足旁步稍靠前（全足）。

（3）男：左足 CBMP，后退。女：右足 CBMP，右外侧前进。

（4）男：右足后退，左足虚步（掌内缘）成并进位，左膝弯曲内收，摆头面对中央线。

女：左足前进，右足虚步（掌内缘）成并进位，右膝弯曲内收，摆头面对中央线。

6. 并进连接步

并进连接步共有三步（图 7-5）。

节奏：SQQ。

准备姿势：并进位。

（1）男：左足旁步。女：右足旁步。

（2）男：右足 CBMP，并进步，右足落地后身体开始左转。女：左足 CBMP，并进步，左足滞后于男伴右足，落地位置应较男伴右足远些，落地后以左掌为轴迅速左转。

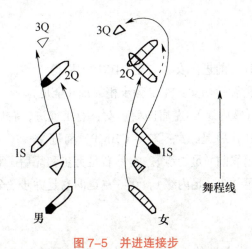

图 7-5　并进连接步

（3）男：左足旁步、虚步（掌内缘），左膝内收，摆头面对中央斜线。女：右足旁步、虚步（掌内缘），右膝内收，摆头面对中央斜线。

7. 左转步

左转步共有六步（图 7-6）。

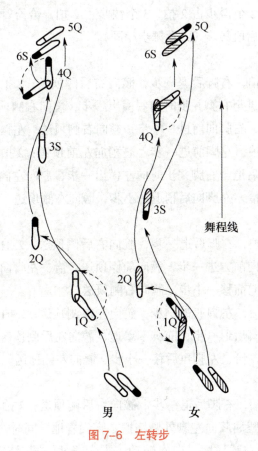

图 7-6　左转步

节奏：QQSQQS。

准备姿势：合位。

（1）男：左足 CBMP，前进。女：右足 CBMP，后退。

（2）男：右足旁步稍靠后。女：左足旁步稍靠前（全足）。

（3）男：左足后退（掌内缘），左肩向后。女：右足前进，右肩向前。

（4）男：右足 CBMP，后退。女：左足 CBMP，前进。

（5）男：左足旁步稍靠前（足内缘）。女：右足旁步稍靠后（掌内缘）。

（6）男：右足向左足并步（足内缘）。女：左足向右足并步（全足）。

（二）恰恰舞

恰恰舞（Cha-Cha）由非洲传入拉美后，在古巴获得很大发展，它是模仿企鹅姿态创编的舞蹈。在动作编排上一反男子领舞的习惯，男女动作不要求统一、整齐，且多半是男子随后。恰恰舞因为名称动听，节奏欢快、易记，乐鼓和沙球的咚咚沙沙声与动作相吻合，舞蹈诙谐、花哨，步法利落、紧凑，所以备受欢迎，是拉丁舞中最受欢迎的舞蹈。

恰恰舞的音乐为 4/4 拍，每小节 4 拍，动作的切分表现突出。舞步基本节奏是 2 慢 3 快，即慢慢、快快快；2 个慢步占 2 拍，3 个快步占 2 拍。恰恰舞的基本舞步为四种，每种舞步分成前段舞步和后段舞步（男女舞步相同）。

1. 并步

（1）前段舞步：1 拍，右脚后退一步，髋向右后侧顶送；2 拍，左脚前踏一步，髋向左前顶送；恰，右脚前进至右脚并步时向右横出一步，髋向右侧顶送；恰，左脚稍向右踏步，髋向左侧顶送；恰，右脚向前进一小步，髋向右侧顶送，左腿稍屈膝，脚尖点地。

（2）后段舞步：1 拍，左脚前进一步，髋稍向左前顶送；2 拍，右脚后踏一步，髋向右后侧顶送；恰，左脚后退至右脚并步时向左横出一步，髋向左侧顶送；恰，右脚稍向右踏步，髋向右侧顶送；恰，左脚向后稍退一小步，髋向左侧顶送，右腿稍屈膝，脚点地。

2. 磋步

（1）前段舞步：1 拍，右脚后退一步，髋向右后侧顶送：2 拍，左脚前踏一步，髋向左侧前顶送：恰，右脚向前方进一步，髋向前侧顶送：恰，左脚向右后前进交叉磋步，前脚掌着地；恰，右脚再向前移一小步，髋向右侧顶送。

（2）后段舞步：1 拍，左脚前进一步，髋向左前侧顶送；2 拍，右脚再后踏一步，髋向右后侧顶送；恰，左脚后退一步，前脚掌着地，髋向左后侧顶送；恰，右脚向左前后退交叉磋步，前脚掌着地；恰，左脚再后移一小步，髋向左侧顶送。

3. 绕腿扭步

（1）前段舞步：1 拍，右脚后退一步，髋向右后侧顶送；2 拍，左脚再前踏一步，髋向左前侧顶送；恰，右腿屈膝向左脚外侧绕摆，脚尖着地，同时左腿屈膝上体向左转 90°角，髋向右转动；恰，左腿屈膝，向右转动，脚尖着地，同时右腿屈膝上体向右转 90°

角，髋向左转摆；恰，右脚原地踏一步，保持双腿屈膝姿势。

（2）后段舞步：1拍，左脚前进一步，髋向左前侧顶送；2拍，右脚在后踏一步，髋向右后侧顶送；恰，左脚后退一步，髋向左后侧顶送，重心不定；恰，右脚再前踏一步，髋向右侧顶送，重心不定；恰，左脚再后踏一步，髋向左侧顶送，重心不定。

4.双腿扭步

（1）前段舞步：1拍，右脚后退一步，髋向右后侧顶送；2拍，左脚再前踏一步，髋向左前侧顶送；恰，右腿屈膝向左外侧绕摆，脚尖着地，同时左腿屈膝上体向左转90°角，髋向右摆；恰，左腿屈膝脚尖着地，腿向右侧转动至右腿右前侧，腰部向右扭动带动髋左摆；恰，左腿回转至正面，右脚向左脚并步，屈膝前脚掌着地。

（2）后段舞步：1拍，左脚前进一步，髋向左前侧顶送；2拍，右脚再后踏一步，髋向右后侧顶送，重心移至右脚，同时左腿伸直向左侧摆起；恰，左腿向右腿后交叉快摆一步，屈膝脚尖着地，髋向右侧顶送；恰，右脚在原地踏一步，髋向左摆；恰，左脚向右脚并步，屈膝前脚掌着地。

任务二　健美操

一、健美操的起源与发展

"健美操"一词源于英文"aerobics"，意为"有氧运动""有氧健美操"，最早是由美国太空总署（美国国家航空航天局）为宇航员设计的室内体能训练内容。健美操的魅力在于将音乐融进了当时流行的迪斯科，动作融合了时尚的霹雳舞等现代舞蹈，鲜明强烈的节奏催人奋进，激情奔放的身体动作很具感染力，使人们在轻松、愉悦的气氛与心态中达到锻炼的目的。

20世纪80年代初，当世界性的"健美操"热潮刚刚踏进国门的时候，最先接受它的是高校，最先得到普及的也是高校，最先开始向社会推广的还是高校。一时间各种类型的健美操中的流行旋律、时尚动作占据了校园文化阵地，开创了高校健美操蓬勃发展的新局面。无数大学生开始认识健美操、参与健美操，并受益于健美操。

高校健美操热潮促进了学校体育教学的改革，健美操已被列入学校体育教学大纲，这为健美操在学校的普及奠定了良好的基础。不仅如此，随着健美操运动的迅速推广，高校之间的健美操竞赛活动也日渐频繁，使健美操运动的发展形成了良性循环。高校的健美操热潮也促进了全民健身热潮的兴起，其以新颖的锻炼方式、良好的锻炼效果很快被向往健

美操的人群所接受，越来越多的以健美操为主要健身方式的健身中心、健身俱乐部应运而生，成为健身市场中一道靓丽的风景线。

二、健美操的分类

1. 竞技健美操

竞技健美操是一项在音乐的伴奏下，能够表现连续、复杂、高强度成套动作的运动项目。该运动项目起源于传统的有氧健身运动；成套动作必须通过连续的动作组合，展示运动员的柔韧性和力量、七种步伐的多样性操化动作组合、结合难度动作完成成套动作的竞技能力。

2. 健身健美操

健身健美操的目的在于增进健康，可为社会不同年龄层次的人所采用。它根据练习对象的需求进行创编，动作简单易学，节奏稍慢，时间长短不等，可编排 5 分钟到 1 小时。目前，我国健身健美操运动开展非常广泛，各种成套健美操动作的练习时间、场地、人数、内容、动作名称、节奏快慢等没有统一的标准，可以根据练习者的需要进行编排。

3. 表演性健美操

表演性健美操是我国在健美操运动历史发展过程中出现的一种特殊形式，在国外是没有的。表演性健美操的主要练习目的是"表演"，它是事先编排好的、专为表演而设计的成套健美操，时间一般为 2～5 分钟。表演性健美操的动作较健身健美操动作复杂，音乐速度可快可慢，并为了保证一定的表演效果，动作较少重复，也不一定是对称性的。在参与的人数上可是单人，也可以是多人，并可在成套中加入队形变化和集体配合的动作，表演者可以利用轻器械，如花环、旗子等，还可以采用一些风格化的舞蹈动作，如爵士舞等，以达到烘托气氛、感染观众、增加表演效果的目的。

🔊 **延伸阅读**

健美操的锻炼价值

1. 增强体质，增进健康

健美操运动的一个重要目的就是提高身体素质。它克服运动中的单调枯燥，发挥出循序渐进、安全合理、综合发展等优势。系统地进行健美操锻炼对人的力量、速度、灵敏、协调、耐力、柔韧等身体素质的提高有较大的促进作用，也可以改善肌肉、关节、韧带和内脏器官的功能，从而达到增进健康、增强体质的目的。

2. 改善体形，培养端庄体态

健美操是动态的健美锻炼。其动作频率快，讲究力度，运动负荷较大，运动中消耗较多能量，消除体内多余脂肪，发展某些部位的肌肉，使人体向着健美的方向发展。

健美操的独到之处是它可以对身体比例的均衡产生积极的影响。特别是能增加胸背肌肉的体积，消除腰腹部沉积的多余脂肪，使体态变得丰满、线条变得优美。通过经常性、正确的形体动作训练，还能矫正不正确的身体姿势，培养正确、端庄的体态，使锻炼者的形体和举止风度发生良好的变化。

3. 缓解精神压力，陶冶美好情操

随着时代的发展和社会的进步，人们在享受科学技术所带来的舒适生活和各种便利的同时，也受到了来自方方面面的精神压力。研究证明，长期的精神压力不仅会引起各种心理疾患，而且许多躯体疾病也与精神压力有关，如高血压、心脏病、癌症等。体育运动可缓解精神压力，预防各种疾病的产生，这是科学研究已证实的事实。而健美操作为一项体育运动，以其动作优美、协调，锻炼身体全面，同时具有节奏强烈的音乐伴奏而著称，是缓解精神压力的一剂良方。在轻松优美的健美操锻炼中，练习者的注意力从烦恼的事情上转移开，忘掉失意与压抑，尽情享受健美操运动所带来的欢乐，得到内心的安宁，从而缓解精神压力，获得更强的活力和更好的心态。另外，健美操锻炼增强了人们的社会交往。目前，无论是国外还是国内，在学校以外，人们参加健美操锻炼的方式都是去健身房，在健美操教练的带领和指导下集体练习，而参与健美操锻炼的人来自社会的各阶层。因此，这种形式扩大了人们的社会交往面，使人们从工作和家庭的单一环境中解脱出来，可接触和认识更多的人，开阔眼界，从而为生活开辟另一个天地。大家一起跳、一起锻炼，共同欢乐、互相鼓励。有些人因此成为终生的朋友。因此，健美操锻炼不仅能强身健体，同时还具有娱乐功能，可使人在锻炼的过程中得到一种精神享受，满足人们的心理需要。

4. 医疗保健功能

健美操作为一项有氧运动，其特点是强度低、密度大，运动量可大可小，容易控制。因此，在控制好运动的范围和运动量的前提下，健美操运动除了对健康的人具有良好的健身效果，对一些病人、残疾人和老年人而言，也是一种医疗保健的理想手段。如对于下肢瘫痪的病人来说，可做地上健美操和水中健美操的练习，以保持上体的功能，促进下肢功能的恢复。总之，只要控制好运动范围和运动量，健美操练习就能在预防损伤的基础上，达到医疗保健的目的。

三、健美操的基本动作

健美操基本动作分别是头颈部、肩部、胸部、腰部、髋部、腹部、上肢和下肢等部位的动作。

（一）头颈部动作

（1）头颈屈。做练习时，上体保持不动和探颈（图 7-7）。

知识拓展：健美操的
科学锻炼方法

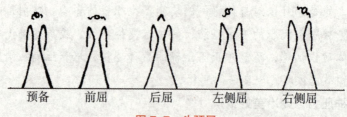

预备　前屈　后屈　左侧屈　右侧屈

图7-7　头颈屈

（2）头颈转。做动作时，头要正，不能抬下颌（图7-8）。

（3）头颈绕和绕环。颈部肌肉及韧带要相对放松（图7-8）。

左转　右转　绕　绕环

图7-8　头颈转和头颈绕和环绕

（二）肩部动作

（1）提肩和沉肩。颈与头不能向前探，上体不摆动（图7-9）。

（2）肩绕和绕环。肩绕和绕环是指以肩关节为轴做小于或大于360°的弧形或圆形运动。注意肩部肌群放松，大幅度绕环（图7-10）。

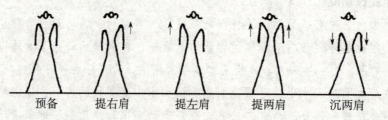

预备　提右肩　提左肩　提两肩　沉两肩

图7-9　提肩和沉肩

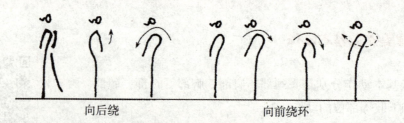

向后绕　向前绕环

图7-10　肩绕和绕环

（三）胸部动作

（1）含胸。动作要缓慢，速度要均匀（图7-11）。

（2）展胸。展胸是指挺胸肩外展，向上展胸时下塌腰（图7-11）。

图7-11　胸部动作

（四）腹部动作

（1）下腹练习。仰卧，腿伸直，绷脚面；下腹肌发力，将腿向上举起；随后将腿放下，腿与地面约成15°角。手臂与上体不能离地。

（2）上腹练习。仰卧，腿伸直，绷脚面；上腹肌发力，将上体拉起呈坐势；随后使上体从下至上逐步着地。练习时脚不能离地。

（3）全腹练习。仰卧，脚伸直，绷脚面；整个腹肌发力，将上体和腿拉起，双手抱膝；上体和腿同时着地呈仰卧姿势。

（4）综合练习。仰卧、抱颈、屈膝、两腿分开；腹肌发力，头离地；上体离地，两手臂插于两腿中间；上体完全立起；随后脊柱及腹肌相对放松，顺势躺下。要用腹肌发力，将上体一节一节地拉起。

（五）腰部动作

（1）腰屈。动作有腰前屈、后屈和左右侧屈。

（2）腰绕、绕环。动作有腰的左绕、右绕和绕环。

（六）髋部动作

（1）顶髋。动作有前、后、左、右顶髋（图7-12）。

（2）提髋。动作有髋的左、右侧摆，同侧脚提起（图7-13）。

（3）摆髋。动作有左、右侧摆。摆髋时，膝关节伸直（图7-14）。

（4）绕髋和绕环髋。动作有向左、向右绕髋和绕环髋（图7-15）。

（5）行进间正（反）髋走。行进间正（反）髋走是指顶髋方向与身体行进方向一致（相反）的移动动作。

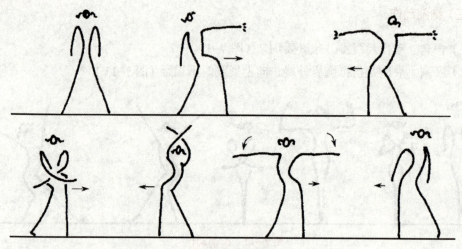

图 7-12　顶髋

图 7-13　提髋

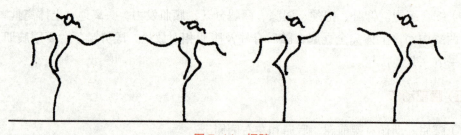

图 7-14　摆髋

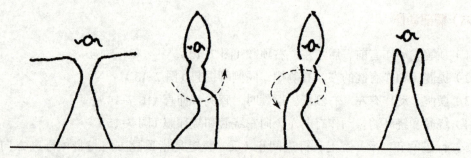

图 7-15　绕髋和绕环髋

（七）上肢部位的动作

（1）基本手形。常用的手形如图 7-16 所示。

（2）屈臂。屈臂是指肘关节产生一定的弯曲角度（图 7-17）。

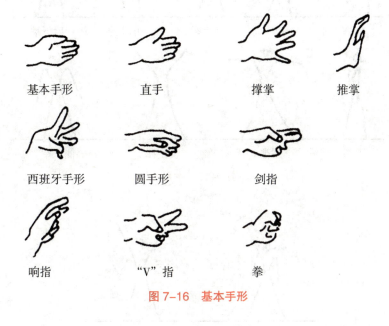

| 基本手形 | 直手 | 撑掌 | 推掌 |

| 西班牙手形 | 圆手形 | 剑指 |

| 响指 | "V" 指 | 拳 |

图 7-16　基本手形

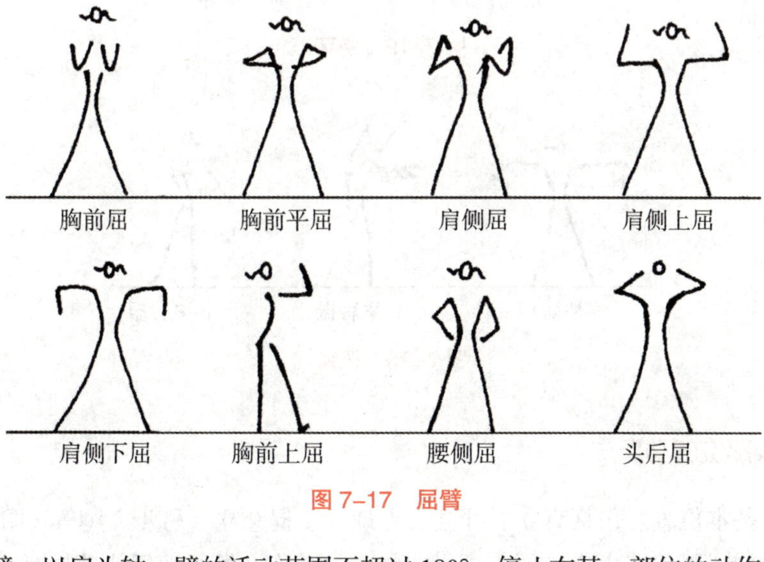

| 胸前屈 | 胸前平屈 | 肩侧屈 | 肩侧上屈 |

| 肩侧下屈 | 胸前上屈 | 腰侧屈 | 头后屈 |

图 7-17　屈臂

（3）举臂。以肩为轴，臂的活动范围不超过 180°，停止在某一部位的动作（图 7-18）。

（4）绕环。臂以肩为轴，向不同方向做圆形运动（图 7-19）。

（5）振臂。以肩为轴做臂的加速度摆至最大幅度（图 7-20）。

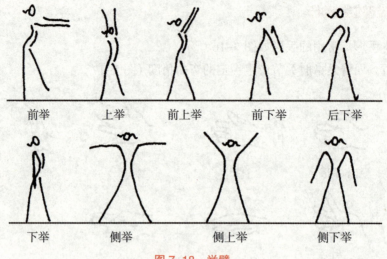

前举　上举　前上举　前下举　后下举

下举　侧举　侧上举　侧下举

图 7-18　举臂

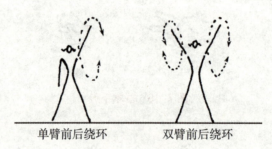

单臂前后绕环　双臂前后绕环

图 7-19　绕环

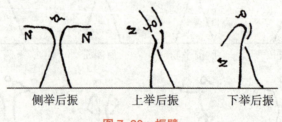

侧举后振　上举后振　下举后振

图 7-20　振臂

（八）下肢部位的动作

（1）腿的基本位置。包括直立、开立、点地立、提踵立、弓步、蹲等（图 7-21）。

（2）腿屈伸。膝关节由直成屈，再由屈伸直的动作。做原地屈伸动作时，身体重心不能前后移动（图 7-22）。

（3）抬腿。一腿支撑，另一腿屈膝高抬（图 7-23）。

（4）踢腿。腿要伸直，绷脚面；身体不可晃动（图 7-24）。

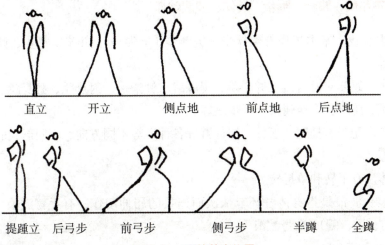

直立　　开立　　侧点地　　前点地　　后点地

提踵立　后弓步　前弓步　　侧弓步　　半蹲　　全蹲

图 7-21　腿的基本位置

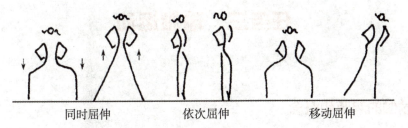

同时屈伸　　　　依次屈伸　　　　移动屈伸

图 7-22　腿屈伸

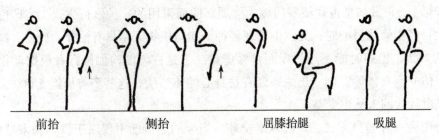

前抬　　　　侧抬　　　　屈膝抬腿　　吸腿

图 7-23　抬腿

前踢　　后踢　侧踢　　　向前弹踢　　　向侧弹踢

图 7-24　踢腿

（九）基本步伐、跳步、跑步、转体、波浪动作

（1）基本步伐。基本步伐有柔软步、提踵步（足尖步）、并步、垫步、弹簧步、滚动步、十字步等。

（2）跳步。跳步有开合跳、并步跳、提膝跳、钟摆跳、射燕跳、翻身跳、挺身跳、转体跳、弹踢跳、跨跳、交换腿跳、弓步跳等。

（3）跑步。跑步有摇臂、摆臂、屈伸臂等各种姿势不同方向、不同形式的跑，如跑十字、跑圆弧等。

（4）转体。有平转和单足转。

（5）波浪。波浪是指身体各环节依次而连贯的屈伸动作，有手臂波浪（单、双臂）、躯干波浪（前、后、侧）、全身波浪等。

任务三　瑜伽运动

一、瑜伽的起源和概念

"瑜伽"一词为梵文"Yoga"的音译，起源于古印度，意思是"连接""统一"，其原意为"和谐"。它最初是古代婆罗门教为实现解脱而采用的一种修行方式。古印度瑜伽修行者在大自然中修炼身心时，无意中发现各种动物与植物天生具有治疗、放松、睡眠和保持清醒的方法，患病时能不经治疗而自然痊愈，于是古印度瑜伽修行者根据动物的姿势观察、模仿并亲自体验，创立出一系列有益身心的体位法，这些姿势历经5 000多年的锤炼，使世世代代的人从中受益。

瑜伽作为一种健身方式，现已风靡全球，当今的瑜伽已不仅属于哲学和宗教的范畴，它有更广泛的含义和更强大的生命力，现如今，瑜伽主要用来增进健康和进行心智健康的练习。

◀》延伸阅读

瑜伽的锻炼价值

1. 有效预防慢性病

外在的身体疲倦可以通过双手按摩达到舒缓的目的。与肌肉和骨骼一样，人体的脏器也会产生疲倦感，而借助瑜伽的各种体位法，配合腹式呼吸，能够按摩身体的内脏器官，提升内脏功能，促进血液循环，使腺体分泌平衡，关节灵活，增强神经系统功能，提高免疫力，从而使人远离慢性病。

2. 消除疲劳和紧张

站姿和坐姿不正确的人，或是长期因工作及生活压力而处于精神紧张状态的人，比一般人更容易感到倦怠。通过有意识的呼吸，可以排除体内的废气、虚火，消除疲劳和紧张感。

3. 减脂、塑造体型、延缓生理衰老

瑜伽的练习可以从根本上改善人的体质，通过瑜伽的体位法和持之以恒的练习，可以使身体得到显著的变化：美化胸部曲线、使腰部柔软、美化臀部、避免臂肌松弛下垂、美化臂型、消除腹部多余脂肪、预防下半身肥胖、修长腿部、消除大腿和小腿脂肪。练习瑜伽可以使人的心情愉悦，畅通全身经络，活化脏腑机能，调节心情，使人处于平和、喜悦的状态，从而延缓生理衰老的过程，常葆青春。

4. 训练注意力、缓解忧愁和抑郁

练习瑜伽，能使人把注意力集中在一件事上，使身体按照内心的意志去行事。瑜伽可以通过梳理身体中堵塞的气流来调节紊乱的心绪，当心灵抛开烦躁、忧郁和压力而平静下来时，人的注意力就会更集中。当身心完全放松，专注于伸展肢体时，体内就会产生一种让人愉快的"脑内啡肽"，能够安定情绪，释放人体负面情绪，让人处于积极的状态，逐渐达到"身松心静、身心合一"的境界。

二、瑜伽的呼吸、冥想

1. 瑜伽的呼吸

瑜伽的呼吸分为腹式呼吸、胸式呼吸和完全式呼吸。

（1）腹式呼吸。腹式呼吸是瑜伽练习中最为简单和有效的呼吸练习，是所有呼吸技巧的基础，基本上任何一个体式都可以练习腹式呼吸：双手交叉，置于脑后的颈部，呼气时低头，双肘靠近，腹部内收，把气逼出来，吸气时抬头，双肘打开，腹部隆起，腹腔充满空气。呼吸要尽量平稳、深沉、悠长。初学者也可以选择仰卧的姿势来体会腹式呼吸。

知识拓展：瑜伽的流派

功效：腹式呼吸可以安抚神经，调节循环和呼吸系统，为身心减压，在深长呼吸时，腹部的器官得到按摩，内脏和腺体得到调整。

（2）胸式呼吸。胸式呼吸是以肺的中上部分进行呼吸，感觉胸部在张缩鼓动，腹部相

对不动。可将双手放在肋骨的两侧，吸气，收缩腹部，胸廓的下部升高并向两侧扩张，肩部也会随着抬高，腹部向内朝脊椎的方向收回，吸气越深，腹部收得越紧，呼气时放松，肋骨向下并内收。

功效：胸式呼吸可加强腹肌力量，降低心跳频率。

（3）完全式呼吸。以坐姿或仰卧的姿势来练习，将腹式呼吸和胸式呼吸结合起来，就形成了完全式呼吸。先轻轻吸气，吸到腹部的位置，当小腹充满气体时，继续吸气，让整个胸廓也膨胀起来，肩部稍提起，慢慢呼气，放松胸部的位置，再放松腹部的位置。一定要在完全掌握腹式呼吸和胸式呼吸之后再练习完全式呼吸法。初学者练习完全式呼吸时容易感觉头晕，调整为自然呼吸即可恢复。

功效：完全式呼吸的气息是腹式呼吸和胸式呼吸的叠加，可以使血氧含量增加，血液得到更好的净化，注意力得到增强，神经系统得到镇静，内心变得清澈。

2. 瑜伽的冥想

冥想是瑜伽中最珍贵的一项技法，是实现入定的途径。它是在健康的意识状态下把注意力集中在当下时刻的能力，一定要在一个幽静、不受外界干扰的地方进行冥想练习，这样更容易集中注意力，练习时的姿势一定要舒适，以确保长时间稳定不动且不疲倦。在练习前先做几个缓慢深长的呼吸，让自己内心静下来，进入冥想状态。初学者练习时间不要太长，等到具备忍耐寂寞的能力时，再逐渐增加时间，刚开始冥想时可能会有很多杂念，不要因此而烦躁不安。

瑜伽冥想的方法如下。

（1）烛光冥想。在幽暗的房间点上蜡烛，保持坐姿，闭上双眼，感觉到舒适和稳定后，睁开眼睛，专注地凝视火焰最明亮的部分，不要眨眼，直到眼睛感到疲倦，慢慢闭上眼睛，放松身心。闭上眼睛后，继续感受火焰在眉心之间，直到余像消失，再睁开眼睛凝视火焰，这样反复练习10分钟。

（2）语音冥想。最为常用的语音冥想是 om 唱诵冥想，它被称为宇宙一切声音的组成。首先发 ao 的音，感觉声音在腹部振动；其次发 ou 的音，感觉声音在胸腔振动；最后发 en 的音，感觉声音在头颅振动。语音冥想能够让练习者净化心灵，安定情绪。

三、瑜伽的基本技术

（一）瑜伽坐姿

1. 简易坐（散盘）

腰背挺直，坐于垫子上，双腿交叉，右脚压在左腿上方，挺直脊背，收紧下颌，眼睛看向前方一个位置，两手掌心向下轻放在膝盖处。

2. 莲花坐

弯曲左膝，将左脚放在右腿的大腿根部，弯曲右膝，将右脚放在左腿上，贴近大腿根部，双膝向两侧地面靠近，类似盘坐，脚心朝上，挺直脊背，收紧下颌，保持正常呼吸。

3. 半莲花坐

弯曲左膝，将左脚放在右腿上，贴近大腿根部，脚心朝上，可两腿交换坐；挺直脊椎，收紧下颌（初学者可采用这一坐姿）。

4. 雷电坐

两膝靠拢，两脚脚跟指向外侧，伸直背部，臀部放在两个分离的脚跟之间，两手轻放在膝盖处（初学者可用手握拳支撑在臀部后方）。

5. 棒坐式

坐立，双腿并拢，脚尖回勾，脊柱向上立直，胸腔上提，双肩放松下沉，双手放在臀部的两侧，掌心朝下，五指分开，指尖指向正前方，下巴微内收，眼睛看向前方，脖子后侧放松。

（二）瑜伽基本动作练习方法

瑜伽包含伸展、力量、耐力和强化心肺功能的练习，有促进身体健康、协调整个机体的功能，使人在学习如何保持身体健康运动的同时，也增加了身体的活力。此外，还可使人心境平和、情绪稳定，引导人们改善自身的生理、感情、心理和精神状态，使身体协调平衡、保持健康。

1. 鱼式

鱼式做法如下。

（1）平躺，双腿伸直并拢。

（2）吸气，拱起背部，把身体躯干抬离地面，胸口上顶，抬头，轻轻地让头顶紧贴地面。

（3）双臂伸直，呈合十状，双脚同时抬离地面。

2. 三角转动式

三角转动式做法如下。

（1）自然站立，两脚宽阔分开；深吸气，举手臂与地面平行，双膝伸直，右脚向右转90°，左脚向右转60°。

（2）呼气，上体左转，弯曲躯干向下，右手放于两脚之间；右手臂与左手臂成一竖线，双眼看左手指尖。

（3）伸展双肩及肩胛骨，保持10～30秒；吸气，先收双手，再收躯干，最后两脚收回。随后换方向进行。

3. 半莲花脊柱扭转式

半莲花脊柱扭转式做法如下。

（1）坐立，双腿向前伸直，弯曲左腿放在右大腿上，脚心朝上。

（2）呼气，左臂前伸，左手抓住右脚脚趾，上身转向右边，将右臂收向背部，用右手揽住腰的左侧。

（3）吸气，然后呼气，同时头部和上身躯干尽量向右转，保持20秒自然呼吸，换另一侧。

4. 简化脊柱扭动式

简化脊柱扭动式做法如下。

（1）坐立，两腿伸直，两手平放在地上，略微放在臀部的后方，两手手指向外，把左手移过两腿，放在右手之前。

（2）把左脚放在右膝的外侧，右手掌进一步伸向背后，吸气，尽量把头部转向右方，从而扭动脊柱。

（3）蓄气不呼，保持这个姿势若干秒；呼气，把躯干转回原位，换另一侧。

5. 侧角伸展

侧角伸展做法如下。

（1）站立面向前方，双腿尽量分开，双手侧平举，与肩同高，手心向下；右脚向外打开90°，左脚收回30°；呼气，右膝弯曲，大腿与地面平行，左膝膝盖伸直。

（2）沿右腿内侧放低右手手臂，手放在脚内侧地上；脸向上转，左手臂向头侧前方伸展，上臂贴太阳穴部位。

（3）保持30～60秒，平稳地呼吸，吸气起身，换另一侧。

6. 鹭式

鹭式做法如下。

（1）从"棒坐"开始，坐直腰背，与头和颈成一直线。右脚屈膝，小腿内侧紧贴着大腿的外侧，呈"半英雄式"坐姿。

（2）左脚屈膝提起，双手握着左脚掌，呼气，然后慢慢提起向上伸直，保持大腿、膝盖和左脚拇趾成一直线，保持腰背挺直。

（3）一边将蹬直的脚继续拉近躯干，一边慢慢呼气，尽量将头、胸部和腹部贴着小腿及大腿。谨记把蹬直的脚向自己身体拉近，而不要把身体向脚移近。保持这个姿势15～30秒。完成后，换另一只脚重复上述步骤。

若腘绳肌太紧，无法向上蹬直大腿，或双手无法捉紧脚板，可在脚板套上一条毛巾或瑜伽绳，改为抓紧它。也可以在臀部后面放置一个瑜伽砖，帮助完成"半英雄式"坐姿。

7. 站立伸展式

站立伸展式做法如下。

（1）从"山式"开始。双脚稍微分开，吸气，提起双臂向上伸直伸展，手心向内。膝盖及大腿收紧。

（2）呼气，腰背挺直，伸展脊椎。盆骨向前伸展，上半身保持挺直，保持膝盖及大腿收紧。双臂保持在耳朵旁边的位置，头部、颈、脊椎和臀部形成一条直线，与大腿成90°角。

（3）吸气，保持背部挺直，接着一边呼气，盆骨再慢慢向前方地面伸展，直至坐骨朝天。顺序将腹部、胸部和头部按在双脚上。双手握着脚踝后面，也可以平放在脚边，手肘贴在两侧。双脚保持蹬直以稳定身体的重心。自然呼吸。保持这个姿势30～60秒，然后倒序返回起始的"山式"姿势。

常犯错误：弯下时，上半身未伸展就将头部压在大腿，令背部严重弯曲，可致背痛；身体歪向一边，以致失去平衡；屏着呼吸；膝盖屈曲，膝盖及大腿没有收紧。

难度调整：如果盆骨或腘绳肌僵硬，无法将躯干向前伸展，可先用墙壁来练习。面向墙，按顺序完成步骤（1）和（2）。完成步骤（2）后，双手平行按在墙上，保持头、颈、脊椎和臀部成一直线。

8. 猫式

猫式做法如下。

（1）跪在地上，两膝打开，与臀部同一宽度，小腿及脚背紧贴在地上，脚板朝天。俯前，挺直腰背，注意大腿与小腿及躯干成直角，令躯干与地面平行。双手手掌按在地上，置于肩膀下面正中位置。手臂应垂直，与地面成直角，同时与肩膀同宽。指尖指向前方。

（2）吸气，同时慢慢地将盆骨翘高，腰向下微曲，形成一条弧线。眼望前方，垂下肩膀，保持颈椎与脊椎连成一条直线，不要过分把头抬高。

（3）呼气，同时慢慢地把背部向上拱起，带动脸向下方，视线望向大腿位置，直至感到背部有伸展的感觉。配合呼吸，重复以上动作6～10次。

完成步骤（3）后，再一次挺直腰背，同时抬起右脚向后蹬直至与背部成水平位置，脚掌蹬直，左手向前方伸展。抬起头，眼望前方，伸展背部。伸直的手和脚与地面保持平行。

9. 船式

船式做法如下。

（1）从"棒坐"开始。坐直腰背，背部微微向后。双脚靠拢，屈膝，脚板贴地，双手置于身后两侧。

（2）吸气，提起小腿，直至与地面平行，脚尖朝天，上半身再向后倾，与地面成45°角。双手按在地上协助支撑身体，腹部收紧，作为整个身体的平衡点。

（3）呼气，锁紧脚跟，双脚以45°角撑展蹬直，躯干与双脚形成一个V形。双手提起并向前伸直与地面平行。凝聚躯干力量，挺直腰背和胸膛，双脚并拢夹紧。保持自然呼吸，维持这个姿势约10秒或更久。

10. 侧前伸展式

侧前伸展式做法如下。

（1）从"山式"开始。双手置后，手掌向内合上，置于肩胛骨之间、身体正中的位

置。这合掌的动作称为"Namaska"。挺胸收腹，肩膀往后转，手肘朝后方。

（2）双脚分开约1米宽，蹬直，左右脚跟保持在同一条直线上，脚尖向正前方。

（3）右脚向右转90°，左脚向右转75°～80°，右脚跟与左脚弓对齐。然后把整个身体向右转，与右脚保持相同的角度朝着右方，双脚位置则保持不变。肩膀与盆骨保持垂直向着前方。

（4）尽量蹬直及伸展右脚腘绳肌，收紧大腿肌肉，由脚跟支持身体的重量。左脚腘绳肌向后方用力，保持平衡。吸气，仰头，向上伸展胸部和腰腹，眼睛望向上方。保持手掌互相紧贴在背后，躯干稍微向后仰，但颈部不要过分后仰。

（5）呼气，伸展脊椎，由盆骨带动，将躯干往前伸展。由腹部开始慢慢按在前面的大腿上，接着是胸部，最后将下颚按在膝盖上。肩膀和手肘尽量朝向上方。保持双脚蹬直，尤其后腿腘绳肌用力以保持平衡。自然呼吸，保持这个姿势20～30秒。然后按倒序返回步骤（1），换另一只脚重复以上步骤。

11. 单脚背部伸展式

单脚背部伸展式做法如下。

（1）从"棒坐"开始。右脚屈膝放在地上，与左脚成90°角，将右脚跟靠在胯下位置，同时用右脚趾贴着左腿的大腿内侧。

（2）吸气，提起双臂，腰背挺直，将双手往上尽量伸展，两手手心向内。

（3）由下盆带动，呼气，身体慢慢往左脚的方向向前伸展，背部保持挺直。左脚跟蹬直，脚趾朝天。拉长肩膀，不要放松双臂，应继续向前伸展，直至到达甚至超越左脚掌的位置。

（4）吸气，再次挺直背脊，接着一边呼气，一边慢慢将上半身向前伸展，先是腹部，然后按顺序是胸部、脸，最后是额头贴在左小腿上。双手抓着左脚掌外侧，如果想增加难度，可改用一只手扣着另一只手腕的方式。注意要尽量挺直背部，蹬直的左膝盖不可弯曲。保持这个姿势呼吸4～12次或更久，练习时以感觉舒适为限度。然后轻轻按倒序回到步骤（1），再换另一只脚重复上述步骤。

12. 坐广角式

坐广角式做法如下。

（1）坐下，双手着地后，腰背挺直，眼望前方。双脚保持蹬直，慢慢打开。然后根据自己的柔韧度尽量打开双脚，确定大腿背部紧贴在地上，脚跟向前，膝盖及脚趾向上。

（2）吸气，提起双臂，两手掌平行向内，手指指向天花板。

（3）一边呼气，一边将上身慢慢向前伸展。先是腹部，然后是胸部，最后是下巴贴在地上。手掌张开放在前方的地上做身体的调整，同时尽量使腹部、胸部和头贴在地上。整个过程中脊椎骨必须保持挺直。保持这个姿势呼吸4～12次或更久，练习时以感觉舒适为限度。然后轻轻按倒序回到步骤（1）的坐姿休息。

13. 头倒立式

头倒立式做法如下。

（1）屈膝跪坐着，双膝并拢。双手置前，十指交叉紧扣，手肘打开，与肩膀同宽，使手臂和紧扣的双手形成一个三角形，牢牢固定在地上。

（2）将头置在三角形内。头顶中心位置着地，后脑贴着手心，眼睛要能直线望向双脚后面的事物。无论过多看见自己的上半身，或过多看见地上，均表示不是把头顶中心放在地上。其后，以手心包着头，慢慢蹬直膝盖，并提高臀部。

（3）将双脚完全蹬直，只以脚尖点地。双脚向自己的头部慢慢移近，直到躯干和腰呈垂直状态。

（4）牢牢固定头部和手肘。收紧腹部肌肉，同时把臀部向后推。呼气，慢慢将双脚抬起直至大腿呈水平状态，膝盖弯着，收紧大腿肌肉，双脚并拢。这时身体的所有重量应由三个部分用力支撑在地上：头顶中心的位置及一双手肘。初学者应将20%的身体重量放在头顶，80%的身体重量放在手肘。日后慢慢增加至头顶及手肘各支撑身体重量的50%。先停留在这个动作最少20秒，保持自然呼吸。若能轻松完成，再继续进行以下步骤。

（5）吸气，慢慢蹬直双脚，脚趾往上抬。继续收紧腹部和大腿肌肉，双脚并拢，向上伸展，使整个身体都成一条垂直线。身体不要左右或前后倾斜。初学者保持这个姿势1分钟，然后慢慢增加至3～5分钟或以上。期间保持自然呼吸，脸部肌肉尽量放松，然后轻轻按倒序回到步骤（1）。接着做"儿童式"作为休息姿势，令脑部及心脏恢复水平位置。

难度调整：初学者可以先用墙壁来辅助练习"头倒立式"。在离墙壁10厘米的位置跪下，按前述完成步骤（1）～（3），然后双脚提起离地，将臀部贴在墙上。双脚蹬直后，再把臀部移开，只有脚跟挂在墙上。保持身体垂直，不要左右倾斜。

14. 肩立式

肩立式做法如下。

（1）仰卧在地上。肩膀及背部平躺在毛毡上。毛毡为2～3厘米厚。屈膝，双脚并拢，脚板贴地。双手放在地上，手掌向下，靠在盆骨两旁。肩膀向下转动，令手臂外侧贴地，上背稍微离地。

（2）吸气，凝聚腰腹力量，呼气，将膝盖和躯干往上抬起，随即把双手放在背上作为支撑。大拇指放在腰的两侧，其余手指平均托着背部近肩胛骨位置，手指朝向臀部方向。手肘弯曲的同时，上臂应紧贴在毛毡上，两手肘与肩同宽，用力支撑身体，背部保持垂直。膝盖抬至额头上方然后停下，小腿垂直向上，脚板朝天，以肩膀和手肘支撑身体的重量。

（3）吸气，双脚慢慢向上蹬直，然后将脚趾向上，整个身体保持垂直。两手肘的距离保持与肩同宽，可用瑜伽绳辅助。手肘不要移离毛毡，这样才能有力地支撑整个抬高了的身体。保持自然呼吸。初学者保持这个姿势30秒～1分钟，再慢慢增加至3分钟或以上。然后轻轻按倒序回到步骤（1）的姿势休息。

15. 蝗虫式

蝗虫式做法如下。

（1）俯卧在地上，双手置于身旁两侧，手心向上，脸向下，头保持在正中位置。双脚并拢并用力向后伸展，感觉整个身体被拉长了。收紧臀部及大腿肌肉。尾椎内收，然后指向脚跟。

（2）呼气，头、胸部、双手及双脚同时慢慢向上提起，利用腰背的力量将肋骨部位尽量向上抬，只剩下盆骨和腹部在地上支撑身体。手脚、脊骨尽量伸展。保持呼吸自然。保持这个姿势约 10 秒或更久，然后返回步骤（1）的姿势休息。

❯ 思考与练习

一、选择题

1.【多选题】下列属于现代舞的有（　　　）。

A. 快步舞　　　　　　　　　　B. 恰恰舞

C. 探戈舞　　　　　　　　　　D. 狐步舞

E. 斗牛舞

2.【多选题】下列属于拉丁舞的有（　　　）。

A. 华尔兹舞　　　　　　　　　B. 伦巴舞

C. 牛仔舞　　　　　　　　　　D. 桑巴舞

E. 维也纳华尔兹舞

二、填空题

1. 健美操可分为 _____、_____、_____。

2. 瑜伽的呼吸分为 _____、_____和 _____。

三、简答题

1. 简述探戈舞的特点。

2. 简述恰恰舞的特点。

3. 简述瑜伽莲花坐的坐姿。

4. 简述半莲花脊柱扭转式的做法。

项目八
武术

 **学习目标**

知识目标：

了解武术运动的特点；掌握手型、手法、步型、步法、腿法、平衡、跳跃翻腾等武术基本功，二十四式简化太极拳、长拳、散打的基本技术。

能力目标：

能够熟练掌握武术运动的基本技术；增强身体的柔韧性，进而减少运动损伤；提高心肺功能，增强肌肉力量和耐力，促进身体健康发展。

素质目标：

弘扬中华武术精神，培养学生的爱国情操与民族自信心。

任务一　认识武术运动

一、武术运动简介

武术是以踢、打、摔、拿、击、刺等攻防格斗动作为素材，按照攻守进退、动静疾徐、刚柔虚实等矛盾运动的相互变化规律编成的徒手和器械的各种技击运动和健身方法；中华武术源远流长，具有悠久的传统和广泛的群众基础。武术的内容丰富，有拳术、器械、太极、散打，是一项深受人们喜爱的民族传统体育运动，也越来越受到国际社会的关注。武术源于中国，属于世界；属于体育，高于体育；既重竞技，更重健身；既重武功，更重武德。这就是武术的魅力。

二、武术的特点

1. 寓技击于体育之中

武术作为体育运动，技术上仍不失攻防技击的特点，是将技击寓于搏斗运动与套路运动之中的运动。搏斗运动集中体现了武术攻防格斗的特点，在实用技术上基本是一致的；但是从体育观念出发，它受到竞赛规则的制约，以不伤害对方为原则。套路运动是中国武术特有的表现形式，不少动作在技术规格、运动幅度等方面与技击的原形动作有所区别，但动作方法仍然保留了技击的特性。即使因连接贯穿及演练技巧上的需要，穿插了一些不一定具有攻防技击意义的动作，但就整套技术而言，主要动作仍然是以踢、打、摔、拿、击、刺诸法为主，这是套路的核心。

2. 内外合一，形神兼备

既讲形体规范，又求精神传意、内外合一的整体观，是中国武术的一大特色。所谓内，是指心、神、意等心智活动和气息的运行；所谓外，是指手、眼、身、步等形体活动。内与外、形与神是相互联系统一的整体。武术套路在技术上往往要求把内在精气神与外部形体动作紧密接合，做到"心动形随""形断意连""势断气连"，以"手眼身法步，精神气力功"八法的变化来锻炼身心。

3. 具有广泛的适应性

武术的练习形式、内容丰富多样，不同的动作结构、技术要求、运动风格和运动量，分别满足不同年龄、性别、体质的人们的需求，人们可以根据自己的条件和兴趣爱好选择练习。同时，武术对场地、器材的要求较低，练习者可以根据场地的大小，变化练习的内容和方式，即使一时没有器械，也可以徒手练拳、练功，具有更为广泛的适应性。

三、武术基本功

知识拓展：武术的分类

（一）手型和手法

1. 手型

（1）拳。四指卷紧，拇指压于食指、中指第二指节上［图8-1（a）］。

（2）掌。四指伸直并拢，拇指弯曲紧扣于虎口处［图8-1（b）］。

（3）勾。五指撮拢成勾，倒腕［图8-1（c）］。

2. 手法

（1）冲拳。拳从腰间旋臂向前快速击出，力达拳面［图8-2（a）］。

（2）劈拳。拳自上向下快速劈击，臂伸直，力达拳轮［图8-2（b）］。

（3）撩拳。拳自下向前上方弧形撩击，力达拳眼或拳心［图8-2（c）］。

（4）贯拳。拳从侧下方向斜上方弧形横击，力达拳面［图8-2（d）］。

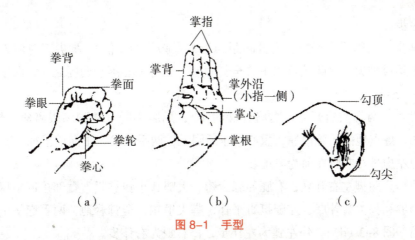

图 8-1　手型

（5）推掌。掌由腰间旋臂向前立掌推击，力达掌外沿［图 8-2（e）］。

（6）穿掌。手心向上，臂沿身体某一部位穿出，力达指尖［图 8-2（f）］。

（7）亮掌。臂微屈，抖腕翻掌，举于体侧或头上［图 8-2（g）］。

（8）挑掌。臂由下向上翘腕立掌上挑，力达四指［图 8-2（h）］。

（9）顶肘。屈肘握拳，肘尖前顶或侧顶，力达肘尖［图 8-2（i）］。

（10）格肘。向内横拨为里格，向外横拨为外格［图 8-2（j）］。

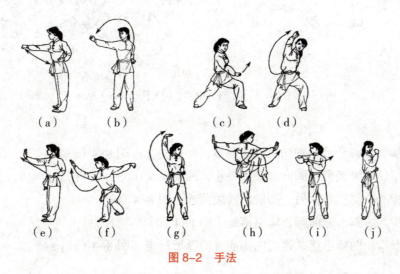

图 8-2　手法

（a）冲拳；（b）劈拳；（c）撩拳；（d）贯拳；（e）推掌；（f）穿掌；（g）亮掌；（h）挑掌；（i）顶肘；（j）格肘

（二）步型和步法

1. 步型

（1）弓步。左脚向前一大步（步长为本人脚长的 4～5 倍），脚尖微内扣，左腿屈膝半蹲（大腿接近水平），膝与脚尖垂直。右腿挺膝伸直，脚尖内扣（斜向前方），两脚全脚着地。上体正对前方，眼向前平视，两手抱拳于腰间［图 8-3（a）］。弓右腿为右弓步，弓

左腿为左弓步。

（2）马步。两脚平行开立（两脚间距约为本人脚长的3倍），脚尖正对前方，屈膝半蹲，膝部不超过脚尖。大腿接近水平，全脚着地，全身重心落于两腿之间，两手抱拳于腰间［图8-3（b）］。

（3）虚步。两脚前后开立，右脚外展约45°，屈膝半蹲。右脚脚跟离地，脚面绷平，脚尖稍内扣，虚点地面。膝微屈，重心落于后腿上，两手叉腰，眼向前平视［图8-3(c)］。左脚在前为左虚步，右脚在前为右虚步。

（4）仆步。两脚左右开立，右腿屈膝全蹲，大腿和小腿靠紧，臀部接近小腿。右脚全脚着地，脚尖和膝关节外展，左腿挺直平仆，脚尖里扣，全脚着地，两手抱拳于腰间，眼向左方平视［图8-3（d）］。仆左腿为左仆步，仆右腿为右仆步。

（5）歇步。两腿交叉靠拢全蹲，左脚全脚着地，脚尖外展，右脚前脚掌着地。膝部贴近左腿外侧，臀部坐于右腿接近脚跟处，两手抱拳于腰间，眼向左前方平视［图8-3(e)］。左脚在前为左歇步，右脚在前为右歇步。

（a）　　　　（b）　　　　（c）　　　　（d）　　　　（e）

图8-3　步型

（a）弓步；（b）马步；（c）虚步；（d）仆步；（e）歇步

2. 步法

（1）盖步。一脚经另一脚向前横迈一步，两腿交叉［图8-4（a）］。

（2）插步。一脚经另一脚向前横迈一步，两腿交叉［图8-4（b）］。

（3）纵步。一脚提起，另一脚蹬地前跳落地［图8-4（c）］。

（4）击步。后脚击碰前脚，腾空落地［图8-4（d）］。

（5）弧形步。两脚迅速、连续向侧前方沿弧形行走［图8-4（e）］。

（a）　　　（b）　　　（c）　　　（d）　　　（e）

图8-4　步法

（a）盖步；（b）插步；（c）纵步1、2；（d）击步1、2；（e）弧形步1、2

（三）腿法

（1）正踢腿。支撑腿伸直，全脚着地，另一腿膝部挺直脚尖勾起前踢，接近前额［图 8-5（a）］。

（2）侧踢腿。脚尖勾起，经体侧踢向脑后，其他同正踢腿［图 8-5（b）］。

（3）里合腿。同外摆脚，唯由外向内合［图 8-5（c）］。

（4）外摆腿。右脚上步，左脚尖勾紧，向右侧上方踢起，经面前向左侧上方摆动，直腿落在右脚内侧［图 8-5（d）］。

（5）单拍脚。支撑腿伸直，另一腿脚面绷平向上踢摆，同侧手在额前迎拍脚面，击拍要准确、响亮［图 8-5（e）］。

（6）弹腿。一腿由屈到伸，向前弹出，高不过腰，膝部挺直，脚面绷平［图 8-5（f）］。

（7）蹬腿。一腿由屈到伸，脚尖勾起，用脚跟猛力蹬出，高不过胸、低不过腰［图 8-5（g）］。

（8）踹腿。一腿由屈到伸，脚尖勾起内扣或外摆，用脚底猛力踹出，高踹与腰平，低踹与膝平，侧踹时上身斜倾，脚高过腰部［图 8-5（h）］。

（9）后扫腿。上身前俯，两手扶地。支撑腿全蹲作为轴，扫转腿伸直，脚尖内扣，脚掌擦地，迅速后扫一周［图 8-5（i）］。

图 8-5　腿法

（a）正踢腿；（b）侧踢腿；（c）里合腿；（d）外摆腿；（e）单拍脚；（f）弹腿；（g）蹬腿；（h）踹腿；（i）后扫腿

（四）平衡

（1）提膝平衡。支撑腿直立正直站稳，另一腿在体前屈膝高提近胸，小腿斜垂里扣，脚面绷平内收，如图 8-6（a）所示。

（2）腿平衡。一腿半蹲，另一腿脚尖勾起并紧扣于支撑腿的膝后，如图 8-6（b）所示。

（3）燕式平衡。挺胸展腹，后举腿伸直高于水平，脚面绷平，如图8-6（c）所示。

（4）望月平衡。上体侧倾拧腰，向支撑腿同侧方上翻，挺胸塌腰，另一腿在身后向支撑腿的同侧方上举，小腿屈收，脚面绷平，如图8-6所示。

（a）　　　　（b）　　　　（c）　　　　（d）

图8-6　平衡

（a）提漆平衡；（b）腿平衡；（c）燕式平衡；（d）望月平衡

（五）跳跃翻腾

（1）腾空飞腿。摆动腿高提，起跳腿上摆伸直，脚面绷平，脚高过肩，击手和拍脚连续快速、准确响亮，如图8-7（a）所示。

（2）旋风腿。摆动腿直摆或屈膝，起跳腿伸直，向内腾空转体270°，异侧手击拍脚掌，脚高过肩，击拍响亮，转体360°落地，如图8-7（b）所示。

（3）腾空摆莲。摆动腿要高，起跳腿伸直，向外腾空转体180°，脚面绷平，脚高过肩；两手依次击拍脚面，如图8-7（c）所示。

（4）侧空翻。一脚蹬地，另一腿向上摆起，体前屈，在空中做侧翻动作。腾空要高，翻转要快，两腿要直，如图8-7（d）所示。

（5）旋子。一腿摆起，另一腿起跳腾空；两腿伸直后上举在空中平旋，脚面绷平，挺胸、塌腰、抬头，旋转一周后落地，如图8-7（e）所示。

（a）　　　　　　（b）　　　　　　（c）

（d）　　　　　　　　　（e）

图8-7　跳跃翻腾

（a）腾空飞腿1、2；（b）旋风飞腿1、2；（c）腾空摆连1、2；（d）侧空翻1、2、3；（e）旋子1、2

任务二 二十四式简化太极拳

准备姿势：如图 8-8 所示，身体自然直立，两脚并拢；头正颈直，下颌微收，眼平视，口轻闭，舌抵上颚；两臂自然垂于体侧，手指微屈；全身放松，呼吸自然，精神集中。

简化太极拳 24 个动作可以分成 8 组，每一组包含的动作如下。

图 8-8 准备姿势

一、第一组

1. 起势

（1）两脚开立。如图 8-9（a）所示，左脚缓缓提起（不超过右踝的高度）向左横跨半步，与肩同宽，脚尖、脚跟依次落地，成开立步。

（2）两臂前举。如图 8-9（b）（c）所示，两臂缓缓向前平举，至高、宽同肩。手心向下，指尖向前。

（3）屈膝按掌。如图 8-9（d）所示，上体保持正直，两腿缓缓屈膝半蹲；同时两掌轻轻下按，落于腹前；掌膝相对。

| (a) | (b) | (c) | (d) |

图 8-9 起势

要点：眼向前平视；两肩下沉，两肘松垂，手指自然微屈；屈膝、松腰、敛臀，身体重心落于两腿中间；落臂按掌与屈膝下蹲的动作要协调一致；两臂前举时吸气，向下按落时呼气。

2. 左右野马分鬃

（1）左野马分鬃（一）。

①收脚抱球。如图 8-10（a）和所示，上体微右转，身体重心移至右腿上；同时右手向右、向上、向左划弧，右臂平屈于右胸前，掌心向下，手指微屈，左手向下、向右划

弧，逐渐翻转至右腹前，掌心向上，两掌心上下相对呈抱球状；左脚随即收到右脚内侧，脚尖点地（脚前掌着地，下同），呈左丁步；目视右手。

②转体迈步。如图 8-10（c）（d）所示，上体缓缓左转，左脚向左前侧迈出一步，左腿自然伸直，脚跟着地；同时左、右手分别向左上、右下分开；视线随左手移动。

③弓步分掌。如图 8-10（e）所示，随转体左脚全掌逐渐踏实，左腿屈膝前弓，身体重心逐渐前移至左腿，右腿自然伸直，右脚跟后蹬稍外碾，呈左弓步；同时两手继续分开，左手高与眼平，掌心斜向上，右手落于右胯旁，掌心向下，指尖朝前；两肘微屈，保持弧形；目视左手。

（2）右野马分鬃。

①后坐翘脚。如图 8-10（f）所示，上体慢慢后坐，右腿屈膝，身体重心后移至右腿；左腿自然伸直，膝微屈，脚尖翘起；目视左手。

②收脚抱球。如图 8-10（g）（h）所示，身体左转，左脚尖随之外摆（40°～60°），左脚全掌踏实，屈膝弓腿，身体重心移至左腿，右脚跟进收至左脚内侧，脚尖点地；同时左手翻转划弧至左臂胸前平屈，右手向左上前摆至左手下，两掌心相对在胸前左侧呈抱球状；目视左手。

③转体迈步。如图 8-10（i）所示，动作说明与"（1）左野马分鬃"中"转体迈步"相同，只是左右式相反，且转体幅度稍小。

④弓步分掌。如图 8-10（j）所示，动作说明与"（1）左野马分鬃"中"弓步分掌"相同，只是左右式相反。

（3）左野马分鬃（二）。

①后坐翘脚。如图 8-10（k）所示，动作说明与"（2）右野马分鬃"中"后坐翘脚"相同，只是左右式相反。

②收脚抱球。如图 8-10（l）和（m）所示，动作说明与"（2）右野马分鬃"中"收脚抱球"相同，只是左右式相反。

③转体迈步。如图 8-10（n）所示，动作说明与"（1）左野马分鬃"中"转体迈步"相同。

④弓步分掌。如图 8-10（o）所示，动作说明与"（1）左野马分鬃"中"弓步分掌"相同。

要点：上体舒松正直，松腰松胯；身体转动时要以腰为轴；做弓步时，迈出脚先脚跟着地，然后过渡至全脚掌着地，脚尖向前，膝不可超过脚尖，后腿自然伸直，前后脚尖成 45°～60° 夹角（下同）；野马分鬃式弓步时，前后脚的脚跟应分在中轴线的两侧，两脚横向距离（身体的正前方为纵轴，其两侧为横向）为 10～30 厘米；转体、弓腿和分手要协调一致；进步时先进胯，使两腿虚实分明；在抱球时吸气，转体迈步、弓步分掌时呼气。

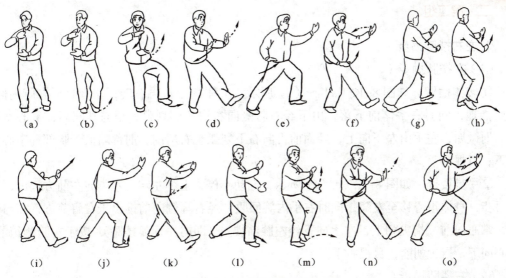

（a）　　　（b）　　　（c）　　　（d）　　　（e）　　　（f）　　　（g）　　　（h）

（i）　　　（j）　　　（k）　　　（l）　　　（m）　　　（n）　　　（o）

图 8-10　左右野马分鬃

3. 白鹤亮翅

（1）跟步抱球。如图 8-11（a）所示，上体微左转，右脚脚跟先离地，向前跟进半步，前脚掌着地，落于左脚后（约 20 厘米），身体重心仍在左腿；同时左手翻掌向下，左臂平屈于左胸前，右手翻掌向上，向左上划弧至左腹前，与左手呈抱球状；目视左手。

（2）后坐转体。如图 8-11（b）所示，上动不停（表示动作与动作之间的连贯性），上体稍右转，右脚全脚掌踏实，右腿屈蹲，重心移至右腿；同时两手向右上、左下分开；视线随右手移动。

（3）虚步分掌。如图 8-11（c）所示，上动不停，上体稍向左转，面向前方（前进方向），左脚稍向前移，脚尖点地，膝微屈，呈左虚步；同时右手继续向右上划弧至右额前，掌心斜向左后方，指尖稍高于头，左手下按至左胯前，掌心向下，指尖朝前；目视前方。

（a）　　　　　　　（b）　　　　　　　（c）

图 8-11　白鹤亮翅

要点：上体舒松正直；转体、分掌和步型的调整要协调一致，同时完成；转动动作要以腰带臂，虚步动作要收腹敛臀；在抱球过程中吸气，在转体分掌过程中呼气。

二、第二组

1. 左右搂膝拗步

（1）左搂膝拗步（一）。

①转体摆臂。如图8-12（a）～（c）所示，上体微左转再右转；左脚收至右脚内侧，脚尖点地；同时右手体前下落，由下经右胯侧向右肩外侧划弧，至与耳同高，掌心斜向上，肘微屈，左手由左下向上，经面前再向右下划弧至右肩前，肘部略低于腕部，掌心斜向下；目视右手。

②弓步搂推。如图8-12（d）（e）所示，上动不停，上体左转，左脚向左前方迈出，呈左弓步，身体重心移至左腿；同时右手内旋回收，经右耳侧向前推出于右肩前方，高与鼻平，掌心向前，指尖朝上，左手向下经左膝前搂过（即向左划弧搂膝），按于左胯侧稍前，掌心向下，指尖朝前；目视右手。

（2）右搂膝拗步。

①后坐翘脚。如图8-12（f）所示，右腿屈膝，上体后坐，身体重心移至右腿，左腿自然伸直，脚尖翘起，略向外撇（约40°）；同时右臂微收，掌心旋向左前方，左手开始划弧外展；目视右手。

②摆臂跟脚。如图8-12（g）（h）所示，上体左转，左脚掌逐渐踏实，左腿屈膝前弓，身体重心移至左腿，右脚跟至左脚内侧，脚尖点地；同时两手继续翻掌划弧，左手向左上摆举至左肩外侧，与耳同高，掌心斜向上，右手随转体向上经面前，向左下摆至左肩前，肘部略低于腕部，掌心斜向下；目视左手。

③弓步搂推。如图8-12（i）（j）所示，动作说明与"（1）左搂膝拗步"中"弓步搂推"相同，只是左右式相反。

（3）左搂膝拗步（二）。

①转体摆臂。如图8-12（k）所示，与"（2）右搂膝拗步"中"后坐翘脚"相同，唯左右相反。

②摆臂跟脚。如图8-12（l）和（m）所示，与"（2）右搂膝拗步"中"摆臂跟脚"相同，唯左右相反。

③弓步搂推。如图8-12（n）和（o）所示，动作说明与"（1）左搂膝拗步"中"弓步搂推"相同。

要点：推掌时，上体舒松正直，松腰松胯，沉肩垂肘，坐腕舒掌；搂膝拗步成弓步时，两脚跟的横向距离约30厘米（同肩宽）；两手推搂和转体弓腿必须协调一致、同时完成；转体摆臂、后坐翘脚、摆臂跟脚动作过程中吸气，弓步搂推动作过程中呼气。

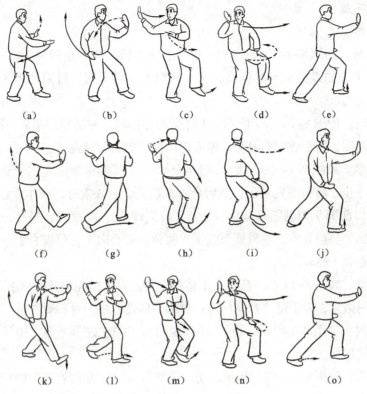

图 8-12　左右搂膝拗步

2. 手挥琵琶

（1）跟步展臂。如图 8-13（a）所示，右脚跟进半步，以前脚掌着地，落于左脚后约 20 厘米处；同时右臂稍向前伸展，腕关节放松；目视右手。

（2）后坐引手。如图 8-13（b）所示，上体后坐，右脚全脚掌踏实，身体重心移至右腿；上体稍向右转，左脚跟离地；随转体左手由左下向前上弧形挑举，高与鼻平，肘微屈，掌心斜向下，右手屈臂后引，收于左肘里侧，掌心斜向下；目视左手。

（3）虚步合臂。如图 8-13（c）所示，上体微向左回转，但仍保持稍向右侧身状；左脚稍向前移，脚跟着地，膝微屈，呈左虚步；同时，两臂外旋，屈肘合抱，左手与鼻相对，掌心向右，右手与左肘相对，掌心向左，犹如怀抱琵琶；目视左手。

图 8-13　手挥琵琶

3. 左右倒卷肱

（1）左倒卷肱（一）。

①转体撤掌。如图 8-14（a）（b）所示，上体右转；两手翻转向上，右手向下撤引，经腰侧向右后上方划弧，至与耳同高，掌心斜向上，肘微屈；目随转体先右视，再转看左手。

②提膝屈肘。如图 8-14（c）所示，上体微向左回转，左腿屈膝提起，脚尖自然下垂；同时右臂屈肘卷回，右手收向右耳侧，掌心斜向前下方；目视前方。

③退步推掌。如图 8-14（d）所示，上动不停，上体继续微向左回转至朝前；左脚向后略偏左侧退一步，脚前掌先着地，然后全脚掌踏实，屈膝微蹲，身体重心移至左腿，右脚跟离地，并以前脚掌为轴随转体将脚扭正（脚尖朝前），膝微屈，呈右虚步；同时右手经耳侧向前推出，高与鼻平，左臂屈肘收至左胯旁，掌心向上；目视右手。

（2）右倒卷肱（一）。

①转体撤掌。如图 8-14（e）所示，上体稍左转；左手向左肩外侧引举，腕与肩同高，掌心斜向上，肘微屈，右手随之翻掌向上；目随转体先左视，再转看右手。

②提膝屈肘。如图 8-14（f）所示，动作说明与"（1）左倒卷肱"中"提膝屈肘"相同，只是左右式相反。

③退步推掌。如图 8-14（g）所示，动作说明与"（1）左倒卷肱"中"退步推掌"相同，只是左右式相反。

（3）左倒卷肱（二）。左倒卷肱动作说明与"（1）左倒卷肱"相同。

（4）右倒卷肱（三）。右倒卷肱动作说明与"（2）右倒卷肱"相同。

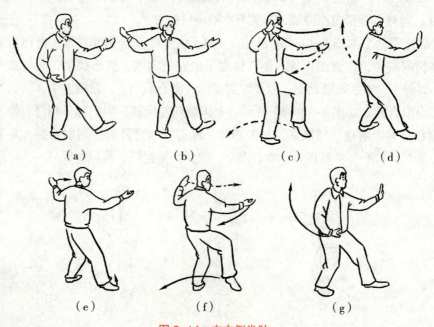

（a）　　　　　（b）　　　　　（c）　　　　　（d）

（e）　　　　　（f）　　　　　（g）

图 8-14　左右倒卷肱

要点：前推和后撤的手臂均应划弧线；退左脚略向左后斜，退右脚略向右后斜，避免两脚成一条直线；最后退右脚时，脚尖外撇的角度应略大些，以便于接下来做"左揽雀尾"的动作；转体撤掌和提膝屈肘时吸气，退步推掌时呼气。

三、第三组

1. 左揽雀尾

（1）转体抱球。如图 8-15（a）～（c）所示，上体右转，左脚收至右脚内侧，脚尖点地，呈左丁步，重心落于右腿；同时右手由胯侧向右后上方划弧屈臂于右胸前，掌心向下，左手由体前划弧下落至右腹前，掌心向上，两手相对呈抱球状；目视右手。

（2）弓步掤臂。如图 8-15（d）（e）所示，上体左转，左脚向左前方上步，屈膝，右腿自然蹬直，身体重心前移至左腿，呈左弓步；同时左臂向左前方平屈掤出（左臂平屈呈弧形，用前臂外侧和手背向左侧推出），高与肩平，掌心向内，右手向右下方划弧落按于右胯旁，掌心向下，指尖朝前；目视左前臂。

（3）转体伸臂。如图 8-15（f）所示，上体稍向左转；左前臂内旋，左手前伸翻掌向下，右前臂外旋，右手翻掌向上，经腹前向前上伸至左前臂下方；目视左手。

（4）转体后捋。如图 8-15（g）所示，上动不停，上体右转；右腿屈蹲，上体后坐，左腿自然伸直，身体重心移至右腿；同时两手经腹前向右后上捋，直至右手掌心斜向上，高与耳平，左臂平屈于胸前，掌心向内；目视右手。

（5）弓步前挤。如图 8-15（h）（i）所示，上体微左转，左腿屈膝前弓，右腿自然蹬直，重心前移呈左弓步；同时右臂屈肘回收，右手经面前附于左腕内侧，掌心向内，左掌心向外，双手同时向前慢慢挤出，与肩同高，两臂呈半圆形；目视左腕。

（6）后坐收掌。如图 8-15（j）～（l）所示，左前臂内旋，左掌下翻，右手经左腕上方向前伸出，掌心向下，两手左右分开，与肩同宽；然后上体后坐，屈右膝，左腿自然伸直，脚尖翘起，身体重心移至右腿；同时两臂屈肘，两手划弧回收至腹前，掌心均向前下方；目视前方。

（7）弓步按掌。如图 8-15（m）所示，上动不停，左脚掌踏实，左腿屈膝前弓，右腿自然蹬直，身体重心前移呈左弓步；同时两手向前、向上推按，与肩同宽，腕高与肩平，掌心向前，指尖朝上，两肘微屈；目视前方。

要点：左揽雀尾中包括掤、捋、挤、按 4 种击法；上体舒松正直，松腰松胯；动作处处带弧，以腰为主宰，带动手臂运动；掤臂、松腰与弓腿，后坐与引捋，前挤、转腰与弓腿，按掌与弓腿，均要协调一致；转体抱球时吸气，掤式时呼气，捋式时吸气，挤式时呼气，后坐收掌时吸气，按式时呼气。

图 8-15　左揽雀尾

2.右揽雀尾

（1）转体抱球。如图 8-16（a）和（b）所示，上体右转并后坐，屈右膝，左腿自然伸直，脚尖内扣，身体重心后移至右腿；同时右手经面前平摆右移，掌心向外，两臂成侧平举；视线随右手移动。

如图 8-16（c）（d）所示，上体微左转，屈左膝，右脚收至左脚内侧，脚尖点地，呈右丁步，重心回移到左腿；同时左臂平屈胸前，掌心向下，右手由体侧右下向上翻掌划弧至左腹前，掌心向上，两手相对呈抱球状；目视左手。

（2）弓步掤臂。如图 8-16（e）（f）所示，动作说明与"1.左揽雀尾"中"（2）弓步掤臂"相同，只是左右式相反。

（3）转体伸臂。如图 8-16（g）所示，动作说明与"1.左揽雀尾"中"（3）转体伸臂"相同，只是左右式相反。

（4）转体后捋。如图 8-16（h）所示，动作说明与"1.左揽雀尾"中"（4）转体后捋"相同，只是左右式相反。

（5）弓步前挤。如图 8-16（i）（j）所示，动作说明与"1.左揽雀尾"中"（5）弓步前挤"相同，只是左右式相反。

（6）后坐收掌。如图8-16（k）～（m）所示，动作说明与"1.左揽雀尾"中"（6）后坐收掌"相同，只是左右式相反。

（7）弓步按掌。如图8-16（n）所示，动作说明与"1.左揽雀尾"中"（7）弓步按掌"相同，只是左右式相反。

（a）　　　　（b）　　　　（c）　　　　（d）　　　　（e）　　　　（f）　　　　（g）

（h）　　　　（i）　　　　（j）　　　　（k）　　　　（l）　　　　（m）　　　　（n）

图8-16　右揽雀尾

要点：与"1.左揽雀尾"相同。

四、第四组

1. 单鞭一

（1）转体扣脚。如图8-17（a）（b）所示，上体左转并后坐，左腿屈膝微蹲，右膝自然伸展，右脚尖翘起内扣，身体重心移至左腿；同时左手经面前至身体左侧平举，肘微垂，掌心向左，指尖朝上，右手向下经腹前向左划弧至左肋前，臂微屈，掌心向后上方；视线随左手移动。

（2）丁步勾手。如图8-17（c）（d）所示，上体右转，屈右膝，左脚收至右腿内侧，脚尖点地，身体重心移至右腿；同时右手逐渐翻掌，并向右上方划弧，经面前至身体右侧时变勾手，勾尖朝下，腕高与肩平，肘微垂，左手向下经腹前向右上划弧至右肩前，掌心转向内；视线随右手移动，最后目视右勾手。

（3）弓步推掌。如图8-17（e）（f）所示，上体左转，左脚向左前方迈出，呈左弓步，身体重心移至左腿；同时左掌经面前翻掌向前推出，掌心向前，腕与肩平，左掌、左膝、左脚尖上下相对；视线随左手转移，最后目视左手。

要点：上体保持正直，松腰；上下肢动作应协调一致；在做图8-17（a）～（c）动作时吸气，做图8-17（d）～（f）动作时呼气。

图 8-17　单鞭

2. 云手

（1）云手一。

①转体扣脚。如图 8-18（a）~（c）所示，身体渐向右转，右腿屈膝半蹲，左脚尖翘起、内扣、着地，身体重心回移至右腿；同时左手下落经腹前向右上划弧至右肩前，掌心斜向后，右手松勾变掌，掌心向右前方；目视右手。

②收步云手。如图 8-18（d）（e）所示，上体左转，身体重心随之左移；右脚提起，收至左脚内侧（相距 10 ~ 20 厘米），前脚掌先着地，全脚掌逐渐踏实，两脚平行，两膝微屈；同时左手划弧经面前向左运转，至身体左侧时，内旋外撑，掌心向外，腕与肩平；右手下落经腹前向左上划弧，至左肩前，掌心斜向里；目视左手。

（2）云手二。

①开步云手。如图 8-18（f）~（h）所示，上体右转，左脚向左横跨一步，脚尖向前，前脚掌先着地，全脚掌逐渐踏实，身体重心移至右腿；同时右手经面前向右划弧，至身体右侧时，内旋外撑，掌心向外，腕与肩平；左手向下经腹前向右上方划弧，至右肩前；目视右手。

图 8-18　云手

②收步云手。动作说明与"（1）云手一"中"收步云手"相同。

（3）云手三。

①开步云手。动作说明与"（2）云手二"中"开步云手"相同。

②收步云手。动作说明与"（1）云手一"中"收步云手"相同。

要点：云手左右各做3次，左云手时收右脚，右云手时跨左脚；视线随云手移动；身体转动以腰为轴，松腰松胯，重心应稳定；两臂随腰而动，要自然圆活，速度应缓慢均匀；最后右脚落地时，脚尖微内扣，以便于接着做"单鞭"的动作；转体扣脚和开步云手时吸气，收步云手时呼气。

3. 单鞭二

（1）转体勾手。如图8-19（a）～（c）所示，上体右转，左脚跟离地，身体重心移至右腿；同时右手经面前向右划弧至身体右侧，内旋、五指屈拢变成勾手，勾尖朝下，左手向下经腹前向右上划弧至右肩前，掌心斜向内；视线随右手移动，最后目视右勾手。

（2）弓步推掌。如图8-19（d）（e）所示，动作说明与"1.单鞭一"中"（3）弓步推掌"相同。

| (a) | (b) | (c) | (d) | (e) |

图8-19　单鞭二

要点：与"1.单鞭一"相同。

五、第五组

1. 高探马

（1）跟步翻掌。如图8-20（a）所示，上体微向右转，右脚跟进半步，前脚掌先着地，全脚掌逐渐踏实，屈膝后坐，身体重心移至右腿，左脚跟提起；同时右勾手变掌外旋，两掌心翻转向上，两肘微屈；目视左手。

（2）虚步推掌。如图8-20（b）所示，上体微向左转，左脚稍向前移，脚尖点地，膝微屈，呈左虚步；同时右臂屈肘，右手经耳侧向前推出，腕与肩平，掌心向前，左手收至左腰前，掌心向上；目视右手。

要点：上体舒松正直；上下肢动作应协调一致；跟步翻掌时吸气，虚步推掌时呼气。

图 8-20　高探马

2. 右蹬脚

（1）弓步分掌。如图 8-21（a）～（c）所示，左脚提起，向左前侧方迈出，脚尖稍外撇，呈左弓步，身体重心前移至左腿；同时左手前伸至右腕背面，两腕背对交叉，腕与肩平，左掌心斜向后上，右掌心斜向前下；随即两手分开，经两侧向腹前划弧，肘微屈；目视前方。

（2）收脚抱手。如图 8-21（d）所示，上动不停，右脚跟进，收至左脚内侧，脚尖点地；同时两手下落经腹前由外向内上划，相交合抱于胸前，右手在外，掌心均向内；目视右前方。

（3）蹬脚分掌。如图 8-21（e）和所示，右腿屈膝上提，右脚向右前方慢慢蹬出，脚尖朝上，力贯脚跟；同时两手翻掌左右划弧分开，经面前至侧平举，肘微屈，腕与肩平，掌心均斜向外；右臂与右腿上下相对；目视右手。

(a)　　　　　(b)　　　　　(c)　　　　　(d)　　　　　(e)　　　　　(f)

图 8-21　右蹬脚

要点：身体重心要稳定；分掌与蹬脚动作要同时进行、协调一致；图 8-21（a）～（b）的动作过程为吸气，图 8-21（c）～（d）的动作过程为呼气，图 8-21（d）～（e）的动作过程为吸气，图 8-21（e）～（f）的动作过程为呼气。

3. 双峰贯耳

（1）屈膝并掌。如图 8-22（a）（b）所示，右小腿回收，屈膝平举，脚尖自然下垂；同时左手摆至体前，两手并行由体前向下划弧，落于右膝上方，掌心均翻转向上；目视前方。

（2）迈步落手。如图 8-22（c）所示，右脚向前方落下，脚跟着地；同时两手继续下落至两胯旁，掌心均斜向上；目视前方。

（3）弓步贯拳。如图8-22（d）所示，右脚掌逐渐踏实，右腿屈膝前弓为右弓步，身体重心移至右腿；同时两手继续向后划弧，并内旋握拳，从两侧向前、向上划弧形摆至面部前方，高与耳齐，宽约与头同，拳眼斜向下，两臂微屈；目视右拳。

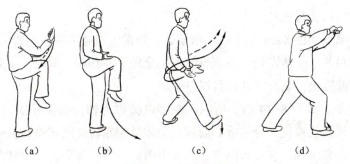

图 8-22　双峰贯耳

要点：头颈正直，松腰松胯，沉肩垂肘，两拳松握；弓步与贯拳要协调一致、同时完成；屈膝并掌到迈步落手时吸气，迈步落手到弓步贯拳时呼气。

4.转身左蹬脚

（1）转体分掌。如图8-23（a）（b）所示，上体向左后转，左腿屈膝后坐，右脚尖内扣（约90°），身体重心移至左腿；同时两拳变掌，向左右两侧分开平举，掌心斜向外，肘微屈；目视左手。

（2）收脚抱手。如图8-23（c）（d）所示，上动不停，右腿屈膝后坐，左脚收至右脚内侧，脚尖点地，身体重心回移至右腿；同时两手下落经腹前向上划弧，交叉合抱于胸前，左手在外，两掌心皆向内；目视前方。

（3）蹬脚分掌。如图8-23（e）（f）所示，动作说明与"2.右蹬脚"中"（3）蹬脚分掌"相同，只是左右式相反。

图 8-23　转身左蹬脚

要点：与"2.右蹬脚"相同。

六、第六组

1. 左下势独立

（1）收腿勾手。如图 8-24（a）（b）所示，左腿回收平屈，小腿稍内扣，脚尖自然下垂；随之上体右转；同时右掌变勾手，勾尖朝下，左手向上、向右经面前划弧下落，立于右肩前，掌心斜向后；目视右勾手。

（2）仆步穿掌。如图 8-24（c）（d）所示，右腿慢慢屈膝下蹲，左脚向左侧偏后伸出，脚尖内扣，呈右弓步，上体左转，右腿继续向下全蹲呈左仆步；同时左手外旋下落，向左下沿左腿内侧向前穿出，掌心向外；目视左手。

（3）弓步立掌。如图 8-24（e）所示，左脚以脚跟为轴，脚尖外摆，左腿屈膝前弓，右脚尖内扣，右腿自然蹬直，身体重心前移；上体微向左转并随步型转换向前起身；同时左臂继续前伸，立掌挑起，掌心斜向右，右勾手内旋下落于身后，勾尖转向后上方，右臂伸直成斜下举；目视左手。

（4）提膝挑掌。如图 8-24（f）（g）所示，身体重心继续前移，右腿慢慢屈膝提起，与腹同高，脚尖自然下垂，左腿微屈支撑，呈左独立式；同时右勾手变掌，下落经右腿外侧向体前弧形挑起，屈臂立于右腿上方，肘膝相对，掌心斜向左，指尖朝上，腕与肩平，左手下按落于左胯旁，掌心向下，指尖朝前；目视右手。

（a）　　　　（b）　　　　（c）　　　　（d）

（e）　　　　　（f）　　　　　（g）

图 8-24　左下势独立

要点：仆步时，左脚尖与右脚跟在一条直线上；图 8-24（a）到（b）的动作过程为吸气，图 8-24（c）到（d）的动作过程为呼气，图 8-24（d）到（e）的动作过程为吸气，图 8-24（f）到（g）的动作过程为呼气。

2.右下势独立

（1）落脚勾手。如图8-25（a）（b）所示，右脚落于左脚右前方，脚尖点地，然后以左脚前掌为轴脚跟内转，身体随之左转；同时左手向左后侧提起，成勾手平举，勾尖朝下，腕与肩平，臂微屈；右手随转体经面前向左划弧至左肩前，掌心斜向后；目视左勾手。

（2）仆步穿掌。如图8-25（c）（d）所示，动作说明与"1.左下势独立"中"（2）仆步穿掌"相同，只是左右式相反。

（3）弓步立掌。如图8-25（e）所示，动作说明与"1.左下势独立"中"（3）弓步立掌"相同，只是左右式相反。

（4）提膝挑掌。如图8-25（f）（g）所示，动作说明与"1.左下势独立"中"（4）提膝挑掌"相同，只是左右式相反。

（a）　　　　（b）　　　　（c）　　　　（d）

（e）　　　　（f）　　　　（g）

图8-25　右下势独立

要点：右脚尖触地后要稍提起，再向下仆腿；其他均与"1.左下势独立"相同。

七、第七组

1.左右穿梭

（1）左穿梭。

①落脚转体。如图8-26（a）（b）所示，上体左转，左脚向左前落地（先以脚跟着地，再全脚掌踏实），脚尖外摆，两腿屈膝，呈半坐盘式，身体重心略前移；同时左手内旋屈臂于左胸前，掌心向下，右手外旋摆至腹前，掌心向上；目视左手。

②收脚抱球。如图8-26（c）所示，上体继续左转，右脚收到左脚内侧，脚尖点地，身体重心移至左腿；同时两手左上右下呈抱球状；目视左手。

③弓步架推。如图8-26（d）～（f）所示，上体右转，右脚向右前方迈出，呈右弓步，身体重心前移；同时右手内旋，向前、向上划弧，举架于右额前，掌心斜向上；左手先向

左下划弧至左肋前，再向前上推出，与鼻同高，掌心向前；目视左手。

（2）右穿梭。

①收脚抱球。如图 8-26（g）和（h）所示，右脚尖稍向外撇，左脚收至右脚内侧，脚尖点地，身体重心移至右腿；同时右臂屈肘落于右胸前，掌心向下，左手外旋，向下、向右划弧下落于右腹前，掌心向上，两手右上左下在右胸前呈抱球状；目视右手。

②弓步架推。如图 8-26（i）～（k）所示，动作说明与"（1）左穿梭"中"③弓步架推"相同，只是左右式相反。

图 8-26　左右穿梭

要点：身体正直，重心平稳；架推掌和前弓腿动作要协调一致；弓步时，两脚跟的横向距离同搂膝拗步式，约 30 厘米；落脚转体和收脚抱球时吸气，弓步架推时呼气。

2. 海底针

（1）跟步提手。如图 8-27（a）所示，上体稍向右转，右脚向前跟进半步，右腿屈膝微蹲，左脚稍提起，身体重心移至右腿；同时右手下落经体侧向后、向上屈臂提至右耳侧，掌心斜向左下，指尖斜向前下，左手经体前下落至腹前，掌心向下，指尖斜向右前方；目视右前方。

（2）虚步插掌。如图 8-27（b）所示，上动不停，上体稍左转；左脚稍向前移，脚尖点地呈左虚步；同时右手向斜前下方插出，掌心向左，指尖斜向前下，左手向下、向后划弧，经左膝落至左大腿侧，掌心向下，指尖朝前；目视前下方。

要点：右手前下插掌时，上体稍前倾，松腰松胯，收腹敛臀，不可低头；跟步提手时吸起，虚步插掌时呼气。

3. 闪通臂

（1）提脚提手。如图8-28（a）所示，左腿屈膝，左脚微提起；同时右手经体前上提至肩，掌心向左，指尖朝前；左手向前、向上划弧至右腕内侧下方，掌心向右，指尖斜向上；目视前方。

（2）迈步分手。如图8-28（b）所示，上体稍右转，左脚向左前方迈出，脚跟着地；同时右手上提内旋，掌心翻向外；目视右前方。

（3）弓步推掌。如图8-28（c）所示，上体继续右转，左脚掌踏实，左腿屈弓呈左弓步，重心前移；同时左手向前推出，掌心向前，高与鼻平，肘微屈；右手屈臂上举，圆撑于右额前上方，掌心斜向上；目视左手。

要点：上体正直，松腰沉胯；推掌、撑掌和弓腿动作要协调一致；弓步时，两脚跟横向距离不超过10厘米；提脚提手时吸气，迈步分手和弓步推掌时呼气。

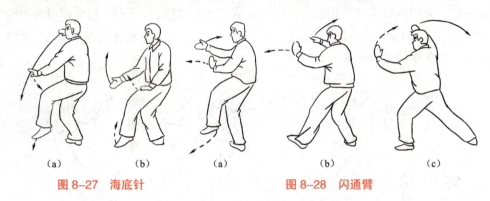

图8-27　海底针　　　　　　　　图8-28　闪通臂

八、第八组

1.转身搬拦捶

（1）转体扣脚。如图8-29（a）所示，上体右转，右腿屈膝后坐，左脚尖翘起内扣，身体重心移至右腿；同时两手向右划弧，右手呈右侧举，左手至头左侧，掌心均向外；目视右手。

（2）坐身握拳。如图8-29（b）所示，上体继续右转，左腿屈膝后坐，右脚跟离地，以脚前掌为轴微向内转，身体重心回移至左腿；同时右手继续向下、向左划弧，经腹前屈臂握拳，摆至左肋旁，掌心向下；左手继续上举至左额前上方，掌心斜向前上；目视右前方。

（3）摆步搬拳。如图8-29（c）（d）所示，上动不停，身体右转至面向前方；右脚提收到左踝内侧（不触地），再向前垫步迈出，脚尖外撇，脚跟先着地，随即全脚掌踏实；同时右拳经胸前向前翻转搬出（右手经胸前以肘关节为轴，向上、向前搬打），高与肩平，掌心向上，拳背为力点，肘微屈；左手经右前臂外侧下落，按于左胯旁，掌心向下，指尖朝前；目视右拳。

（4）转体收拳。如图8-29（e）所示，上体微向右转，右腿屈膝，重心前移，左脚跟提起；同时左拳经体侧向前上划弧，右拳内旋回收至体侧，掌心转向下，右臂平屈于胸前右侧；目视前方。

（5）上步拦掌。如图 8-29（f）（g）所示，上动不停，左脚向前上步，脚跟着地；同时左手向前上划弧拦出，高与肩平，掌心斜向右，指尖斜向上；右拳向右摆，内旋屈收于右腰旁，掌心转向上；目视左手。

（6）弓步打拳。如图 8-29（h）所示，身体稍左转，左脚掌踏实，左腿屈弓呈左弓步，重心前移；同时右拳向前打出，高与胸平，拳眼向上，肘微屈；左手微收，附于右前臂内侧，掌心向右，指尖斜向上；目视右拳。

要点：上、下肢动作应协调一致；"搬"要先按后搬，在体前划立圆，并与右脚外撇提落相配合；"拦"，以腰带臂平行绕动向前平拦，并与上步动作相配合；"捶"，拳要螺旋形向前冲出，并应与弓步动作相配合，同时完成；图 8-29（a）～（b）的动作过程为吸气，图 8-29（b）～（d）的动作过程为呼气，图 8-29（d）～（g）的动作过程为吸气，图 8-29（g）～（h）的动作过程为呼气。

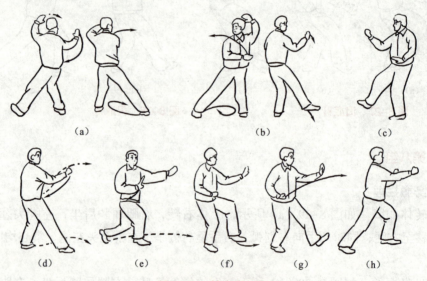

图 8-29 转身搬拦捶

2. 如封似闭

（1）穿手翻掌。如图 8-30（a）（b）所示，右拳变掌，两掌心翻转向上，左掌经右手前臂下向前伸出；两手交叉，随即分别向两侧分开，与肩同宽；目视前方。

（2）后坐收掌。如图 8-30（c）（d）所示，上动不停，右腿屈膝，上体慢慢后坐，左脚尖翘起，身体重心移向右腿；同时两臂屈肘回收，两手翻转向下，沿弧线经胸前内旋向下按于腹前，掌心斜向下；目视前方。

（3）弓步推掌。如图 8-30（e）（f）所示，上动不停，左脚掌踏实，左腿屈膝呈弓步，重心前移；同时两手向上、向前推出，臂微屈，腕与肩平，掌心均向前；目视前方。

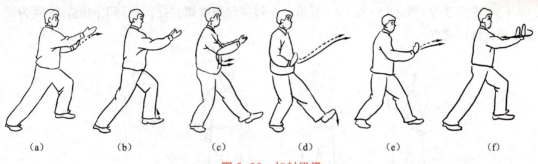

图 8-30　如封似闭

要点：上体保持正直；两手距离不超过两肩；穿手翻掌时吸气，后坐收掌和弓步推掌时呼气。

3. 十字手

（1）转体分掌。如图 8-31（a）（b）所示，上体稍右转，右腿屈膝后坐，脚尖稍外撇，左腿自然伸直，脚尖内扣，呈右侧弓步，身体重心移向右腿；同时右手随转体经面前向右平摆划弧，与左手呈两臂侧平举，肘微屈，掌心均向前；目视右手。

（2）收脚合抱。如图 8-31（c）（d）所示，上动不停，上体稍左转，左腿屈膝，右脚尖内扣，脚跟离地，身体重心移至左脚；随即右脚轻轻提起，向左回收，前脚掌先着地，进而全脚掌踏实，脚距与肩同宽，脚尖朝前，两腿慢慢伸直呈开立步，身体重心移到两腿中间；同时两手下落经腹前再向上划弧，交叉合抱于胸前，腕与肩平，两臂撑圆，两掌心均向内，右手在外，成十字手；目视前方。

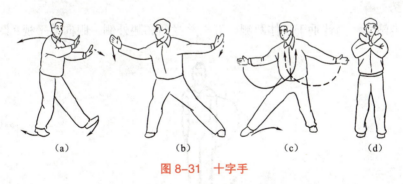

图 8-31　十字手

要点：动作要虚实分明；两手向外分开时吸气，两手向下划弧时呼气，两手向上、向里合抱交叉时吸气。

4. 收势

（1）翻掌分手。如图 8-32（a）所示，两手向外翻掌，掌心向下，左右分开，与肩同宽；目视前方。

（2）垂臂落手。如图 8-32（b）（c）所示，两臂慢慢下落至两胯外侧，自然下垂，松肩垂肘；目视前方。

（3）并步还原。如图 8-32（d）所示，左脚提起与右脚并拢，两脚尖向前，恢复为预备姿势；目视前方。

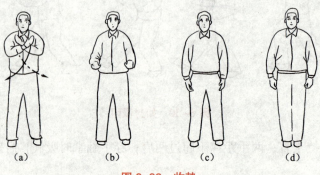

（a） （b） （c） （d）

图 8-32 收势

任务三 初级长拳第三路

一、预备动作

1. 预备势

两脚并步站立，两臂垂于身体两侧，五指并拢贴靠腿外侧，眼向前平视（图 8-33）。

图 8-33 预备势

2. 虚步亮掌

右脚向右后方撤步呈左弓步，右掌向右、向上、向前划弧，掌心向上；左臂屈肘，左掌提至腰侧，掌心向上，目视右掌［图 8-34（a）］。右腿微屈，重心后移；左掌经胸前从右臂向前穿出伸直；右臂屈肘，右掌收至腰侧，掌心向上，目视左掌［图 8-34（b）］。重心继续后移，左脚稍向右移，脚尖点地，呈左虚步；左臂内旋向左、向后划弧成勾手，勾尖向上；右手继续向后、向右、向前上划弧，屈肘抖腕，在头前上方呈亮掌（横掌），掌心向前，掌指向左，目视左方［图8-34（c）］。

图8-34　虚步亮掌

3. 并步对拳

右腿蹬直，左腿提膝，脚尖里扣，上肢姿势不变［图8-35（a）］。左脚向前落步，重心前移。左臂屈肘，左勾手变掌经左肋前伸；右臂外旋向前，下落于左掌右侧，两掌同高，掌心均向上［图8-35（b）］。右脚向前上一步，两臂下垂后摆［图8-35（c）］。左脚向右脚并步，两臂向外、向上经胸前屈肘下按，两掌变拳，拳心向下，停于小腹前，目视左侧［图8-35（d）］。

图8-35　并步对拳

二、第一段

1. 弓步冲拳一

左脚向左上一步，脚尖向斜前方；右腿微屈，呈半马步。左臂向上、向左格打，拳眼向后，拳与肩同高；右拳收至腰侧，拳心向上，目视左拳［图8-36（a）］。右腿蹬直，呈左弓步，左拳收至腰侧，掌心向上；右拳向前冲出，高与肩平，拳眼向上，目视右拳［图8-36（b）］。

2. 弹腿冲拳一

重心前移至左腿，右腿屈膝提起，脚面绷直，猛力向前弹出伸直，高与腰平。右拳收至腰侧；左拳向前冲出，目视前方（图 8-37）。

3. 马步冲拳一

右脚向前落步；脚尖里扣，上体左转。左拳收至腰侧，两腿下蹲为马步；右拳向前冲出，目视右拳（图 8-38）。

图 8-36　弓步冲拳一　　图 8-37　弹腿冲拳一　　图 8-38　马步冲拳一

4. 弓步冲拳二

上体右转 90°，右脚尖外撇向斜前方，成半马步。右臂屈肘向右格打，拳眼向后，目视右拳 [图 8-39（a）]；左腿蹬直呈右弓步。右拳收至腰侧；左拳向前冲出，目视左拳 [图 8-39（b）]。

5. 弹腿冲拳二

重心前移至右脚，左腿屈膝提起，脚面绷直，猛力向前弹出伸直，高与腰平。左拳收至腰侧，右拳向前冲出，目视前方（图 8-40）。

图 8-39　弓步冲拳二　　　　图 8-40　弹腿冲拳二

6. 大跃步前穿

左腿屈膝；右拳变掌内旋，以手背向下挂至左膝外侧，上体前倾，目视右手 [图 8-41（a）]。左脚向前落步，两腿微屈。右掌继续向后挂，左拳变掌，向后、向下伸直，目视右掌 [图 8-41（b）]。右腿屈膝向前提起，左腿立即猛力蹬地向前跃出；两掌向前、向上划弧摆起，目视左掌 [图 8-41（c）]。右腿落地全蹲，左腿随即落地向前铲出成仆步。右掌变拳抱于腰侧，左掌由上向右、向下划弧呈立掌，停于右胸前，目视左脚 [图 8-41（d）]。

（a）　　　　　（b）　　　　　（c）　　　　　（d）

图 8-41　大跃步前穿

7. 弓步击掌

右腿猛力蹬直呈左弓步；左掌经左脚面向后划弧至身后成勾手，左臂伸直，均指尖向上；右拳由腰侧变掌向前推出，掌指向上，掌外侧向前，目视右掌（图 8-42）。

8. 马步架掌

重心移至两腿中间，左脚脚尖里扣成马步，上体右转。右臂向左侧平摆，稍屈肘；同时左勾手变掌由后经左腰侧从右臂内向前上穿出，掌心均朝上，目视左手〔图 8-43（a）〕。右掌立于左胸前；左臂向左上屈肘抖腕亮掌于头部左上方，掌心向前，目视右转〔图 8-43（b）〕。

（a）　　　　　　　　　（b）

图 8-42　弓步击掌　　　　图 8-43　马步架掌

三、第二段

1. 虚步栽拳

右脚蹬地，屈膝提起；左腿伸直，以前脚掌为轴向右后转体180°。右掌由左胸前向下经右腿外侧向后划弧成勾手；左臂随体转动并外旋，使掌心朝右，目视右手〔图 8-44（a）〕。右脚向右落地，重心移至右腿上，下蹲呈左虚步。左掌变拳下落于左膝上，拳眼向里，拳心向后；右勾手变拳，屈肘向上架于头右上方，拳心向前，目视左方〔图 8-44（b）〕。

2. 提膝穿掌

右腿稍伸直，右拳变掌收至腰侧，掌心向上；左拳变掌由下向左、向上划弧盖压于头

上方，掌心向前［图8-45（a）］。右腿蹬直，左腿屈膝提起，脚尖内扣。右掌从腰侧经左臂内向右前上方穿出，掌心向上；左掌收至右胸前成为立掌，目视右掌［图8-45（b）］。

（a）　　　（b）　　　（c）　　　（d）

图8-44　虚步栽拳　　　　　图8-45　提膝穿掌

3. 仆步穿掌

右腿全蹲，左腿向左后方铲出呈左仆步。右臂不动，左掌由右胸前向下经左腿内侧，向左脚面穿出，目随左掌转视（图8-46）。

4. 虚步挑掌

右腿蹬直，重心前移至左腿，呈左弓步。右掌稍下降，左掌随重心前移向前挑起［图8-47（a）］。右脚向左前方上步，左腿半蹲，呈右虚步。身体随上步左转180°。在右脚上步的同时，左掌由前向上、向后划弧成为立掌，右掌由后向下、向前上挑起成为立掌，指尖与眼平，目视右掌［图8-47（b）］。

（a）　　　　　　　　（b）

图8-46　仆步穿掌　　　　　图8-47　虚步挑掌

5. 马步击掌

右脚落实，脚尖外撇，重心稍升高并右移，左掌变拳收至腰侧；右掌俯掌向外搂手［图8-48（a）］。左脚向前上一步，以右脚为轴向右后转体180°，两腿下蹲呈马步。左掌从右臂上呈立掌向左侧击出；右掌变拳收至腰侧，目视左掌［图8-48（b）］。

6. 叉步双摆掌

重心稍右移，同时两掌向下、向右摆，掌指均向上，目视右掌［图8-49（a）］。右脚向左腿后插步，前脚掌着地。两臂继续由右向上、向左摆，停于身体左侧，双掌均成为立掌，右掌停于左肘窝处，目随双掌转视［图8-49（b）］。

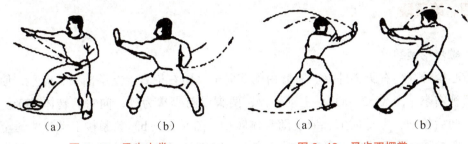

（a）　　　　　　　（b）　　　　　　　　　　（a）　　　　　　　（b）

图 8-48　马步击掌　　　　　　　　图 8-49　叉步双摆掌

7. 弓步击掌

两腿不动；左掌收至腰侧，掌心向上；右掌向上、向右划弧，掌心向下 ［图 8-50（a）］。左腿后撤一步，呈右弓步。右掌向下、向后伸直摆动，呈勾手，勾尖向上，左掌成为立掌向前推出，目视左掌 ［图 8-50（b）］。

（a）　　　　　　　（b）

图 8-50　弓步击掌

8. 转身踢腿马步盘肘

两脚以前脚掌为轴向左后转体 180°。在转体的同时，左臂向上、向前划半立圆，右臂向下、向后划半圆 ［图 8-51（a）］。上动不停，两脚不动，右臂由后向上、向前划半立圆，左臂由前向下、向后划半立圆 ［图 8-51（b）］。上动不停，右臂向下呈反臂勾手，勾尖向上；左臂向上呈亮掌，掌心向前上方。右腿伸直，脚尖勾起，向额前踢 ［图 8-51（c）］。右脚向前落地，脚尖里扣。右手不动，左臂屈肘下落至胸前，左掌心向下，目视左掌 ［图 8-51（d）］。上体左转 90°，两腿下蹲呈马步。同时左掌向前、向左平搂变拳收至腰侧，右勾手变拳，右臂伸直，由体后向右、向前平摆，至体前时屈肘，肘尖向前，高与肩平，拳心向下，目视肘尖 ［图 8-51（e）］。

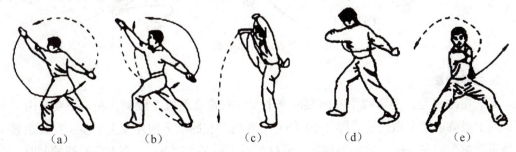

（a）　　　　　　（b）　　　　　　（c）　　　　　　（d）　　　　　　（e）

图 8-51　转身踢腿马步盘肘

四、第三段

1. 歇步抡砸拳

重心稍升高，右脚尖外撇。右臂由胸前向上、向右抡直；左拳向下、向左，使臂抡直，目视右拳［图 8-52（a）］。上动不停，两脚以前脚掌为轴，向右后转体 180°。右臂向下、向后抡摆，左臂向上、向前随身体转动［图 8-52（b）］。紧接上动，两腿全蹲成歇步，左臂随身体下蹲向下平砸，拳心向上，臂部微屈；右臂伸直向上举起，目视左拳［图 8-52（c）］。

（a）　　　　　（b）　　　　　（c）

图 8-52　歇步抡砸拳

2. 仆步亮拳

右脚向前上一步，左腿蹬直，右腿半蹲，呈右弓步；上体微向右转。左拳收至腰侧，右拳变掌向下经胸前向右横击掌，目视右掌［图 8-53（a）］。右脚蹬地屈膝提起，上体右转。左拳变掌从右掌向前穿出，掌心向上；右掌平收至左肘下［图 8-53（b）］。右脚向右落步，屈膝蹲，左腿伸直，呈仆步。左掌向下、向后划弧成勾手，勾尖向上；右掌向右、向上划弧微屈，抖腕呈亮掌，掌心向前。头随右手转动，至亮掌时，目视左方［图 8-53（c）］。

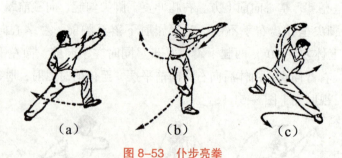

（a）　　　　　（b）　　　　　（c）

图 8-53　仆步亮拳

3. 弓步劈拳

右腿蹬地立起；左腿收回并向左前方上步。右掌变拳收至腰侧，左勾手变掌由下向前、向上经胸前向左做捋手［图 8-54（a）］。右腿经左腿前方向左绕上一步，左腿蹬直呈右弓步。左手向左平捋后再向前挥摆，虎口朝前［图 8-54（b）］。在左手平捋的同时，右掌向后平摆，然后再向前、向上做抢劈拳，拳高与耳平，拳心向上，左掌外旋接扶右前臂，目视右拳［图8-54（c）］。

（a）　　　　　（b）　　　　　（c）

图8-54　弓步劈拳

4.换跳步弓步冲拳

重心后移，右脚稍向后移动。右拳变掌臂内旋以掌背向下划弧挂至右膝内侧；左掌背贴靠右肘外侧，掌指向前，目视右掌［图8-55（a）］。右腿自然上抬，上体稍向左扭转。右掌挂至体左侧，左掌伸向右腋下，目随右掌转视［图8-55（b）］。右脚以全脚掌用力向下震踩，与此同时，左脚急速离地抬起；右手由左向上、向前搂盖后变拳收至腰侧；左掌伸直向下、向上、向前屈肘下按，掌心向下；上体右转，目视左掌［图8-55（c）］。左脚向前落步，右腿蹬直呈左弓步。右拳向前冲出，拳高与肩平；左掌藏于右腋下，掌背贴靠腋窝，目视右拳［图8-55（d）］。

（a）　　　（b）　　　（c）　　　（d）

图8-55　换跳步弓步冲拳

5.马步冲拳

上体右转90°，重心移至两腿中间，呈马步。右拳收至腰侧，左掌变拳向左冲出，拳眼向上，目视左拳（图8-56）。

6.弓步下冲拳

右脚蹬直，左腿弯曲，上体稍向左转，呈左弓步。左拳变掌由下经体前向上架于头左上方，掌心向上，右拳自腰侧向左前斜下方冲出，目视右拳（图8-57）。

图 8-56　马步冲拳二　图 8-57　弓步下冲拳

7. 叉步亮掌侧踹腿

上体稍右转。左掌由头上下落于右手腕上，右拳变掌，两手交叉成十字，目视双手［图 8-58 (a)］。右脚蹬地并向左脚后插步，以前脚掌着地。左掌由体前向下、向后划弧成勾手，勾尖向上；右掌由前向右、向上划弧抖腕亮掌，掌心向前，目视左侧［图 8-58 (b)］。重心移至右腿，左腿屈膝提起，向左上方猛力踹出。上肢姿势不变，目视左侧［图 8-58 (c)］。

(a)　　　　　　(b)　　　　　　(c)

图 8-58　叉步亮掌侧踹腿

8. 虚步挑拳

左脚在左侧落地。右掌变拳稍后移，左勾手变拳由体后向左上挑，拳背向上［图 8-59 (a)］。上体左转 180°，微含胸前俯。左拳继续向前、向上划弧上挑，右拳向下、向前划弧挂至右膝外侧，同时右膝提起，目视右拳［图 8-59 (b)］。右脚向左前方上步，脚尖点地，重心落于左脚，左腿下蹲呈右虚步。左拳向后划弧收至腰侧，拳心向上；右拳向前屈臂挑出，拳眼斜向上，拳与肩同高，目视右拳［图 8-59 (c)］。

(a)　　　　　(b)　　　　　(c)

图 8-59　虚步挑拳

五、第四段

1. 弓步顶肘

重心升高，右脚踏实。右臂内旋向下直臂划弧以拳背下挂至右膝内侧，左拳不变，目视前下方 [图 8-60（a）]。左腿蹬直，右腿屈膝上抬。左拳变掌，右拳不变，两臂向前、向上划弧摆起，目随右拳转视 [图 8-60（b）]。左脚蹬地起跳，身体腾空，两臂继续划弧至头上方 [图 8-60（c）]。右脚先落地，右腿屈膝，左脚向前落步，以前脚掌着地。同时两臂向右、向下屈肘停于右胸前，右拳变掌，左掌变拳，右掌心贴靠左拳面 [图 8-60（d）]。左脚向左上一步，左腿屈膝，右腿蹬直呈左弓步，右掌推左拳，以左肘尖向左顶出，高与肩平，目视前方 [图 8-60（e）]。

(a)　　　(b)　　　(c)　　　(d)　　　(e)

图 8-60　弓步顶肘

2. 转身左拍脚

以两脚前脚掌为轴向右后转体 180°。随着转体，右臂向上、向右、向下划弧抡摆。同时左拳变掌向下、向后、向前上抡摆 [图 8-61（a）]。左腿伸直向前上踢起，脚面绷平，左掌变拳收至腰侧，右掌由体后向上、向前拍击左脚面 [图 8-61（b）]。

(a)　　　(b)

图 8-61　转身左拍脚

3. 右拍脚

左脚向前落地，左拳变掌向下、向后摆，右掌变拳收至腰侧 [图 8-62（a）]。右腿伸直向前上踢起，脚面绷平，左拳变掌由后向上、向前拍击右脚面 [图 8-62（b）]。

图 8-62　右拍脚

4. 腾空飞脚

右脚落地［图 8-63（a）］。左脚向前摆起，右脚猛力蹬地跳起，左腿屈膝继续前上摆。同时右拳变掌向前、向上摆起，左掌先上摆而后下降拍击右掌背［图 8-63（b）］。右腿继续上摆，脚面绷平。右手拍击右脚面，左掌由体前向后上举［图 8-63（c）］。

图 8-63　腾空飞脚

5. 歇步下冲拳

左、右脚先后相继落地，左掌变拳收至腰侧［图 8-64（a）］。身体右转 90°，两腿全蹲呈歇步。右掌抓握、外旋变拳收至腰侧；左拳由腰侧向前下方冲出，拳心向下，目视左拳［图 8-64（b）］。

图 8-64　歇步下冲拳

6. 仆步抡劈拳

重心升高，右臂由腰侧向体后伸直，左臂随身体重心升高向上摆起［图 8-65（a）］。以右脚前脚掌为轴，左腿屈膝提起，上体左转 270°。左拳由前向后下划立圆一周；右拳由后向下、向前上划立圆一周［图8-65（b）］。左腿向后落一步，屈膝全蹲，右腿伸直，脚尖里扣呈右仆步。右拳由上向下抢劈，拳眼向上；左拳后上举，拳眼向上，目视右拳［图8-65（c）］。

图8-65 仆步抢劈拳

7. 提膝挑掌

重心前移呈右弓步。同时右拳变掌由下向上抢摆，左拳变掌稍下落，右掌心向左，左掌心向左［图8-66（a）］。左、右臂在垂直面上由前向后各划立圆一周。右臂伸直停于头上，掌心向左，掌指向上；左臂伸直停于身后成反勾手。同时右腿屈膝提起，左腿挺膝伸直独立，目视前方［图8-66（b）］。

8. 提膝劈掌弓步冲拳

下肢不动。右掌由上向下猛劈伸直，停于右小腿内侧，用力点在小指一侧；左勾手变掌，屈臂向前停于右上臂内侧，掌心向左，目视右掌［图8-67（a）］。右脚向右后落地；身体右转90°。同时左掌变拳收至腰侧，右臂内旋向右划弧做劈掌［图8-67（b）］。上动不停，左腿蹬直呈右弓步。右手抓握变拳收至腰侧，左拳由腰侧向左前方冲出，目视左拳［图8-67（c）］。

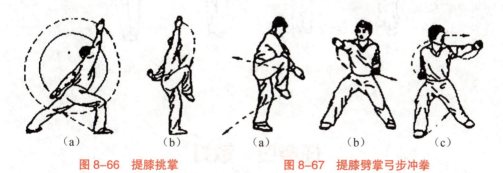

图8-66 提膝挑掌　　　图8-67 提膝劈掌弓步冲拳

六、结束动作

1. 虚步亮掌

右脚扣于左膝后，两拳变掌，两臂右上、左下屈肘交叉于体左前方，目视右掌

［图 8-68（a）］。右脚向右后落步，重心后移，右腿半蹲，上体稍右转，同时右掌向上、向右、向下划弧停于左腋下；左掌向左、向上划弧停于右臂上与左胸前，两掌心左下右上，目视左掌［图 8-68（b）］。左脚尖稍向右移，右腿下蹲呈虚步。左臂伸直向左、向后划弧成反勾手；右臂伸直向下、向右、向下划弧抖腕亮掌，掌心向前，目视左方［图 8-68（c）］。

图 8-68　虚步亮掌

2. 并步对拳

左腿后撤一步，同时两掌从两腰侧向前穿出伸直，掌心向上［图 8-69（a）］。右腿后撤一步，同时两臂分别向体后下摆［图 8-69（b）］。左脚后退半步向右脚并拢，两臂由后向上经体前屈臂下按，两掌变拳，停于腹前，拳心向下，拳面相对，目视左方［图 8-69（c）］。

3. 还原

两臂自然下垂，目视正前方（图 8-70）。

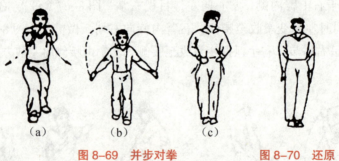

图 8-69　并步对拳　　　　　　图 8-70　还原

任务四　散打

一、散打简介

散打又称散手，是起源于中国的搏击，古时称为相搏、手搏、技击等。散打不追求花式，目的是通过散打技法的灵活、巧妙应用，来战胜对方。散打的招法动作分为实战姿势、步法、拳法、腿法、摔法、防守法六类。根据各种各样的武术散打各自不同的表现形式、性质、价值、功能来划分，可以将散打分为竞技散打、实用散打、演练散打三类。

1979年3月，中国掀起"武术热"，散打运动正式开始试点探索，在国内各大院校积极展开。2008年8月，在奥林匹克体育中心举办了北京奥运会武术散打比赛，散打项目成为武术比赛的重要项目，对于武术散打项目迈向国际化具有里程碑意义。

散打的主要特点为民族性、对抗性、体育性。学习散打可增强武德教育、完善人格、健体防身、娱乐消遣、推动社会的发展、提升国家软实力。

二、散打基本技术

(一) 实战姿势

散打实战姿势通常也叫作预备式或格斗式，是格斗前所采用的临战运动姿势。它不仅能使身体处于强有力的状态，而且需要极佳的快速反应能力，以利于快速移动，发起进攻和防守，并且暴露面小，能有效地保护自己的要害部位。

实战姿势分为左实战式和右实战式。下面以左实战式为例：两脚前后开立，前脚跟与后脚尖距离约同肩宽；左脚全脚掌着地，右脚跟稍抬起，前脚掌着地，两膝稍弯曲，自然里扣，身体重心右移，上体含胸收腹扭臀，左臂内屈约90°，拳眼与鼻尖平行。右臂内屈约45°，拳置于脖前，两肘自然下垂并稍向里合，下颌内收，目视对方上体。

(二) 步法

散打步法是为保持与对手间的距离，实施进攻与防守动作或破坏对手进攻与防守意图，而专门进行的脚步移动方法，散打步法分为很多种，如滑步、垫步等。

1. 滑步

前滑步：实战势，后脚蹬地，前脚向前移动，落地时以前脚掌先落地，随之后脚前移，落地后与原基本姿势相同。后滑步反之。

左滑步：实战势，后脚蹬地，前脚向左平移，后脚随之向左移动，动作完成后与原实战势相同。右滑步反之。

2. 垫步

前垫步：实战势，前脚蹬地，后脚前移，在前脚里侧落地的同时前脚前移，落步后仍呈原基本姿势。

后垫步：实战势，后脚蹬地，前脚后移，在前脚里侧落地的同时后脚后移，落步后仍呈基本姿势，变换要快，两腿不可交叉，垫步时身体重心要求两脚贴近地面滑行。

（三）拳法

在散打运动中常用的有直拳、摆拳、勾拳、劈拳、鞭拳五种拳法技术。在实战中具有速度快和灵活多变的特点，它能以最短的距离、最快的速度击中对手。拳法易于结合其他技术进行训练和实战应用。只要掌握得好、利用得巧妙，就能给对手造成很大的威胁。

1. 直拳

直拳又称冲拳，分为左直拳和右直拳。

（1）左直拳：左势站立，右脚微蹬地，身体重心稍向左脚移动，同时转腰送肩，左拳直线向前击出，力达拳面，右拳自然收回颔前，如图 8-71 所示。

动作要点：左右直拳抢攻对方头部。当对方侧弹腿进攻时，左手防守，同时右直拳反击对方头部。

用法：可击打对方的脸部、胸部、腹部，也可用于防守反击，并可用于虚招迷惑对方探路，是进攻技术中的远距离拳法。

（2）右直拳：左脚向前进步，右脚跟进，前脚掌内扣点地，在转腰送肩的同时右拳直线向前冲击对方，力达拳面；左拳收回左肩内侧作为保护，如图 8-72 所示。

动作要点：蹬地、转腰、送肩要顺，收回要快，成预备式，并且眼睛要注视对方。

用法：攻击的距离长，力量大，有较大的杀伤力，属于重拳中的远距离拳法。

图 8-71　左直拳　　　　　　　　　图 8-72　右直拳

2. 摆拳

摆拳分为左摆拳、右摆拳。

（1）左摆拳：左势站立，上体微向右扭转，同时左臂稍抬起时，前臂内旋向前、向里呈弧形出击，力达拳面，大小臂夹角约为 130°，右拳自然收回颔前，如图 8-73 所示。

动作要点：左拳虚晃，右摆拳抢攻对方头部。当对方右蹬腿攻击我方中盘时，左手里挂防守，随即用右摆拳反击对方头部。

用法：左摆拳是一种远距离弧线形进攻技法，多用于防守反击。

（2）右摆拳：原地右脚蹬地内扣，身体向左摆动，同时右拳由上向里并向下弧线挥击对方，肘微屈，拳心朝下，力达拳背，左拳护于左颔下作为保护，如图 8-74 所示。

动作要点：右脚内扣、转腰、摆拳、发力要一致，力达拳背，收回要快，成预备式，并且眼睛要注视对方。

用法：右摆拳是一种远距离弧线形进攻技法，多用于防守反击。由于蹬地转腰的力量，右摆拳重于左摆拳。

图 8-73　左摆拳　　　　　　图 8-74　右摆拳

3. 勾拳

勾拳分为左勾拳和右勾拳。

（1）左勾拳：左势站立，上体稍向左侧倾，重心略下沉，左拳微下落，随即左脚蹬地，上体右转，挺腹前送左髋，左拳由下向上屈臂勾击，力达拳面，大小臂夹角约为90°，右拳自然回收于颌前。

动作要点：假动作虚晃，忽然上步靠近对方，用上勾拳击其下颌。当对手应以下前抱摔时，迅速后退，用左勾拳反击其头部。

用法：用于近身格斗，是短距离拳法技术。

（2）右勾拳：右脚蹬地，扣膝合胯，身体向左转，同时右拳由下向上勾起（上勾）。抬臂提肘成直角，拳心朝下，平击对手，力达拳面（平勾）。

动作要点：发力短促有力，上勾拳是由下向上发力，右平勾是由右向左发力。

用法：用于近身格斗，是短距离拳法技术。

（四）腿法

腿法内容丰富，分为屈伸性、直摆性、扫转性三大部分。格斗中腿法灵活机动、变化多端，攻击距离远，力度大，还具有隐蔽性、突出性的特点。在运用腿法攻击时，要求做到快速有力，击点准确。

1. 蹬腿

蹬腿分为左蹬腿和右蹬腿。

（1）左蹬腿：左势站立，身体重心稍后移，同时左腿屈膝提起，屈肩向前，脚尖上勾，随即从脚跟领先向前蹬出，力达脚跟，如图 8-75 所示。

动作要点：用蹬腿攻击对方上盘，当对方运用左腿攻击时，突然用右蹬腿抢先攻击对方上盘。

用法：屈膝高抬，爆发用力，快速连贯，走直线。

图 8-75　左蹬腿

（2）右蹬腿：在预备势的基础上，身体稍向后仰，右腿随即正直提膝向正前方蹬，脚尖朝上；击出时，左手护额，右手自然下挥，眼平视攻击方向；击出后，先屈收右腿，而后在后方落地，恢复成预备势，如图 8-76 所示。

动作要点：后仰幅度不能过大，前蹬迅猛，蹬出后先屈收小腿。

用法：屈膝高抬，爆发用力，快速连贯，走直线。

图 8-76　右蹬腿

2. 踹腿

踹腿分为左踹腿和右踹腿。

（1）左踹腿：左势站立，身体重心后移，上体稍右转，同时左腿屈膝提起，脚尖勾起，随即展髋，使脚掌正对攻击方向，使之迅速由屈到伸，向前踹出，力达脚跟，如图 8-77 所示。

图 8-77　左踹腿

动作要点：以左侧踢踹腿，假装攻击对方下盘，随即用右踹腿实攻对方上盘，左边腿假装攻击对方下盘，然后转身踹腿攻击对方上盘。

用法：阻击对方用手攻击的远距离腿法。

（2）右踹腿：在预备势的基础上，身体向左转体，逆向左斜，右腿屈收至腹前，而后向右方踹出，着力点在脚跟，腿与体侧成直线；击出时，右脚尖向左，左手护额，右手自然下挥，重心落于左腿，眼平视攻击方向；击出后，先屈收左腿，而后在前方点地，迅速恢复成预备势，如图 8-78 所示。

动作要点：上体、大腿、小腿、脚掌成一条直线，踹出时一定要以大腿推动小腿直线向前发力。

用法：阻击对方用手攻击的远距离腿法。

图 8-78　右踹腿

3.横摆腿

上体右转并侧倒，顺势带动左腿（直腿）向右方横摆鞭打扣膝，力达脚背，眼睛注视对方，如图 8-79 所示。

动作要点：以转体带动摆腿，动作连贯，弧线快速。

用法：主要横击对方腹部、头部的远距离腿法。

图 8-79　横摆腿

（五）摔法

摔法是在竞技格斗中使用巧妙的技法使对手倒地的方法，在格斗中，用摔法必须做到快速果断，因为是竞技中的格斗，所以不能给对方留下喘息的机会，这才是保护自己的有效措施。

1. 抱腿别腿摔

抱对方前腿后，左手迅速前伸，别其后支撑腿，同时右手后拉，左肩前顶对方，将对方拉倒，如图 8-80 所示。

动作要点：抱腿准确、有力，上步、转体、下压协调一致。

（a） （b） （c）

图 8-80　抱腿别腿摔

2. 抱腿推击摔

对方用左腿法攻击时，将对方左腿抱住，上步用左手打击对方的上体，如图 8-81 所示。

（a） （b） （c）

图 8-81　抱腿推击摔

动作要点：抱腿准确、有力，上步打击对方的上体要快。

3. 抱双腿过胸摔

上前迅速上左步，屈膝弓腰，两手由外向内抱住对方腿根部，左肩前顶其髋腹部，随即向前上右步，蹬腰腿抬头将对方向后摔落，如图 8-82 所示。

动作要点：上步下潜快，抱腿紧，起来要用爆发力。

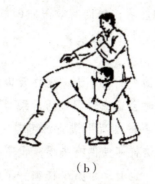

（a）　　　　　　　　（b）　　　　　　　　（c）

图 8-82　抱双腿过胸摔

（六）防守法

防守是一种可以节制和削弱对方的攻击，保护自己并能处于反击位置的方法，最终目的是防守后的反击。准确、巧妙的防守不但能保护自己，而且能为攻击创造更好的条件。

（1）拍挡防守：以左拍挡为例，左手掌心向里贴，向里横拍并稍向右转体。

（2）挂挡防守：左右手屈臂向同侧头部或肩部挂挡。

（3）里抄防守：左右手臂微屈并外放，紧贴腹前，手心向上，同时左右手屈臂，紧贴胸前立掌，掌心向外。

（4）外抄防守：左右手臂外旋弯曲，上臂紧贴肋部。

（5）提膝防守：重心右移，前腿屈膝起，后腿支撑，上体姿势不变。

（6）截击防守：当对方准备进攻时，使手截腿阻截对方攻势，属于不接触防守。

（7）后闪防守：重心后移，上体略后仰闪躲。

（8）侧闪防守：上体向左侧或右侧闪躲，或用左右闪步防守。

（9）下潜防守：屈膝降低重心，同时低头缩颈向下闪躲，两手护头。

（10）上跳防守：两脚蹬地，使身体向上跳闪。

知识拓展：散打的场地、器材和主要规则

◀) 延伸阅读

散打中常见的损伤及防治

散打中的伤害事故是经常发生的，要避免伤害事故的发生，就要弄清楚事故发生的原因和机制，从根本上进行防止和治疗。

1. 打击外伤

打击外伤常发生于实战练习和比赛中，易伤的部位有面部、鼻骨、小腿正面等。这些部位承受能力小，易发生肿裂、骨折等损伤。要预防这些损伤的发生，必须逐渐

提高抗击打的能力，增加力量的练习；提高有效防守的能力，从而达到预防的目的。一旦发生伤害，必须尽快找医务人员进行处理。

2.打击内伤

打击内伤是指受伤的部位表面变化虽不大，但伤及内脏的情况。如脚踢中胃部和肝部，易引起胃、肝的损伤，有时会造成较严重的后果。要预防这类伤害，首先是实战前要严格检查护具，在没有护具的情况下进行练习时，必须遵守点到为止的原则，以掌握和熟练动作技术为目的，这样即使偶有失误，也不会产生较大事故。按循序渐进的原则练习自身的抗击打能力，也有助于减少伤害。不管损伤严重与否，发生后都必须休息并进行治疗。

3.意外伤害

意外伤害是指在人的意料之外发生的伤害事故，如由辅助器械、自身失误等原因造成的损伤。要避免意外伤害的发生，就要做好各种准备活动，包括检查器械和场地等。

❯ 思考与练习

一、填空题

1. 武术是以_____、_____、_____、_____、_____、_____等攻防格斗动作为素材，按照攻守进退、动静疾徐、刚柔虚实等矛盾运动的相互变化规律编成的_____和_____的各种技击运动和健身方法。

2. 武术的手型包括_____、_____、_____。

3. 武术的步型包括_____、_____、_____、_____。

4. 在散打运动中常用的有_____、_____、_____、_____、_____五种拳法技术。

二、简答题

1. 写出简化太极拳24个动作的名称。

2. 写出初级长拳第三路第一段的8个动作的名称。

3. 简述散打的实战姿势。

项目九
跆拳道

学习目标

知识目标：

了解跆拳道的相关知识；掌握跆拳道的基本技术。

能力目标：

能够熟练掌握跆拳道等运动的基本技术；提高心肺功能，增强肌肉力量和耐力，促进身体健康发展。

素质目标：

学会面对失败和挫折，培养坚韧不拔的毅力和自信心。

任务一　认识跆拳道

跆拳道是在朝鲜、韩国民间普遍流行的一项技击术，是一项运用手脚技术进行格斗的民族传统体育项目。其由品势（特尔）、搏击、功力检测三部分内容组成。

跆拳道具有防身自卫及强健体魄的作用。跆拳道通过品势、搏击和功力检测等运动形式，使练习者增强体质，掌握技术，并培养坚韧不拔的意志品质。其特点是以腿为主，以手为辅，主要在于腿法的运用。腿法技术在整体运用中约占3/4，因为腿的长度和力量是人体最长、最大的，其次才是手。腿的技法有很多种形式，可高可低、可近可远、可左可右、可直可屈、可转可旋，威胁力极大，是实用制敌的有效方法。

跆拳道精神为礼义廉耻，忍耐克己。

延伸阅读

跆拳道腰带的意义

白带：白带代表空白，练习者没有任何跆拳道知识和基础，一切从零开始。

黄带：黄色是大地的颜色，就像植物在泥土中生根发芽一样，在此阶段要打好基础，并学习大地厚德载物的精神。

黄绿带：介于黄带与绿带之间的水平，练习者的技术在不断上升。

绿带：绿色是植物的颜色，代表练习者的跆拳道技术开始枝繁叶茂，跆拳道技术在不断完善。

绿蓝带：由绿带向蓝带的过渡带，练习者的水平处于绿带与蓝带之间。

蓝带：蓝色是天空的颜色，随着不断的训练，练习者的跆拳道技术逐渐成熟，就像大树一样向着天空生长，对于跆拳道的练习已经完全入门。

蓝红带：练习者的水平比蓝带略高，比红带略低，介于蓝带与红带之间。

红带：红色是危险、警戒的颜色，练习者已经具备相当的攻击能力，对对手已构成威胁，要注意自我修养和控制。

红黑带：经过长时间、系统的训练，练习者已修完1级以前的全部课程，开始由红带向黑带过渡。

黑带：黑带代表练习者经过长期艰苦的磨炼，其技术动作与思想修为均已相当成熟；也象征跆拳道黑带不受黑暗与恐惧的影响。

黑带是跆拳道高手的象征，是实力的体现，更是一种荣誉和责任。

黑带段位分一段至九段。一段至三段是黑带新手的段位，四段至六段是高水平的段位，七段至九段只能授予具有很高学识造诣和对跆拳道的发展做出重大贡献的杰出人物。

任务二　跆拳道基本技术

一、训练前的准备活动

进行跆拳道练习前，必须做伸展肌肉、关节和韧带的准备活动，否则很容易造成肌肉韧带的扭伤或其他损伤。

准备活动一般以做到感觉身上微微出汗为好。肌肉、关节和机械相同，只有达到一定温度和润滑度（关节间），才能既发挥效率，又保证不受损伤。

1. 颈部运动

两脚开立与肩同宽，两手叉腰，头向左转；头向右转；向前低头；向后仰头。然后做从左向后、向右、向前的颈部绕环。

2. 扩胸运动

两脚直立，脚跟并拢，两手握拳，直臂向前平举，两臂与肩同宽。两臂向两侧平分，扩胸。两臂向胸前平移，含胸。两臂直臂下落，置于体侧。然后重复这4个动作。

3. 转体运动

两脚开立，与肩同宽，两手握拳，向前平举。体左转，两臂侧摆，左臂伸直，右臂屈肘，眼视后方。身体右转，两臂直臂前移。两臂直臂下摆，置于体侧。然后做向右的体转动作。

4. 体侧运动

两脚开立，与肩同宽，两臂向两侧平举。左臂上举，右臂屈肘，右手叉身体向右侧弯。上体直立，两臂向两侧平举。两臂向下交叉于腹前。然后做向左的体侧动作。

5. 腹背运动

两脚开立，身体前俯，两手撑地；身体直立，两手叉腰；身体后仰；身体直立。然后重复这4个动作。

6. 蹬伸运动

两脚并立，脚跟并拢，两手握拳，直臂前平举；两腿屈膝下蹲，脚跟提起，两臂下摆；两腿蹬伸，身体直立，两臂直臂上举；两臂下摆置于体侧。然后重复这4个动作。

二、跆拳道基本腿法

1. 前踢

前踢为跆拳道腿法中基本中的基本，为"关节武器化"一言的最基础表达。

从实战姿势的基本姿势开始。右脚蹬地，髋关节向左旋转，右腿以髋关节为轴屈膝上提。当大腿抬至水平或稍高时，关节向前送、向前顶，小腿以膝关节为轴快速向前上方踢出，力达腿尖，整条腿踹直。踢击后迅速放松，右腿沿原路线弹回，将右脚放置在左脚前面仍呈实战姿势。

前踢动作要领如下。

（1）膝关节夹紧，小腿放松，要有弹性；往前送，高踢时往上送。

（2）小腿回收速度与前踢的速度一样快，主要攻击部位有面部、下颌、腹部、裆部。前踢也可用于防守。

（3）当起脚踢人时（任何踢技），最好是把膝盖弯曲，小腿适当地夹好，此种踢法，在速度上，一定比"伸直膝盖"踢得快，也比较省力。

（4）使用踢技时，并不是从头到尾都"用力"，一个高手应该注意"不用力"的地方，而不是注意"用力"的地方。"借地之力"、转腰、抬膝、扣小腿这几个步骤，皆是用轻、快、柔的力量。等到要将小腿部弹射而出时，就要用最快的速度，奔腾而出。

（5）不仅要使用经由脚底至腰部的力量，还要使用"借地之力"。首先"伸直膝盖"

向下"蹬"一下，会有一股力量同时向上而来，这种先向下"蹬"一下，就是借用"反作用力（反弹力）"。将"蹬"一下的反弹力送至腰，就连带将膝盖升带起来，将脚弹射而出，完成基本的前踢之法。

2. 横踢

横踢是跆拳道比赛中使用率、得分率均很高的踢法，类似散打中的边腿，但跆拳道的横踢幅度小、隐蔽性好、速度快。

保持基本姿势，右脚蹬地，大小腿折叠向上、向前提膝，以左脚掌为轴拧转180°，右膝关节向前抬至水平状态，小腿快速向前踢出，收回，恢复成实战姿势或右势。

3. 下劈

以脚掌、脚跟攻击对方的面部、肩部。其可分为正劈、内劈、外劈三种，一般称为劈腿或下压腿。比赛中通常女运动员得分较高。

保持基本姿势，左脚蹬地，重心稍前移，右脚尽量上举至头顶上方，放松落下，上身保持直立，以脚掌击打目标。轻轻落下，恢复成实战姿势。

4. 侧踢

类似于散打中的侧踹。但在比赛中用得不是太多，因为侧踢后难以连续出腿，而且在跆拳道规则中，对力度达不到使对手重心摇晃的打击是不记分的。

保持基本姿势，右脚蹬地起腿，屈膝上提，左脚以脚掌为轴，外旋180°，脚跟正对前方，右腿快速向右前方直线踢出，力点在脚跟，收腿、放松，重心向前落下，恢复成实战姿势。

三、跆拳道品势（拳套）练习

品势是由"品"和"势"结合而成的。品指的是"模样"；势指的是"气势"。从上述名称不难看出，品势不只是外形技术动作，更表示的是其动作的气势；品势不仅要动作外形漂亮，更要结合内在气势。

品势可按其内容分为公认品势和创作品势。公认品势是品级审查时指定为考试内容的指定品势，是由世界跆拳道本部指定的，在跆拳道修炼过程中必须练习的品势。例如，太极一至八章、高丽、金刚、太白等就是公认品势。创作品势是把跆拳道技术按照自己的想法改编的品势。

跆拳道品势路线示意如图9-1所示。以下简要介绍太极一章和太极二章。

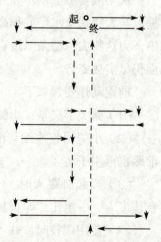

图9-1 跆拳道品势路线示意

1. 太极一章（图9-2）

准备势　　　（a）　　　　（b）　　　　（c）

（d）　　　　（e）　　　　（f）　　　　（g）

（h）　　　　（i）　　　　（j）　　　　（k）

（l）　　　　（m）　　　　　　　（n）

（o）　　　　　　（p）　　　　　（q）

（r）　　　　　　　　　　　收势

图 9-2　太极一章

（1）准备势。右脚向侧方向横跨一步，两脚与肩同宽，两腿自然站立；两手握拳置于身前，拳心向内；两眼平视前方。

①右转身下截：身体向左转90°，前行步站立，同时，左手握拳向左下截，右拳收于腰间，收于腰间的拳，拳心向上。

②右顺步冲拳：右脚向前一步呈前行步站立，同时右拳向前内旋平冲，左拳收于腰间。

③后转身下截：右脚向后撤步，身体以左脚为轴，向右转体180°，呈前行步站立；同时，右臂屈肘向下截拳。

④左顺步冲拳：左脚向前进一步仍是前行步站立；同时，左拳向前内旋平冲，右拳收于腰间。

⑤左弓步下截（一）：身体向右转90°，左脚向侧方向移步，呈左弓步；同时，左臂向下截击，左手握拳，拳心向内，右拳收于腰间。

⑥左弓步冲拳：两脚原地不动，右拳向前内旋平冲，左拳回收于腰间。

⑦右转身外格：右脚向右移步，左脚以脚掌为轴原地内旋，脚尖转向右前方，身体随之右转；同时左拳前伸外格，拳心向上，右拳收于腰间。

⑧前进步冲拳：左脚向前进一步呈前进步站立，右拳向前内旋平冲，左拳回收于腰间。

⑨后转身内格：以右脚掌为轴，身体向左后转180°，随即左脚向前进步；同时，右臂向内格挡。

⑩右弓步冲拳（一）：右脚向前进一步呈右弓步；同时，左拳向前内旋平冲，右拳收于腰间。

⑪右弓步下截：以左脚为轴，身体向右转90°，右脚向前方向移动；右手握拳向右下截击，左拳收于腰间。

⑫右弓步冲拳（二）：两脚原地不动，左拳向前内旋平冲，右拳收于腰间，呈右弓步冲拳。

⑬左转身上架：右脚不动，身体左转，左脚向前移步；同时左臂屈肘上架，置于额前，拳心向外，呈前行步站立。

⑭右前踢冲拳：右脚蹬地，屈膝上提，以膝关节为轴伸膝前踢；左脚掌支撑，两臂屈肘置于体侧。右脚放松前落，呈前行步站立；同时，右拳向前内旋平冲，左拳收于腰间。

⑮后转身上架：以左脚为轴，身体向右转180°，右脚向前方向移步呈前行步；同时，右臂屈肘上架，横置于额前，拳心朝前。

⑯右前踢冲拳：右脚支撑，左腿屈膝上提，以膝关节为轴伸膝向前上踢击；同时，两臂屈肘置于体侧，左脚前落呈前行步站立，左拳向前内旋平冲，右拳收于腰间。

⑰左弓步下截（二）：以右脚为轴，身体向右转约90°，左脚向前方向上一步，呈左弓步；同时，左臂向左下方截击，右拳收于腰间。

⑱右弓步冲拳（三）：左脚不动，右脚向前上一步，呈右弓步；同时，右拳向前内旋平冲并发声"停"，左拳收于腰间。

（2）收势。以右脚为轴，身体向左后转180°，左脚后撤，与右脚平行，呈准备势。

2.太极二章（图9-3）

图9-3　太极二章

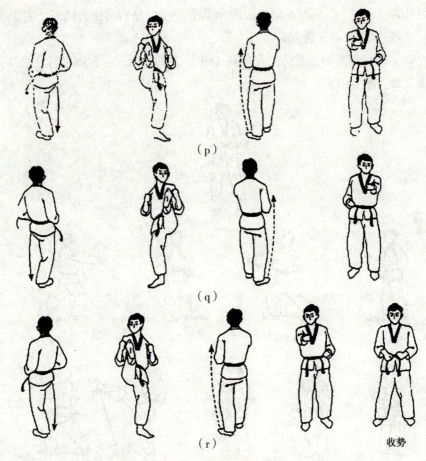

（p）

（q）

（r）   收势

图 9-3　太极二章（续）

（1）准备势。同太极一章。

①左转身下截（一）：身体左转呈前行步站立，面向前进方向；同时，左臂向左下方截击，右拳收于腰间。

②右顺步冲拳：右脚向前一步呈右弓步；同时，右拳向前内旋平冲，左拳回收于腰间。

③后转身下截：以左脚掌为轴，身体向右后转180°；同时，右脚向前上一步呈前行步；右臂向右下截击，左拳收于腰间。

④左顺步冲拳：左脚向前上步呈左弓步；同时，左拳向前内旋平冲，右拳收于腰间。

⑤左转身内格：以右脚掌为轴，身体向左转90°；同时，左脚向前移步；随即，右臂屈肘内旋内格，拳与胸高，拳心向自己；左拳收于腰间。

⑥上右步内格：右脚向前一步；同时，左臂屈肘向内横格，拳与胸高，右拳回收于腰间。

⑦左转身下截（二）：以右脚掌为轴，身体向左转90°；同时，左脚向前移步，左臂左下截击，右拳置于腰间。

⑧右前踢冲拳（一）：左脚支撑，右脚屈膝上提，以膝关节为轴由屈到伸向前上方踢击，两臂屈肘自然置于体侧，右脚放松前落，呈右弓步；同时，右拳向前内旋平冲，左拳收于腰间。

⑨右转身下截（一）：以左脚掌为轴，身体向右后转180°，右脚向前移步，呈前行步站立；同时，右拳下截，左拳收于腰间。

⑩左前蹬冲拳：右脚支撑，左腿屈膝上提，以膝为轴由屈到伸向前上方踢击；两臂屈肘自然置于体侧，左脚放松前落，呈左弓步，同时左拳向前内旋平冲，右拳收于腰间。

⑪左转身上架：以右脚掌为轴，身体向左转90°；同时，左脚向前移步，呈前行步站立；随即，左臂屈肘上架，横置于额前，右拳收于腰间。

⑫进右步上架：右脚向前进一步，同时，右臂自下而上屈肘上架，横置于额前，左拳回收于腰间。

⑬左后转身内格：以右脚掌为轴，身体向左后转270°；同时，左脚向前移步；随即臂屈肘向内格挡。

⑭右后转身内格：以左脚掌为轴，身体向右后转180°，右脚向前移步；左臂屈肘向内格挡，右拳收回腰间。

⑮右转身下截（二）：以右脚掌为轴，身体左转，同时左脚向前移步，左臂向左下截击，右拳收于腰间。

⑯左前踢冲拳（一）：左脚支撑，右腿屈膝上提，以膝关节为轴由屈到伸向前方踢击；两臂屈肘置于体侧。右脚放松前落呈前行步；同时，右拳向前内旋平冲，左拳收于腰间。

⑰左前踢冲拳（二）：右脚支撑，左腿屈膝上提，以膝关节为轴由屈到伸向前上方踢击；两臂屈肘自然置于体侧。左脚放松前落呈前行步站立；同时，左拳向前内旋平冲，右拳收于腰间。

⑱右前踢冲拳（二）：右脚放松前落呈前行步站立，右拳同时向前内旋平冲，随即，冲拳大喝。左脚支撑，右腿屈膝上提，以膝为轴由屈到伸向前上方踢击；两臂屈肘自然置于体侧。

（2）收势。同"太极一章"。

知识拓展：跆拳道
竞赛规则

▶ 思考与练习

1. 跆拳道由 _____ 、_____ 、_____ 三部分内容组成。

2. _____ 为跆拳道腿法中基本中的基本，为"关节武器化"一言的最基础表达。

3. _____ 是跆拳道比赛中使用率、得分率均很高的踢法。

4. 下劈可分为 _____ 、_____ 、_____ 三种。

5. 品势种类可按其内容分为 _____ 和 _____ 。

项目十
户外与休闲运动

学习目标

知识目标：

了解定向越野、攀岩、轮滑运动的起源与发展；熟悉定向越野、攀岩装备；掌握定向越野、攀岩、轮滑基本技术。

能力目标：

能够掌握定向越野、攀岩、轮滑运动的基本技能，积极参与户外与休闲运动；提高心肺功能；增强肌肉力量和耐力，促进身体健康发展。

素质目标：

培养学生热爱自然、探索自然、保护自然的情操，养成乐观、阳光、自信的心态。

任务一　定向越野运动

一、定向越野简介

定向越野是参加者借助地图和指北针，以徒步越野赛跑的形式，按顺序到达地图上所标示的各个点标（也称检查点），以最短的时间完成规定赛程的运动项目。定向越野运动是一项集体力与智力、竞技与娱乐、探险与刺激于一身的运动，有其独特的魅力和价值。

最初的定向越野比赛于1895年在瑞典斯德哥尔摩和挪威奥斯陆的军营举行，距今已有百年历史，1919年，第一次正式的定向越野比赛在斯堪的纳维亚举行，由于这个项目组织方法简便，器材装备简单，在北欧得到迅速的发展，并很快普及世界各地。1961年5月，在丹麦首都哥本哈根成立了国际定向运动联合会（简称国际定联，IOF），成为正式的比赛项目之一。定向运动越野在世界各地正吸引着越来越多的人参与。参加定向越野运动除需要指北针和地图外，不需要特殊的设备，是一种较为经济的运动项目。

定向越野运动在我国发展起步较晚。20 世纪 70 年代末期，我国的体育报刊上陆续刊登了一些介绍国外定向越野运动情况的文章，国际定向越野运动特有的锻炼价值和实用性，逐渐地引起了国内的体育和军事部门的注意。我国定向运动协会成立于 1995 年，简称为"中国定协"，英文名称为"Orienteering Association of China"，英文缩写为"OAC"。中国定协是在民政部注册，由国家体育总局主管的国家级单项体育协会。该协会是具有独立法人资格的全国性群众体育组织，是由定向爱好者、定向专业人士、从事定向越野活动的单位或团体自愿结成的专业性、全国性、非营利性社会组织，是中华全国体育总会的团体会员，是代表中国加入国际定向运动联合会（IOF）的唯一合法组织。

二、定向越野分类

定向越野运动按运动工具的不同可分为以下两种。

（1）徒步定向，如传统定向越野跑（标准距离、长距离、短距离）、公园定向、接力定向、夜间定向。

（2）工具定向，如滑雪定向、山地自行车定向、摩托车定向。在有些国家，人们还尝试使用了不同交通工具的定向运动比赛，如乘坐摩托车、自行车、独木舟或骑马等。

定向越野运动的其他分类如下。

（1）按性别的不同可分为男子组和女子组。

（2）按年龄的不同可分为青年组、老年组和少年组。

（3）定向运动按技术水平的不同可分为初级组（体验组和家庭组）、高级组和精英组。

（4）按参加人数的不同可分为个人单项、个人双项和集体项。

知识拓展：定向越野的价值

三、定向越野的工具和装备

（一）指北针

指北针是定向越野运动中运动员必备的工具之一。它是一种利用地磁作用指示方向的多用途袖珍仪器，也称指南针。其主体由一根可绕立轴转动的磁针和方位刻度盘构成。在水平测量情况下，磁针指向地磁场的南北极。方位刻度盘采用密位或角度两种分划制。定向运动使用的指北针一般可分为基板式（图 10-1）和拇指式（图 10-2）两类。

图 10-1　基板式指北针　　图 10-2　拇指式指北针

（二）定向地图

地图是定向越野最重要的器材，其质量的好坏不仅直接影响到运动员比赛的成绩，而且关系到比赛是否公正。因此，国际定联专门为国际的定向越野比赛制定了《国际定向运动图制图规范》。对国际定向越野图的最基本的要求如下。

（1）幅面的大小：根据比赛区域的大小确定，赛区以外的情况不必表示。

（2）比例尺：通常为 1 : 1.5 万或 1 : 2 万，当需要时也可采用 1 : 1 万或 1 : 2.5 万。

（3）等高距：通常为 5 米，当需要时也可采用 2 ～ 10 米范围内的其他等高距，但在一幅图上不得使用两种等高距。

（4）精度：正常速度奔跑的运动员没有任何不准确的感觉；内容表示的重点为详细表示与定向和越野跑直接相关的地物、地貌。要利用颜色、符号等，详细区分通行的难易程度。

（三）检查卡片

检查卡片主要用于判定运动员的成绩。用厚纸片制成，可分为主卡和副卡两部分。主卡由运动员在比赛中携带，并按顺序将每个检查点的点签图案印在空格中，到达终点时交裁判人员验证；副卡在出发前交工作人员留底和公布成绩时使用。检查卡片的尺寸一般为 21 厘米 ×10 厘米。现在大型比赛大多不需要检查卡片，仅以备用，一般是由计算机控制显示成绩的，小型比赛则依然多使用检查卡片。

（四）检查点标志旗及器材

检查点用于检验运动员是否按规定跑完全程，为此，应设置专门的标志。检查点应在地图上准确地标示出来。检查点标志是由三面标志旗连接组成的。每面正方形小旗，沿对角线分开，左上为白色、右下为红色，旗的尺寸为 30 厘米 ×30 厘米，可以用硬纸壳、胶合板、金属板、布等材料制作。标志旗通常要编上代号（国际上过去曾使用数字作为代号，现已规定使用英文字母），以便于选手在比赛时根据旗上的代号来判断自己是否找到了正确的检查点。标志旗式样如图 10-3 所示。

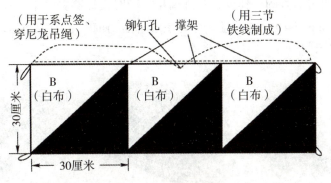

图 10-3　标志旗式样

定向越野运动专用检查点标志旗，采用防雨布料、不锈钢支架、高密度的织带挂绳，符合国际标准。即便日晒雨淋，也不褪色、不生锈。

（五）打卡器

打卡器包括针孔打卡器和电子打卡器。

1. 针孔打卡器

针孔打卡器用弹性较好的塑料材料制成，一端装有钢针，每个打卡器钢针的组合图案都不相同（图 10-4），运动员可在记录卡上打孔，也可直接将孔打在地图的记录卡上。此种打卡器价格低、使用方便，适用于日常教学与训练及一些小型比赛。

图 10-4　针孔打卡器

2. 电子打卡器

电子打卡器由指卡、打卡器和终端打印系统组成。其特点如下。

（1）使用方便、快捷。

（2）检卡快速、准确。

（3）能及时将结果打印出来。

（4）安全持久，不易损坏。

随着定向越野运动的不断发展，定向器材的研制和开发也十分迅速。目前，在国内外的大型定向赛事中都采用先进的电子打卡计时系统。使用电子打卡计时系统不仅使运动员操作方便，也使组织者的工作变得更加简单，同时使比赛更公平、公正。Sport ident 和 Emint 及国内的 China health 电子打卡计时系统都是当前知名的定向运动电子打卡计时系统，如图 10-5 所示。

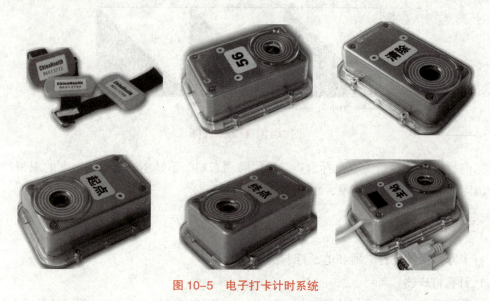

图 10-5　电子打卡计时系统

（六）号码布

定向越野运动竞赛地图号码布一般不超过 24 厘米 ×20 厘米，号码数字的高不小于 12 厘米，字迹要清晰，字体要端止。正规的比赛还要求将号码布佩戴于前胸及后背两处。

（七）服装

定向越野比赛对运动员的服装没有特殊的要求。根据经验，运动员对服装的选择：衣裤紧身而又不致影响呼吸与运动，为防止树枝刮伤和害虫侵袭，最好穿面料结实的长袖衣和长裤甚至使用护腿。鞋轻便、柔软而又结实，为便于上下陡坡、踩光滑的树叶或走泥泞地，鞋底的花纹最好是高凸深凹的，以加大与地面的摩擦力。

四、定向越野的基本技术

（一）辨别方向

1. 使用指北针辨别方向

（1）辨别方向。当指北针的磁针静止后，其 N 端所指的方向为北方。

（2）标定地图。先使指北针定向箭头朝向地图上方，使箭头两侧的平行线与越野图上的磁北线重合或平行；然后转动地图，使磁针北端对正磁北方向。

（3）确定站点。选择图上和现场都有的两个明显地形点，并用指北针分别测出至这两个地形点的磁方位角；将所测磁方位角图解标示在地图上。图解磁方位角时，要先转动指北针的分度盘，使指标分别对着已测的方位角值；再将指北针的直长边分别切于图上被照准的两个地形点符号，并转动指北针；待磁针与定向箭头重合后，分别沿直长边描方向线。两方向线的交点就是站立点在图上的位置。

2. 借助地物判别方向

（1）房屋一般门朝南开，在我国北方尤其如此。

（2）庙宇通常也向南设门，尤其是庙宇群的主要殿堂。

（3）树木朝南的一侧通常枝叶茂盛、色泽鲜艳、树皮光滑；北侧则相反。

（4）凸出地物，如墙、地埂、石块的北侧基部较潮湿，可能生长苔类植物。

（5）凹入地物，如河流、水塘、坑的北侧边缘（岸、边），存在与凸出地物相同的现象。

（二）越野地图

1. 越野图的比例尺

（1）比例尺的概念。图上某线段的长度与相应实地水平距离之比，叫作地图比例尺：

$$地图比例尺 = 图上长度 : 相应实地水平距离$$

（2）比例尺的特点。比例尺是一种没有单位的比值，相比的两个量的单位必须相同，单位不同则不能相比。

比例尺的大小是按比值的大小进行衡量的。比值的大小可按比例尺分母来确定，分母小则比值大，比例尺就大；分母大则比值小，比例尺就小。如 $1 : 1$ 万大于 $1 : 1.5$ 万，$1 : 25$ 万小于 $1 : 1$ 万；一幅地图，当图幅面积一定时，比例尺越大，其包括的实地范围就越小，图上显示的内容就越详细；比例尺越小，图幅包括的实地范围就越大，图上显示的内容就越简略；比例尺越大，图上量测的精度越高；比例尺越小，图上量测的精度也就越低。

2. 符号分类

（1）依比例尺表示的符号。实地面积较大的地物，如城镇、森林、湖泊、江河等，其符号图形的外部轮廓是按比例尺缩绘的。可供运动途中确定方向和站立点。

（2）半依比例尺表示的符号。实地的线状地物，如道路、沟渠、电线、围墙等，这类地物符号的长度是按比例尺缩绘的，但其宽度不是。也可供确定运动方向和站立点。

（3）不依比例尺表示的符号。实际面积小但对运动有影响或有方位意义的独立地物，如窑、独立坟、独立树等。在越野图上，它们的长与宽都不能依比例尺表示，只能用规定的符号表示。

（4）定向越野图采用不同颜色来表示不同地形，清晰易读。一般是蓝色表示水系，棕色表示地面起伏，绿色表示植被；其他内容则用黑色表示。

（三）体育课中开展的小型定向越野

1. 路线与设点

（1）路线的设计。当起点、终点同设一处时，路线可设计成闭合形；起点、终点各设一处时，路线可设计成"一"字形或"弓"字形。设计时，应本着既适合学生运动技能的发挥，又具有路线可选择性的原则。

（2）设置检查点。在体育课中设置检查点的原则是：根据路段需要确定检查点，必须将其设置在图上有明显地物（地貌）符号的地方；应确保前一名参加者在该点作业时，不会被后续向该点运动的参加者发现。

2. 起点与终点

（1）起点。设在地形平坦、面积较大、地势较低之处，应使之与第一检查点之间有足够的遮蔽物，保证参加者在离开出发位置之后很快消失。

（2）终点。终点与起点可设置在同一场地内，也可单独设置。最后一个检查点至终点间的路段应比较简单，以便让所有参加者从同一方向跑回终点。

3. 出发与比赛

（1）出发。国际定向运动联合会规定出发时间间隔为 3 min。小型的低级别的定向越野活动，可适当缩短时间间隔，但原则上是要保证前一名参加者脱离出发点的视线范围后，后一名参加者方可出发。

（2）比赛。可按考核性、娱乐性和竞赛性定向越野三种形式进行比赛。

任务二　攀岩运动

一、攀岩运动简介

攀岩运动是一项不用攀登工具（攀登工具仅起保护作用），而仅靠手脚和身体平衡来攀登陡峭岩壁或人造岩墙的竞技性运动项目。攀岩者在各种高度及不同角度的岩壁上，连续完成转身、引体向上、腾挪甚至跳跃等惊险动作，集健身、娱乐、竞技于一身，是一项刺激而不失优美的极限运动，被全球的攀岩迷们称为"峭壁上的芭蕾"。

最早的攀岩者是远古的人类。可见的是，他们为了躲避猎食者或敌人，在某个危急的时候纵身一跃，从此成就了攀岩这项运动。而人类最早的攀登记录，是在1492年的法国。然而之后在长达几百年的时间里，历史上一直没有再留下人类新的攀登记录。一直到17世纪中期，人们攀登高山的活动开始重新被记载下来。冰河地形及雪山成为这些早期登山者主动迎接的挑战，而他们的足迹遍布阿尔卑斯山区。1850年，登山者已经制作出一些简单的攀登工具，以帮助他们通过岩壁和一些冰河地形。如有爪的鞋子和改良过的斧头，这些都是现在冰爪和冰斧的前身。

在阿尔卑斯山区，有另外一些人尝试不过多依赖工具，而是运用他们自己的身体来攀登高山。1878年，乔治·温克勒（George Winkler）没使用任何工具，成功首攀Vajolet Tower（危塔峰）西面。虽然温克勒使用了钩子且鞋子也经过改良，但这仍开创了自由攀岩的先河。

进入20世纪80年代，以难度攀登而闻名的现代竞技攀登比赛开始兴起，并引起人们广泛的兴趣。1985年在意大利举行了第一次难度攀登比赛。1988年6月国际竞技攀登比赛在美国举行。1989年首届世界杯赛分阶段在法国、英国、西班牙、意大利、保加利亚和苏联举行。运动员参加各地比赛，最后累计总成绩，进行排名。世界杯攀登比赛每年举行一次。中国于1987年在北京怀柔登山基地举办了第一届全国攀岩邀请赛，此后每年一届。随着攀岩运动的蓬勃发展，国际攀联在各大洲成立委员会，组织洲内地区性大赛。"亚洲攀委会"于1991年1月2日在我国香港成立，第一届亚锦赛于1991年12月在香港举行。

二、攀岩装备

攀岩的装备器材是攀岩运动的一部分，是攀岩者的安全保证，尤其是自然岩壁的攀登。因此，平时要爱护装备并妥善保管。攀岩装备可分为个人装备和攀登装备。

（一）个人装备

个人装备指的是安全带、下降器、安全铁锁、绳套、安全头盔、攀岩鞋、镁粉和粉袋等。

1. 安全带
攀岩用安全带与登山用安全带有所不同，属于专用，并不适合登山；但登山用安全带可在攀岩时使用。我国大部分攀岩者多使用登山安全带，这是因为国内没有攀岩用安全带生产厂家，而攀岩爱好者又往往是登山人，于是两种安全带混用了。

2. 下降器
8字环下降器是最普遍使用的下降器。

3. 安全铁锁和绳套

安全铁锁和绳套具有在攀登过程中休息或进行其他操作时进行自我保护的作用。

4. 安全头盔

一块小小的石块落下来，砸在头上就可能造成极大的生命危险。因此，头盔是攀岩的必备装备。

5. 攀岩鞋

攀岩鞋是一种摩擦力很大的专用鞋，穿上之后在攀岩过程中可以节省很多体力。

6. 镁粉和粉袋

手出汗时，抹一点粉袋中装着的镁粉，立刻手就不滑了。

（二）攀登装备

攀登装备是指绳子、铁锁、绳套、岩石锥、岩石锤、岩石楔，有时还要准备悬挂式帐篷。

1. 绳子

攀岩一般使用 $\phi 9 \sim \phi 11$ 毫米的主绳，最好是 $\phi 11$ 毫米的主绳。

2. 铁锁和绳套

铁锁和绳套是连接保护点、下方保护攀登法必备的器械。

3. 岩石锥

岩石锥是由固定于岩壁上的各种锥状、钉状、板状金属材料做成的保护器械。可根据裂缝的不同，使用不同形状的岩石锥。

4. 岩石锤

岩石锤是钉岩石锥时使用的工具。其轻巧、易掌握，可以有效节省时间。

5. 岩石楔

岩石楔与岩石锥的作用相同，但它是可以随时放取的固定保护工具。

6. 悬挂式帐篷

悬挂式帐篷是准备在岩壁上过夜时所使用的夜间休息帐篷，必须通过固定点用绳子将其固定保护起来，悬挂于岩壁。

（三）其他装备

其他装备包括背包、睡具、炊具、炉具、小刀、打火机等用具，视活动规模、时间长短和个人需要携带。

三、攀岩运动基本技术

三点固定法是攀岩的基本方法。

（一）身体姿势

攀登岩石峭壁时身体要自然放松，以 3 个支点稳定身体重心，而重心要随攀登动作的转换而移动，这是攀岩能否稳定、平衡、省力的关键。要想身体放松，就要根据岩壁陡缓程度，使身体和岩壁保持一定的距离，若靠得太近，会影响观察攀岩路线和选择支点；但在攀登人工岩壁时要贴得很近。在自然岩壁攀登时，上、下肢要协调舒展，攀岩要有节奏，上拉、下登要同时用力，身体重心一定要落在脚上，保持面向岩壁、三点固定支撑、直立于岩壁上的攀登姿势。至于手臂的动作，手在攀登中是抓住支点、维持身体平衡的关键，手臂力量的大小直接影响攀登的质量和效果。因此，一个优秀的攀岩运动员，必须有足够的指力、腕力和臂力。对初学者来说，在不善于充分利用下肢力量的情况下，手臂的动作就显得更为重要。手臂如何用力，在人工岩壁攀登和自然岩壁攀登时情况不同：前者要求第一指关节在用力抠紧支点的同时，手腕要紧张，手掌要贴在岩壁上，小臂也要随手掌紧贴岩壁而下垂；在引体时，手指（握点）有下压抬臂动作，其动作规律是重心活动轨迹变化不大、节奏更为明显。但攀登自然岩壁时，其动作就变化很大，要根据支点不同采用各种用力方法，如抓、握、挂、抠、扒、捏、拉、推压、撑等。

（二）脚的动作

一个优秀攀岩运动员的攀登技术能否发挥，关键在于是否能充分利用两腿的力量。只靠手臂力量攀登不可能持久。脚的动作要领：两腿外旋，大脚趾内侧贴近岩面，两腿微屈，用脚踩支点以维持身体重心，在自然岩壁支点大小不同和方向不同的情况下，要灵活运用。但要切记，膝部不要接触岩石面，否则会影响脚的支撑和身体平衡，甚至会造成滑脱而使膝部受伤。另外，在用脚踩支点时，切忌用力过猛，并要掌握用力的方向。

（三）手脚配合

凡是优秀的攀岩运动员，上、下肢力量一定是协调运用的。对初学者或技术还不熟练的运动员来说，上肢力量显得更为重要，攀登时往往是上肢引体、下肢蹬压抬腿而移动身体。如果上肢力量差，攀登时就容易疲劳，表现为手臂无力、酸疼麻木，逐渐失去抓握能力。失去抓握能力后，即使有好的下肢力量，也难以继续维持身体平衡。所以学习攀岩，首先要锻炼好上肢力量，上肢又要以手指和手腕、手臂力量为主，再配合脚腕、脚趾及腿部的力量，使身体重心随着用力方向的不同而协调地移动，手脚动作的配合也就自如了。

知识拓展：攀岩比赛的种类

任务三　轮滑运动

一、轮滑运动简介

轮滑运动是一项历史悠久并具有国际性的体育运动。它诞生于 18 世纪初期的荷兰，当时在荷兰冬季冰封的河道上滑冰是非常普及的方法，据说有一名滑冰爱好者，当自然冰融化不能继续滑冰时，为解决自己在夏天也能滑冰的愿望，他冥思苦想，专心设计，自己动手将木线轴安装在皮鞋底下，在平坦的地面上滑来滑去，从而发明了最初的轮滑鞋。他的发明引起了人们的兴趣，轮滑运动即此诞生。

轮滑运动的发展并不是一帆风顺的。据记载，1760 年，比利时的乐器师约瑟夫·默林手工打造了一双轮滑鞋，但当时的媒体只是作为一种冒险的新闻予以报道。1815 年，法国人加尔森创造了轮式轮滑鞋，虽然在法国新奇一时，但由于这种新的游戏带来了不少事故，人们的兴趣逐渐减弱。1818 年，旱冰运动在柏林的一家芭蕾舞台上出现，观众开始把轮滑看成一种时尚。随后相继出现了法国人用木头、金属等材料制成的轮滑鞋，澳大利亚人制成的"品"字形三轮轮滑鞋等，可是这些轮滑鞋都未能得到推广。1863 年，美国人詹姆斯·普利姆普顿发明了旱冰鞋的转动装置，开创性地使用金属轮子代替木质轮子，将滚珠轴承运用到了轮滑鞋中，并于 1866 年在纽约开办了第一个室内轮滑场，组织了纽约轮滑运动。他的一系列举动为轮滑运动的发展起到了积极的推动作用。当历史走到 1980 年时，美国的冰球运动员斯考特·奥林和布莱恩·奥林兄弟首次使用了单排轮滑鞋。单排轮滑运动的发明、问世，以其广泛的适应性，随即受到广大青少年的欢迎，并迅速在世界各地扩展开来。

◀)) 延伸阅读

轮滑运动的锻炼价值

经常参加轮滑运动有益于人体健康。轮滑运动是脚下支点移动的运动项目，该项目对人体平衡能力的要求较高。在进行轮滑运动时，人体要保持各种特殊的平衡姿势，做出各种高速度、高强度、高难度的技术动作，这就要求练习者有良好的肌肉力量和身体的协调性、灵活性。因此，轮滑运动能较全面地发展人体的速度、力量、耐力、灵敏、柔韧、协调和平衡能力等身体素质，能够改善和提高人体的心血管系统与呼吸系统的功能，促进新陈代谢，增强各关节的灵活性，同时，还能培养勇敢顽强的意志品质、积极果断的判断能力。

二、轮滑基本动作

基本动作练习是学习轮滑的第一步，初学者应按照循序渐进、由易到难的原则，先扶物或扶人进行练习，待初步掌握身体平衡后再进行徒手练习。

（一）基础姿势

标准速滑基础姿势简称"静蹲姿势"。姿势要领：两脚平行且两脚尖向前，两脚打开约一拳宽；膝盖弯曲下蹲，大腿与小腿角度为 110°～120°，小腿与地面角度为 60°～70°，膝盖之间的距离与两脚保持同宽；弯腰俯身抬头向前，脊椎自然弯曲不僵直，保持背与地面平行，头抬起目视前方 6～10 米处地面；双臂自然背后。

（二）重心转移

重心转移是轮滑练习的最重要的一项，因为轮滑运动本身就是重心不断转移的过程。

练习要领：静蹲姿势预备。首先在保持身体原地不动的基础上，向身体的一侧横向蹬出该侧的腿，蹬出的腿要蹬直，此时一定要保持身体的重心完全放在没有蹬出去的那条腿上，且上身仍保持静蹲姿势不变。然后在此情况下将上身向蹬出的腿的方向平行移动（切记两脚仍在原地保持不动），上身移动至蹬出的腿的上方，刚刚的支撑腿就是现在的蹬出腿，平移的过程中从头至臀的轴线要始终保持朝向正前方，以静蹲姿势平移过去。如此循环练习，要领同上。

要点：循环练习中上身要始终保持静蹲姿势，不可左右摇摆或忽高忽低。在平移的过程中从头至臀的轴线要始终保持朝向正前方，每次重心转移必须将重心完全放在支撑腿上，待稳定后再做下一步动作。

（三）直线滑行

1. 分解直线滑行练习

静蹲姿势准备。首先身体将重心转移至一条腿上，另一条腿用脚内侧向斜后方蹬地，蹬地后迅速收回至静蹲姿势自由滑行，此过程中上身始终保持静蹲姿势。接着重心转移到另一侧，更换另一条腿蹬地，如此左右往复练习，要领同上。

要点：重心转移要到位，上身要始终保持静蹲姿势。

2. 直线滑行练习

同"分解直线滑行练习"，只是蹬出脚收回至静蹲姿势时不必再保持静蹲姿势自由滑行，而是一条腿蹬出收回后，另一条腿马上再蹬出收回，如此循环练习，重心、姿势的要领、要点同"分解直线滑行练习"。

3. 直道滑行的摆臂动作

在滑行过程中加入摆臂动作的目的和在陆地上跑步、走步摆臂的原理是一样的，都是为了更好地保持平衡，以达到平稳加速的目的。

（1）直线滑行时的摆臂：两臂用力一前一后摆动，摆幅高度为向前摆时手的高度不超过面部，以视线以下为佳；向后摆动时，手要从身体下面过，再向上摆动，手臂伸直，尽量向身体内侧收，不要太向外打，摆动高度为尽可能地向后摆的一个自由高度。

（2）弯道时的摆臂：入弯时弯道内侧的手臂自然背后，外侧的手臂用力摆动以保持平衡，此时摆臂的幅度可稍减小。

（四）弯道滑行

弯道滑行要克服的难点就是自身体重造成的离心力，因为弯道滑行时的离心力，身体就要向弯道内侧倾斜，而且转弯半径越小的弯道，身体倾斜度就越大。这就给一些胆子比较小的初学者带来了不小的难题。

1. 平行转弯

平行转弯是直线滑行的基本转弯。要领：入弯时两脚一前一后平行错开，弯道内侧的脚向前错，弯道外侧的脚向后错，然后身体重心向弯道内侧倒，同时，身体头尾纵轴线的朝向，也要跟着弯道转向，直至出弯后再收回两脚。

要点：重心的倾斜和身体轴线的转向要同步，两脚错开的距离根据个人身高确定。

2. 弯道夹脚

弯道夹脚是标准速滑的转弯动作，它的特点就是利用弯道进行加速。平行转弯的过程是个减速的过程，但是弯道夹却是个加速的过程，所以在速滑比赛中，运动员都是利用狭小的弯道空间进行加速超过对手。要领：入弯时采用静蹲姿势，身体重心向弯道内侧倾斜，同时弯道外侧的脚向外侧蹬出，蹬出后收回至内侧脚的前面，此时两脚呈交叉形状。切记外侧腿收回至内侧腿前面的同时，内侧腿就要向外侧蹬出，这样等外侧腿收回后可直接收回内侧腿，蹬出外侧腿。内侧腿收回后要放在身体重心的下方，以稳定重心，此时外侧腿已开始蹬出回收。如此往复练习，要领同上。

要点：重心的倾斜和身体轴线的转向要同步，两腿蹬出收回要紧凑，两腿的蹬出都要发力，同时上身始终保持静蹲姿势，始终要保持一腿蹬出时另一腿已经收回，一脚落地时另一脚已离开地面。

（五）停止法

不少初学者要面对的难题不仅是转弯，还有更重要的刹停。刹停就是刹车停止。最基本的刹车就是 T 刹，它适用于一般直线滑行的刹停。而急速的速滑选手则需要进行减速后再用一种叫"A 刹"的刹车方式停止。

知识拓展：参加轮滑运动应掌握的安全常识

要领：在向前滑行的过程中，先将重心完全放在一条腿上，该腿膝盖弯曲，同时把另一只脚横放在支撑脚后，使两脚的脚尖角度成 90°，然后后面的脚轻拖地面，减缓滑行速度，直到停止滑行。在此过程中，重心始终放在前面的腿上，上身始终保持正直，后腿的膝盖朝向要和后脚脚尖的朝向一致，两膝盖不可紧挨。

❯ 思考与练习

一、填空题

1. 定向运动按运动工具的不同可分为 _____ 和 _____ 两种。
2. 定向越野中检查点标志是由 _____ 连接组成的。
3. 攀岩一般使用 _____ 毫米的主绳，最好是 _____ 毫米的主绳。
4. _____ 是攀岩的基本方法。
5. 轮滑标准速滑基础姿势简称 _____。

二、简答题

1. 简述轮滑直道滑行的摆臂动作要领。
2. 简述轮滑平行转弯的要领。
3. 简述轮滑刹停的要领。

参考文献

[1]李宗刚，汪伟琪. 大学体育［M］. 西安：西安电子科技大学出版社，2021.

[2]易招华，王斌，吴美美. 大学体育与健康教程［M］. 2版. 西安：西安电子科技大学出版社，2018.

[3]耿献伟，罗帅呈，杨文豪. 大学体育指导教程［M］. 2版. 北京：人民邮电出版社，2017.

[4]冯伟，李铎，刘超. 大学体育健康教程［M］. 苏州：苏州大学出版社，2021.

[5]颜鸿填，赵双云. 大学生体育与健康［M］. 武汉：武汉大学出版社，2011.

[6]林旺枢，戴文交. 大学体育与健康教程［M］. 武汉：武汉大学出版社，2014.

[7]张新定，云颖. 大学体育教程［M］. 北京：高等教育出版社，2018.

[8]王德平，黄朕. 大学体育与健康教程［M］. 西安：西安电子科技大学出版社，2020.